Le Brésil

Chez le même éditeur

M. Archambault	*Documents et méthodes pour le commentaire de cartes t. 1 : Principes généraux, t. 2 : Les reliefs structuraux*
A. Bailly	*Les Concepts de la géographie humaine*
A. Bailly et H. Béguin	*Introduction à la géographie humaine*
A. Bailly et R. Ferras	*Éléments d'épistémologie de la géographie*
M. Baleste *et al.*	*La France. Les 22 régions*
J.-J. Bavoux	*Les Littoraux français*
J. Beaujeu-Garnier	*Géographie urbaine*
M. Béguin et D. Pumain	*La Représentation des données géographiques*
J. Bethemont	*Les Grands Fleuves*
J. Bethemont et J.-M. Brueil	*Les États-Unis*
J.-C. Boyer	*Géographie humaine de l'Allemagne*
J.-P. Bravard et F. Petit	*Les Cours d'eau*
R. Cheize	*Les Cartes aux concours*
R. Cheize	*La France*
R. Cheize et S. Chédemail	*La Dissertation en géographie aux concours*
R. Coque	*Géomorphologie*
C. Cosandey et M. Robinson	*Hydrologie continentale*
J. Demangeot	*Les Milieux naturels du globe*
J. Demangeot	*Tropicalité*
M. Derruau	*Géographie humaine*
M. Derruau	*Les Formes du relief terrestre*
M. Derruau	*Composantes et concepts de la géographie physique*
P. Estienne	*Les Régions françaises*
Ph. Gervais-Lambony	*Afrique du Sud et États voisins*
A. Godard et M.-F. André	*Les Milieux polaires*
A. Godard et M. Tabeaud	*Les Climats*
Groupe Chadule	*Introduction aux méthodes statistiques en géographie*
R. Guglielmo	*Les Grandes Métropoles du monde*
A. Huetz De Lemps	*L'Économie de l'Espagne*
F. Joly	*Glossaire de géomorphologie*
J.-P. Larivière et J.-P. Marchand	*La Géographie de la Chine*
R. Lebeau	*Les Grands Types de structure agraire*
P. Limouzin	*Les Agricultures de l'Union européenne*
P. Limouzin	*La France et ses régions*
J.-P. Lozato-Giotart	*Géographie du tourisme*
R. Marconis	*Introduction à la géographie*
A. Musset	*L'Amérique centrale et les Antilles*
R. Paskoff	*Les Littoraux*
J. Pelletier et Ch. Delfante	*Villes et urbanisme dans le monde*
M. Phlipponneau	*La Géographie appliquée*
Ph. et G. Pinchemel	*La Face de la Terre*
C. Pomerol et M. Renard	*Éléments de géologie*
D. Pumain et M.-T. Saint-Julien	*L'Analyse spatiale. 1/Les localisations*
G. Rougerie et N. Beroutchachvili	*Géosystèmes et paysages*

Hervé Théry

Le Brésil

4e édition
revue et complétée

ARMAND COLIN

Collection U • Géographie

sous la direction de Philippe Pinchemel

ISBN 2-200-25126-2

Armand Colin • 21, rue du Montparnasse • 75006 Paris

SOMMAIRE

Introduction 7

PREMIÈRE PARTIE

Le cadre et les acteurs

Chapitre 1 L'espace brésilien 15

Chapitre 2 L'archipel brésilien 28

Chapitre 3 Les Brésiliens 50

DEUXIÈME PARTIE

La Suisse, le Pakistan et le Far West

Chapitre 4 Combien de Brésils ? 89

Chapitre 5 La région cœur, Sudeste et Sud 102

Chapitre 6 La région problème, le Nordeste 132

Chapitre 7 Les espaces pionniers, Amazonie et Centre-Ouest 148

TROISIÈME PARTIE

Une puissance de demain ?

Chapitre 8 Les moyens du développement 173

Chapitre 9 Les mutations du monde rural 195

Chapitre 10 Un nouveau pays industriel 218

Chapitre 11 La nébuleuse tertiaire 236

Chapitre 12 Le Brésil et le Monde 256

Conclusion : Dieu est-il brésilien ? 271

Glossaire 276

Index des noms de lieux 277

Liste des figures 279

Liste des tableaux 282

Liste des photographies 284

Introduction

Le Brésil est l'un des rares pays au monde où l'expression « pays en voie de développement » soit autre chose qu'un euphémisme hypocrite et démodé.

Cette nation de 160 millions d'habitants (le sixième rang mondial) qui occupe et contrôle de mieux en mieux un territoire de 8 511 965 km^2 (le cinquième au monde), est l'un des tout premiers producteurs et exportateurs de denrées agricoles et de minerais. C'est aussi un grand pays industriel, se classant parmi les quinze premiers dans des secteurs aussi importants que la sidérurgie, la construction automobile ou aéronautique.

Sa diplomatie active commence à lui donner une stature continentale et internationale, appuyée par des exportations de biens de consommation, de biens d'équipement et de services qui concurrencent de plus en plus les pays industrialisés : le Brésil est-il, comme l'affirment les Brésiliens, une grande puissance émergente, la première de la zone intertropicale et de ce qu'on appelait naguère le Tiers-Monde? Un élément de cette puissance nouvelle est certainement l'intégration nationale en train de se réaliser, en grande partie sous l'impulsion de l'État : le vieux modèle de l'« archipel brésilien », une série d'« îles » autonomes séparées par d'immenses vides, fait place à un espace quadrillé, parcouru et contrôlé grâce aux moyens techniques modernes, et qui intègre les diversités héritées du milieu et de l'histoire dans une seule unité économique, politique et culturelle.

Pourtant ce pays reste fragile, à cause de ses disparités et de ses inégalités, spatiales et sociales, qui sont parmi les plus fortes au monde. Elles ont pu favoriser un temps accumulation et décollage, mais elles sont devenues aussi dangereuses qu'elles étaient injustes, et constituent maintenant un frein au développement réel.

Ce sont là quelques-unes des idées maîtresses de ce livre qui insiste — c'est un choix délibéré — sur les facteurs de changement, sur la dynamique des processus, remontant le cours de l'histoire quand cela s'avère nécessaire pour comprendre les mécanismes de la croissance. L'accent sera mis — puisque ce livre est un livre de géographie — sur les phénomènes qui contribuent à la structuration de l'espace : la dynamique de la répartition de la population, les éléments du secteur tertiaire qui ont une expression spatiale, le remodelage des paysages agraires recevront, dans les chapitres correspondants, une attention particulière, parce que c'est l'attention portée aux aspects spatiaux des phénomènes humains qui fait la spécificité de la géographie parmi les sciences sociales.

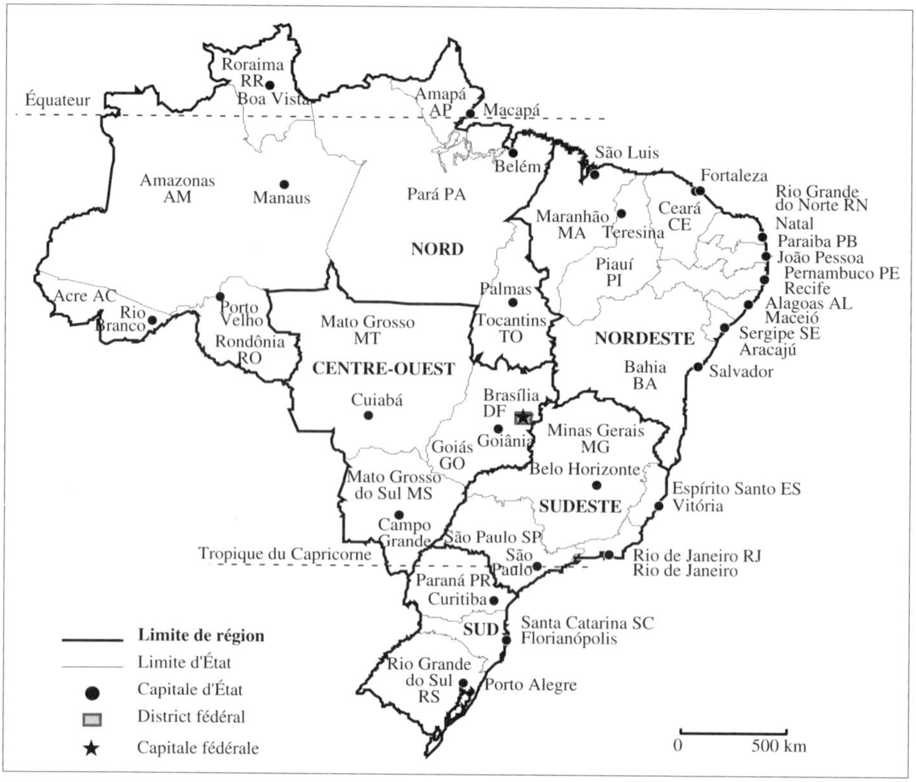

Figure 1 Les cinq régions du Brésil, les États et leur capitale

Pour mener à bien ce projet il faudra d'abord poser les cadres majeurs, ceux qui ont modelé l'originalité brésilienne : l'espace, que les Brésiliens ont modelé et qui les a eux-mêmes modelés. Cet aspect sera peu développé, à la fois parce que des ouvrages de références existent, et parce que j'ai fait le choix de privilégier ce qui change. L'histoire assez particulière que la pays a vécue — et qui ne se résume pas aux fameux « cycles » économiques — a contribué également à mettre en place une structure spatiale complexe, dont a hérité le Brésil d'aujourd'hui. Enfin tout repose sur les Brésiliens eux-mêmes, une population jeune, en voie d'accroissement un peu moins rapide que naguère, inégalement répartie, divisée par de nombreux clivages, dont certains s'estompent alors que d'autres sont plus nets que jamais. Le parti a été pris de traiter ensuite des oppositions régionales, de décrire rapidement ces grands ensembles qui sont la réalité du pays. Mais il ne s'agit pas ici de faire la géographie régionale du Brésil : des études de terrain dans diverses régions m'ont appris que pour ce faire il faudrait descendre à un niveau d'analyse plus fin que celui des 558 microrégions que dénombre l'Institut brésilien de géographie et de statistique (IBGE), ce qu'il n'est évidemment pas possible d'envisager ici, et j'ai renvoyé le lecteur aux quelques titres cités pour plus d'information détaillée. Au contraire, le parti a été pris de présenter les grands ensembles, en centrant l'analyse sur une question majeure. Le Sudeste et le Sud sont le cœur du pays, le Nordeste sa région problème, le Nord et le Centre-Ouest sont ses espaces pionniers : pourquoi, comment, quelles conséquences cela a-t-il sur le développement d'ensemble de ces régions, et sur celui du pays tout entier?

Enfin, sur la base des éléments mis en place dans les deux premières parties, sera abordée l'étude de quelques grands secteurs, des mutations qu'ils subissent et des blocages qui apparaissent : d'abord quelques domaines clés pour le développement (minerais, énergie, transports), puis l'agriculture, l'industrie et quelques aspects du monde complexe du secteur tertiaire. Des performances dans ces domaines dépend la nature et l'intensité des rapports du Brésil avec le monde extérieur, où se joue son destin de grande puissance de demain, ou de pays dominé.

Dans cette trame générale, sont insérés quelques notes ou dossiers qui m'ont semblé pouvoir compléter ou illustrer le propos d'un chapitre : points complémentaires, études microrégionales, cas particuliers, résultat ou non de mes recherches (ces notules sont accompagnées d'une bibliographie qui permet de les développer). Plusieurs sont des documents à peine commentés, car le lecteur peut la plupart du temps, ici comme dans le corps du texte, se passer d'une glose qui ne fait qu'alourdir le texte.

On trouvera aussi dans cet ouvrage un certain nombre de figures, tableaux, photographies, qui appuient le texte et sur lesquels il s'appuie, mais qui peuvent aisément en être détachés. Leur source statistique, sauf indication contraire, est constituée par les données de l'IBGE : recensements en tout genre (démographique, agricole, industriel), annuaires statistiques qui collectent des chiffres de provenances diverses, et qui ont été souvent combinés et réélaborés. À la date de rédaction de cette quatrième édition, les derniers recensements économiques disponibles étaient ceux de 1985, et le dernier recensement démographique celui de 1991, complété par un dénombrement de la population en 1996. Les recensements économiques qui auraient dû être réalisés en 1990 et 1995 ne l'ont pas été, à l'exception du recensement agropastoral (en 1996), ce qui est regrettable car ces grandes opérations, quoique coûteuses, apportent beaucoup à la connaissance du pays.

Des indications bibliographiques sommaires apparaissent à la fin de chaque chapitre, elles n'ont d'autre ambition que d'ouvrir quelques pistes au lecteur qui souhaiterait aller plus loin dans la connaissance du Brésil. Elles ont été limitées à des ouvrages ou articles accessibles, en français ou en anglais et parfois — pour les plus importants — en portugais.

On ne trouvera pas ici en revanche, sauf allusivement, de développement sur quelques points controversés, comme les causes de la sécheresse du Nordeste intérieur ou le degré de la pénétration des rapports capitalistes dans les campagnes. Ces questions ne me semblent pas tout à fait à leur place dans un ouvrage qui se veut avant tout un manuel, ce qui contraint à certains choix. Conscient des raccourcis abusifs, des simplifications qu'il a fallu accepter, je prie mes collègues « brésilianistes » de m'en excuser. Ce livre veut seulement rassembler quelques faits et quelques idées simples, et offrir une présentation rapide des phénomènes fondamentaux et des processus en cours, même s'il ne contient pas toutes les références bibliographiques de tous les spécialistes.

Il est bien évident que j'ai utilisé largement les écrits et profité de l'expérience d'un grand nombre de personnes, tout en restant seul responsable du texte final ; la taille et la diversité du Brésil, l'abondance des sources primaires et de la bibliographie m'empêchaient de dominer seul la masse de la documentation disponible.

Aussi mes remerciements vont à tous ceux qui, d'une manière ou d'une autre, ont aidé à la réalisation de cet ouvrage. Comment ne pas mentionner Pierre Monbeig, qui m'a le premier incité à m'intéresser au Brésil, tout en m'avertissant loyalement que ce pays était anthropophage, et qu'il me dévorerait probablement. Bien que prévenu j'ai accepté ce destin — qu'il entendait heureusement au sens métaphorique, par référence au sort des premiers Français, recueillis par les Indiens, choyés et engraissés, puis cérémonieusement dévorés — et je lui suis encore aujourd'hui reconnaissant de m'avoir poussé dans cette voie.

Je dois beaucoup aussi aux chercheurs du Credal, notamment à Jean-Pierre Bertrand, Bernard Bret (à qui je dois la plus grande partie des matériaux du chapitre 6), Martine Droulers, François-Michel Le Tourneau, Hélène Rivière d'Arc, Marie-France Shapira, Sebastien Velut, ainsi qu'à Philippe Waniez et Violette Brustlein. Merci encore aux collègues brésiliens qui ont eu la gentillesse et la patience de répondre à mes questions sur leur pays, de faire semblant de ne pas s'étonner de ma curiosité sur certains de ses côtés les plus étranges, et de me le faire visiter dans tous les sens, « de l'Oiapoque au Chui », pour reprendre l'expression brésilienne consacrée. Merci enfin à Claude Dubut et Anne Le Fur qui avaient conçu avec moi toutes les cartes de la première édition, dont certaines figurent encore dans cette quatrième édition.

BIBLIOGRAPHIE

Il serait illusoire de vouloir donner une bibliographie complète sur le Brésil, tant la production européenne, nord-américaine et surtout brésilienne est abondante : de ce point de vue le Brésil n'est plus depuis longtemps un pays neuf.

On ne trouvera donc ici que quelques ouvrages complémentaires de celui-ci, quelques revues et centres de documentation où le lecteur pourra pousser plus loin sa recherche.

• Manuels généraux

Becker (B.), Egler (C.), *Brazil : a new regional power in the world economy*, Cambridge University Press, 1992.

Carelli (M.), Théry (H.), Zantman (A.), *France-Brésil, bilan pour une relance*, Éditions Entente, 1987.

Collectif, *Le Brésil*, Travaux de l'Institut de Géographie de Reims, 1985.

Domingo (J.), Gauthier (A.), *Le Brésil, puissance et faiblesse d'un géant du Tiers-Monde*, Bréal, 1988.

IBGE, *Geografia do Brasil* (5 vol.), 1989-1993.

Magnoli (D.) et Araujo (R.), *A nova geografia, estudos de geografio do Brasil*, Editora moderna, 1998.

Vaughan-Williams (Ph.), *Brasil. A concise thematic geography*, University Tutorial Press, Slough, 1981.

Vesentini (J.W.), *Brasil, sociedade e espaço* (27e éd.), 1997.

• Revues

Les principales revues consacrant fréquemment des articles à la géographie, à l'économie ou à l'évolution politique du Brésil sont, outre les revues brésiliennes (*Revista brasileira de Ceografia, Boletim geografico, Boletim de geografia teorética*) :

- *Problèmes d'Amérique latine*, La Documentation française;
- *Cahiers des Amériques latines*, IHEAL.

Sur l'actualité politique, sociale et culturelle brésilienne (notamment sur l'actualité culturelle en France), la revue *Info-Brésil* est précieuse (13 rue des Tanneries, 75013 Paris).

• Centres de documentation parisiens

- Institut des Hautes Études de l'Amérique latine; 28 rue Saint-Guillaume, 75007 Paris.
- Institut des Études Portugaises et Brésiliennes; 17 rue de la Sorbonne, 75005 Paris.

• Sites Internet

■ Portes d'entrée

Cade? http://cade.com.br/
Répertoires de sites donnant accès à des ensembles de serveurs classés par thèmes

■ Sites officiels

Governo www.cade.com.br/governo.htm

- Tout l'appareil gouvernemental, aux niveaux de l'Union, des États, des communes
  Institut national de la recherche spatiale (images satellitaires) (INPE) www.inpe.br/
  Institut national de l'Environnement (Ibama) www.ibama.gou.br/
  Institut brésilien de géographie et de statistique (IBGE), données sur la population, l'agriculture, l'économie, recensement et enquêtes www.ibge.gov.br/

■ Universités

Université de São Paulo (USP) www.usp.br/
Université fédérale de Rio de Janeiro (URFJ) www.urfj.br/

■ Journaux

Folha de São Paulo www. uol.com.br/fsp/
Quotidien de São Paulo très bien documenté, type *Le Monde*
Estado de São Paulo www.estado.com.br/
Quotidien de São Paulo, plus traditionnel, type *Le Figaro*
Gazeta mercantil www.gazeta.com.br/
Journal économique et des milieux d'affaires
Jornal do Brasil www.jB.com.br/
Quotidien de Rio de Janeiro

• Système *Samba-Cabral*

Ce système d'information sur le Brésil a été monté dans le cadre de la convention passée entre l'IBGE et le GIP RECLUS, collaboration poursuivie entre l'ORSTOM-IRD, l'École normale supérieure et l'ISPN (Instituto sociedade população natureza, Brasília).

Ses éléments principaux sont les données statistiques et les fonds de carte (détaillés depuis le niveau des *municipios* — l'équivalent des communes — jusqu'à celui des 27 États, et une série de logiciels écrits par Philippe Waniez. Ce système a permis d'organiser les volumineux fichiers de données, fournis pour l'essentiel par l'IBGE, de manière à rendre leur accès facile, à mettre les données statistiques en concordance avec une maille administrative qui évolue rapidement, et à procéder à tous les traitements statistiques et cartographiques souhaitables.

Le logiciel d'extraction et d'agrégation statistique a été baptisé *Samba 2000* (Système pour l'analyse des municipios brésiliens par agrégation). Les logiciels de cartographie, *Cabral 1 500* (ainsi nommé parce qu'il permet de « découvrir » le Brésil), *Philcarto* et *Philexplo* ne sont pas liés aux seules données brésiliennes et ils sont diffusés gratuitement, pour l'un avec *Samba 2000*, pour les autres sur Internet à l'adresse suivante : http://perso.club-internet.fr/philgeo.

• Images

Quelques photographies géographiques (et cartes), à usage pédagogique ou pour compléter par l'image des insuffisances du texte.

BRET (B.) et THÉRY (H.), *Le Brésil, de la croissance au développement?,* La Documentation photographique, La Documentation française, 1996.

THÉRY (H.), *Les deux Brésils* (42 diapositives commentées) Diapofilm, Paris, 1983.

THÉRY (H.), *L'exploitation de la forêt amazonienne* (12 diapositives et livret pédagogique), Éditions Diapofilm, 1994.

• *Enfin* pour avoir une idée du charme, de la gentillesse et de la violence, de la démesure et de la folie brésilienne — à peu près totalement absents, par définition, d'un manuel universitaire :

VANHECKE (Ch.), *Le Brésil,* collection « Petite Planète », Le Seuil, Paris, 1976.

LAPOUGE (G.), *Équinoxiales,* Livre de Poche, 1980.

RUELLAN (D. et A.), *Le Brésil,* Karthala, 1989.

Sans oublier les ressources infinies et méconnues du cinéma, de la littérature et de la musique brésilienne. Je conseille de lire ce livre (dans la mesure du possible et dans les respect du voisinage), sur un fond de musique brésilienne idoine, de préférence de la *bossa nova* : un bon disque de Tom Jobim, de Vinicius de Morais ou de João Gilberto, par exemple, feraient très bien l'affaire.

Première partie

La scène et les acteurs

L'ORIGINALITÉ du Brésil lui vient, en grande partie, des interactions entre un espace et une population bien particulière : les Brésiliens ont fait le Brésil, et le Brésil les a faits, tout au long d'une histoire qui a vu se former des rapports singuliers entre une société et son territoire. Il faut donc commencer par présenter l'une et l'autre, la genèse de leurs rapports, et les configurations spatiales qui en résultent.

Il ne faut donc pas prendre trop au sérieux la métaphore théâtrale du titre ci-dessus. La scène et son décor font partie de la pièce et ce n'est que provisoirement, pour la clarté de l'exposé, que l'on peut séparer les éléments du système : les données naturelles, elles-mêmes aménagées par les hommes, les héritages historiques, qui forment la mémoire du pays et influent sur les décisions prises aujourd'hui, et les Brésiliens, organisés en société.

Chapitre 1

L'espace brésilien

Le Brésil est un continent : il en a la démesure, la massivité et la diversité. Il n'est pas question, en quelques pages, de le décrire et encore moins d'en expliquer la genèse et l'évolution. Je voudrais ici (en renvoyant pour plus de précisions à une bibliographie sommaire) évoquer plutôt une particularité singulière du Brésil, le rapport que les Brésiliens entretiennent avec leur espace.

Les Brésiliens ont fait leur espace, ce sera l'objet du chapitre suivant. Mais il est vrai également que leur espace les a faits. Ses particularités — disposition, ressources, handicaps — ont dans une certaine mesure orienté la mise en valeur, cette mise en valeur à son tour l'a structuré, et donné un certain tour d'esprit aux pionniers qui la réalisaient.

L'espace brésilien est d'abord immense : il faut essayer de le faire sentir, et en tirer les conséquences. Il est riche de ressources, mais impose aussi des contraintes dont il a fallu s'accommoder. Il est divers parce que la trame des grands systèmes naturels laisse place à des transitions et à des facettes inégalement utilisables.

1 L'IMMENSITÉ ET SES CONSÉQUENCES

Le Brésil est immense. On répète ce truisme depuis des siècles sans en épuiser la vérité. On ne peut espérer traduire sur le papier, par les mots, le dessin ou la photographie, une idée même approchée de l'évidence qui saisit le voyageur le moins prévenu. Seuls la fascination ou l'ennui devant les paysages qui défilent, toujours identiques, la perspective des heures qui restent à passer pour atteindre le but de l'étape, permettent de mesurer une partie de cette énorme surface. Faute de mieux, quelques repères et comparaisons permettront d'en donner une lointaine idée (fig. 2 et 3).

La distance pourtant n'est pas tout, elle n'explique pas seule l'impression, écrasante ou exaltante, produite par les paysages brésiliens. Ce sont aussi les formes du relief, massives, répétées, horizontales, qui contribuent à cet effet. On dit que la nature au Brésil ne répond qu'à une question tous les mille kilomètres, et il y a du vrai dans cette boutade.

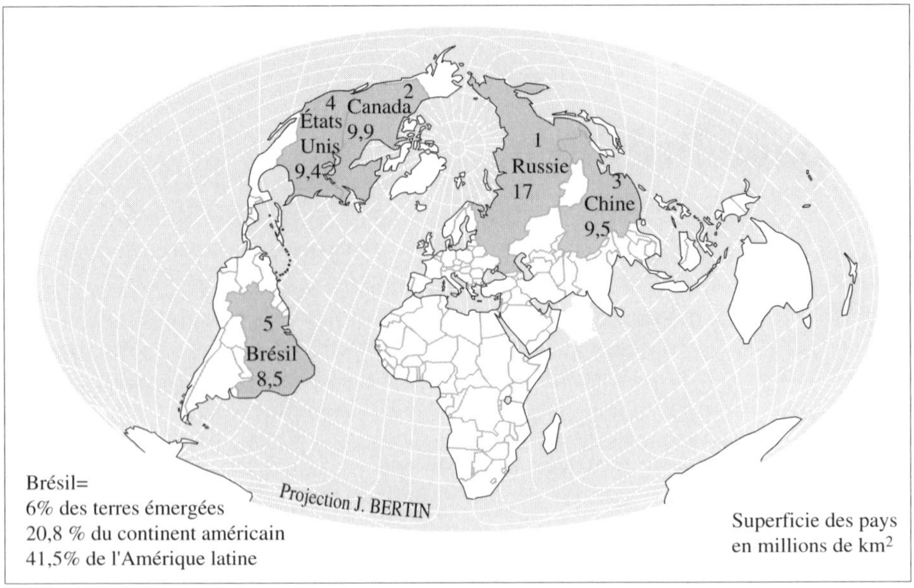

Figure 2 Le Brésil, cinquième pays du monde

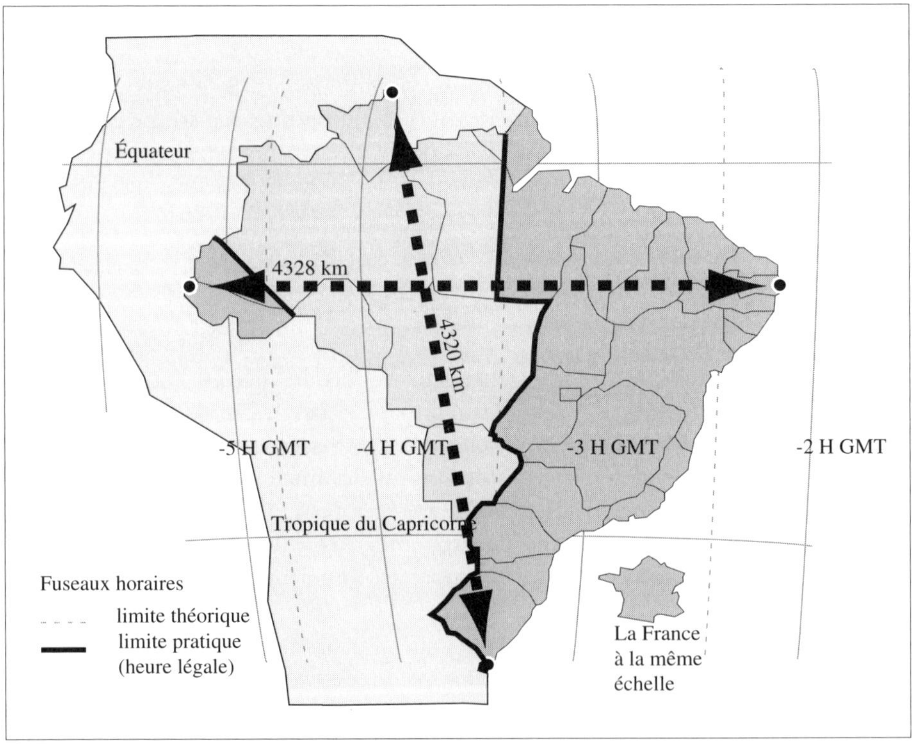

Figure 3 L'étendue du Brésil

L'allure des paysages, la disposition des reliefs et leur physionomie ouvrent donc des horizons et des possibilités d'utilisation de cet immense espace, réelles, potentielles ou imaginées.

1.1 Un espace démesuré

On ne peut appréhender dans sa totalité l'espace brésilien ni même réellement l'imaginer. Quelques chiffres, quelques analogies peuvent tout de même situer l'échelle des phénomènes, quelques images aident à fixer des ordres de grandeur.

La superficie du Brésil est de 8 511 965 km^2, soit un peu plus de quinze fois celle de la France. C'est, de ce point de vue, le cinquième pays au monde, après la Russie, le Canada, la Chine et les États-Unis (si l'on y inclut Hawaï et l'Alaska).

Il s'étend, en latitude, du 5° N au 33° S et en longitude du 34e au 73e degré Ouest. Des équivalences peuvent être données pour mieux faire comprendre ce que signifient ces coordonnées : l'écart est le même, de l'autre côté de l'Atlantique, qu'entre le Liberia et Le Cap. Si l'on imagine de faire basculer le Brésil dans l'autre hémisphère, qui nous est plus familier, il occuperait un espace compris entre les latitudes de Piura (Pérou) et Los Angeles, Kinshasa et Marrakech, Djakarta et Shangai. D'ouest en est il s'étend sur une distance comparable à celle qui sépare Paris de Moscou, Karachi d'Hanoï, Dakar de la frontière du Soudan.

Photo 1 Distances
À la sortie de Brasília, un panneau routier indique le nombre de kilomètres à franchir pour rejoindre l'une de ses villes-satellites, et deux capitales du Nordeste. En même temps que la nouvelle capitale, on a construit des routes la reliant aux principales régions du pays mais il faut s'armer de beaucoup de patience pour entreprendre le voyage vers les plages de Fortaleza (cliché H. Théry).

Enfin, si on imaginait de centrer sur Paris un espace comparable à celui qu'occupe le Brésil, il s'étendrait de la latitude de Trondheim (Suède) à celle de Rabat, de la longitude du centre de l'Islande à celle de Varsovie.

L'immensité de cette superficie apparaît mieux encore dans les distances intérieures. Du nord au sud, comme d'ouest en est les points extrêmes du territoire brésilien sont séparés par environ 4 000 km (4 320 et 4 328 km exactement), soit la distance de Paris à Magnitogorsk, à Bagdad ou à Ouagadougou; la capitale, Brasília, est à 2 490 km (en ligne droite) de Boa Vista (Roraima), à 1 774 km de Natal (Rio Grande do Norte), à 1 614 km de Porto Alegre (Rio Grande do Sul), des distances équivalentes à celles qui séparent Paris (en respectant l'orientation) de Reykjavik, de Riga et de Tanger. Par la route, la capitale est à 4 275, 2 507 et 2 027 km des villes citées...

Les distances kilométriques peuvent être converties en temps de transport, qui donnent une meilleure idée de la réalité vécue : pour reprendre les mêmes exemples, il faut 4 h 40 heures de vol pour aller de Brasília à Boa Vista par les lignes régulières, 3 h 30 pour rejoindre Natal, et 3 h 35 pour Porto Alegre. Et si un habitant de Porto Algegre décidait de se rendre à Boa Vista en autobus, il lui faudrait rouler près de cinq jours et cinq nuits (les autobus brésiliens à longue distance ne s'arrêtent que pour de brèves haltes aux heures des repas, au cours desquelles les chauffeurs se relaient). Et cela à supposer qu'il trouve immédiatement un bus en partance à São Paulo, Cuiabá, Porto Velho et Manaus, les étapes principales.

Arrêtons là les comparaisons de superficie et de distances, et prenons un élément, un seul, de ce territoire, qui dit la démesure des phénomènes, l'Amazone : 7 200 km de long, dix-sept affluents de plus de 1 600 km, navigable jusqu'à Manaus pour les cargos de 10 000 tonnes. Son débit de 200 000 m^3/s (cent fois le Rhône) : une quantité d'eau qui suffirait à recouvrir la ville de Paris d'un mètre d'eau en un peu moins de neuf minutes.

1.2 Un pays horizontal

Cette immensité du territoire brésilien est encore accentuée, aux yeux du voyageur, par son horizontalité. Les horizons y sont infinis car la vue est rarement arrêtée par un obstacle, quelques menus accidents ici et là, répétés à l'infini, ne faisant qu'accentuer la monotonie.

Le Brésil n'est pas un pays de reliefs accentués : moins du dixième de sa superficie est située à plus de 800 m, et les plaines, en dessous de 200 m, en constituent 40 %. La courbe de niveau 400 m (fig. 4) constitue un assez bon repère, opposant les hauts plateaux du centre et de l'extrême Nord aux plaines du Nord, du Sud et du littoral : la topographie reflète, dans ses grandes lignes, la structure (fig. 5).

On peut considérer — en simplifiant considérablement — que la structure géologique du Brésil oppose des boucliers, fragments très anciens du continent primitif gondwanien, à des bassins sédimentaires dont le plus vaste est celui de l'Amazonie.

Les boucliers, complexes de roches très anciennes, maintes fois remaniées et indurées sont au nombre de trois, de taille très inégale : le bouclier guyanais, au nord de l'Amazonie, est constitué pour l'essentiel de roches cristallines et comprend le point culminant du territoire brésilien, le Pico da Neblina (3 014 m),

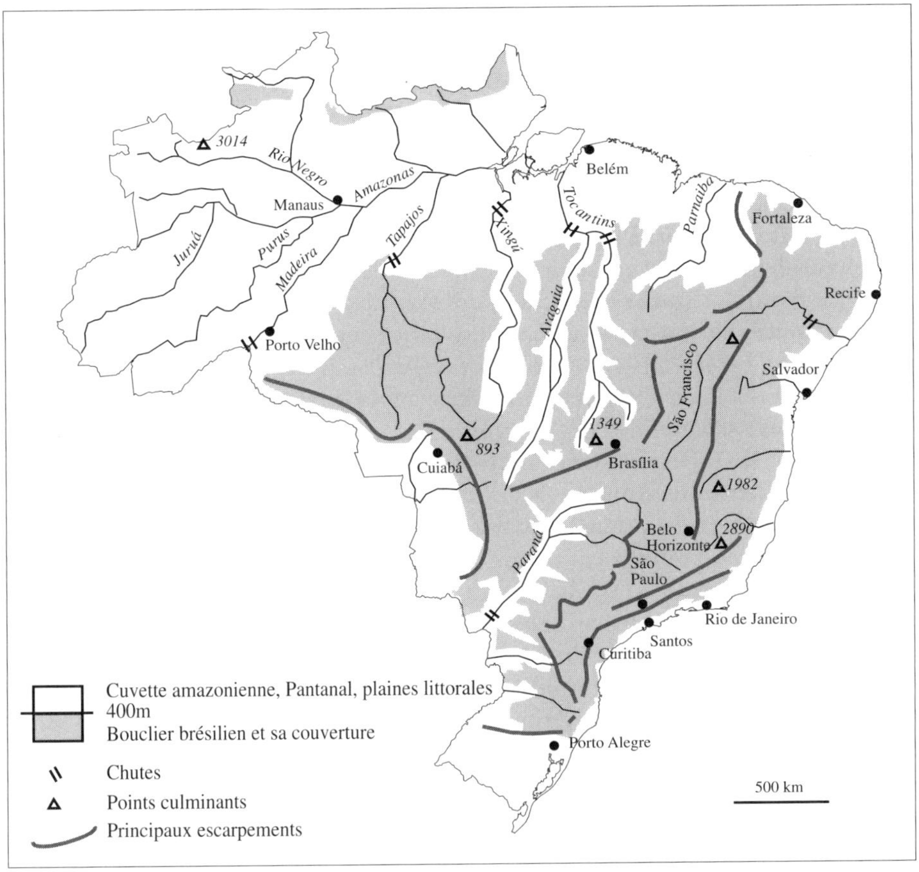

Figure 4 Relief et structure

alors que le petit bouclier du Rio Grande do Sul n'a guère d'expression topographique. Le bouclier central, dit bouclier brésilien, occupe en revanche la plus grande partie du territoire national et porte, pour avoir été plusieurs fois submergé, des sédiments d'âge divers qui le masquent sur de vastes surfaces.

Bien que très stables dans l'ensemble, ces boucliers ont tout de même subi quelques mouvements tectoniques importants. Des failles expliquent les accidents des vallées du São Francisco et du Paraiba, et surtout les grands escarpements qui bordent à l'est le bouclier brésilien et ont constitué le principal obstacle à la pénétration vers l'intérieur. Ces mouvements rendent également compte des épanchements basaltiques du sud du plateau central, si importants dans la genèse des sols de *terra rôxa,* et dont les rivières franchissent le bord en chutes spectaculaires, comme celles de l'Iguaçu.

Les formes de relief les plus fréquentes sont donc horizontales ou subhorizontales. Les hauts plateaux des boucliers ont été soumis à de longues périodes d'altération et d'érosion, le processus dominant ayant été la pédiplanation qui trouvait là ses conditions d'efficacité optimale. On peut distinguer plusieurs cycles érosifs responsables de l'élaboration d'au moins cinq surfaces distinctes.

Les unes ne subsistent plus qu'à l'état de reliques sur quelques sommets ou dans les ruptures du profil en long des fleuves, d'autres ont été brisées par les accidents tectoniques, toutes contribuent à l'impression d'horizontalité dominante.

Dans le détail, des contrastes existent pourtant. Alors qu'au centre du plateau central les formes tabulaires des *chapadas* l'emportent, des cuestas apparaissent dans le Moyen-Nord, les crêtes et buttes résiduelles marquent les paysages du Nordeste et les escarpements de faille ceux du Sudeste.

À plus grande échelle encore des formes parfois spectaculaires apparaissent : inselbergs, reliefs karstiques du Minas Gerais ou de Bahia, « pains de sucre » dont celui qui marque l'entrée de la baie de Rio n'est que le plus connu. Dues à des intrusions de granites et de greiss dans les structures faillées des bordures du bouclier, ces formes ont été dégagées par l'érosion qui détache les feuillets en exploitant l'altération chimique et les alternances thermiques.

Dans les bassins sédimentaires l'impression d'horizontalité est plus frappante encore. Elle est réelle, au point que le drainage est souvent indécis, comme dans le Pantanal, cet immense marécage où seuls de micro-accidents sont perceptibles, et très importants pour l'occupation végétale et humaine.

L'ensemble le plus vaste est évidemment le bassin de l'Amazone, dont la cuvette, correspondant à un immense géosynclinal, s'interpose entre les boucliers brésiliens et guyanais. Plus ample et plus profond à l'ouest il est rempli de sédiments tertiaires et quaternaires arrachés aux Andes : leur surrection a inversé le sens d'écoulement, qui se faisait autrefois vers l'ouest, ce qui explique que la cuvette soit moins large et moins profonde à l'est.

La puissance du fleuve a permis l'accumulation de milliers de mètres de sédiments : on estime qu'il transporte aujourd'hui encore 1 200 millions de tonnes en suspension par an. Sous leur poids un phénomène de subsidence continue se produit, qui interdit la formation d'un delta.

Les autres bassins sédimentaires sont de taille bien moindre, mais leur signification humaine a pu être importante : les petites plaines côtières, celle du Nordeste comme du Sudeste, ont été les premiers espaces occupés par les colons portugais, avant qu'ils aient trouvé les forces nécessaires pour se lancer au-delà des chaînes littorales, à la conquête des plateaux de l'intérieur.

L'immensité, la monotonie et la quasi-platitude de la topographie, l'ouverture d'horizons illimités, ont eu des effets décisifs sur le type d'occupation de l'espace, par les possibilités qu'elles offraient — que l'on peut mesurer et comparer à l'utilisation qui en a été faite — et par une influence, moins quantifiable, mais certaine, sur la perception de l'espace, le rapport au territoire.

1.3 Effets réels, potentiels et psychologiques

La topographie du Brésil a certainement favorisé sa conquête et la dilatation de l'espace national, qui est une constante de son histoire : l'absence d'obstacles infranchissables, l'heureuse disposition du réseau hydrographique ont bien secondé l'énergie conquérante des pionniers. Aujourd'hui encore il est heureux que l'énormité des distances soit quelque peu compensée par la facilité à établir des routes, un art dans lequel les ingénieurs brésiliens sont passés maîtres puisqu'ils exportent leur savoir-faire dans divers pays du monde tropical.

Mais il faut aussi remarquer que même dans ce domaine les Brésiliens ont fait un choix. Il n'est guère de pays au monde qui semble si propice au développement des chemins de fer : pressant besoin de transports lourds à longue distance, topographie peu accidentée, énormes ressources hydroélectriques. Pourtant les chemins de fer, loin de se développer, sont en déclin, et presque tous les transports se font par camion (chap. 8), une aberration économique et énergétique dont les causes sont multiples et bien enracinées dans la société brésilienne.

Il y a donc un rapport complexe entre l'immensité de leur territoire et les choix faits par les Brésiliens pour le mettre en exploitation. Mais il est clair que la société tout entière, comme chacun des individus qui la composait, a vécu longtemps sur l'impression que l'espace était infini. L'idée bien ancrée qu'il y avait toujours, plus loin, une nouvelle ressource à trouver, de nouvelles terres à défricher, est pour beaucoup dans la façon dont se sont constitués l'économie et le territoire du Brésil. Et ce n'est que très récemment, avec la conquête de l'Amazonie et la crise économique généralisée, que la certitude d'un futur radieux, gagée sur la présence de territoires inexplorés, a commencé à s'effriter. Les Brésiliens ont-ils enfin rencontré les limites de leur espace?

Si cela était, il n'en est que plus urgent de procéder à l'inventaire et de voir ce qui, dans ce territoire, favorise ou dessert l'essor économique.

2 RESSOURCES ET HANDICAPS

L'idée de ressource est très relative, le fait est connu. Il y a des réalités évidentes, et par ailleurs une certaine marge d'interprétation, qui au Brésil est grande. Le cas des ressources minières (développé au chap. 8) permet de le saisir : on peut opposer les boucliers où le socle bien minéralisé et sa couverture recèlent une série impressionnante de minerais, et les bassins sédimentaires qui n'ont guère jusqu'à présent révélé ce qu'on y cherche activement — le pétrole — que dans quelques petits champs côtiers.

Mais ce qui a compté dans l'histoire du Brésil, et continue à compter, c'est la possibilité de trouver, au bon moment, le gisement nécessaire. La découverte de l'or, des diamants, est tombée à point nommé au 18e siècle, pour relancer l'économie essoufflée; les gisements de la Serra de Carajas, à la fin des années 70, ont permis de recentrer la politique amazonienne, tout en rendant nécessaire la construction d'un chemin de fer de 900 km en terrain très difficile. Cette conjonction entre les ressources, les étapes de la mise en valeur et les nouveaux efforts consentis pour surmonter les obstacles qui apparaissent, on peut la retrouver quand on passe du sous-sol au sol, de la lithosphère à la biosphère.

2.1 Pas de barrières mais des facettes diverses

Par rapport aux autres pays géants le Brésil a la chance de ne pas comporter de vastes zones totalement répulsives : ni Sibérie ou Grand Nord glacial, ni Xinjiang désertique, pas même de Tibet ou de Rocheuses difficiles à occuper, pas de

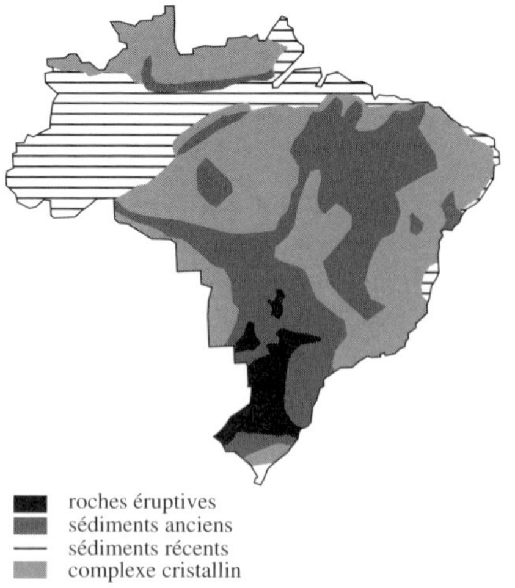

Figure 5 Géologie

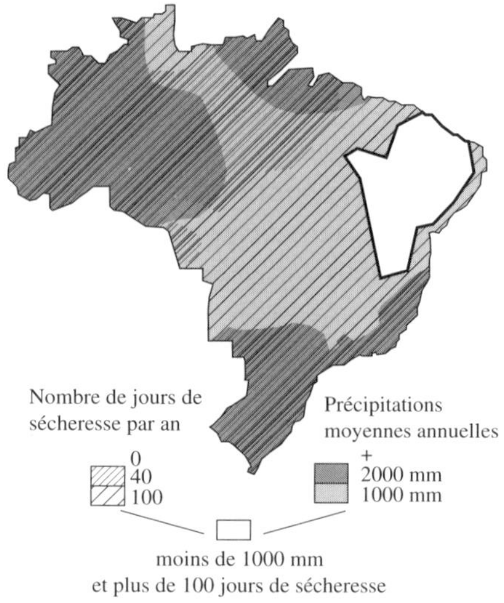

Figure 6 Précipitations

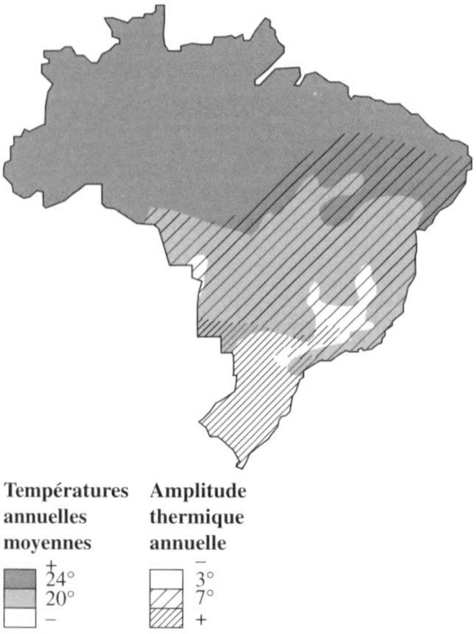

Figure 7 Températures et amplitude

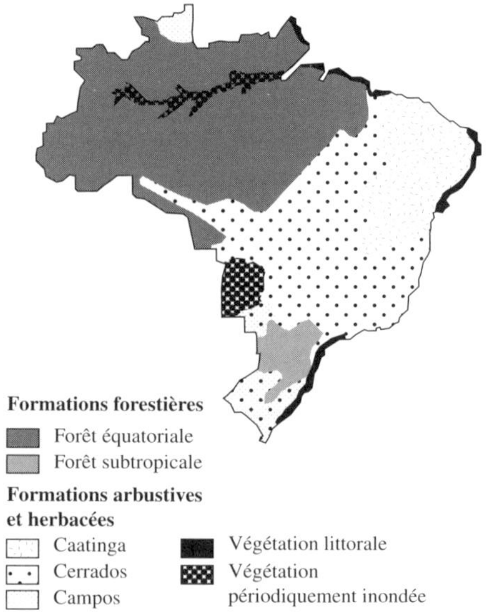

Figure 8 Végétation

région sismique ou de fleuves incontrôlables. Partout de l'espace disponible, du soleil, presque partout de l'eau et des sols au moins acceptables.

L'espace brésilien n'est pourtant pas indifférencié, un certain nombre de limitations apparaissent, qui déterminent des facettes sèches, froides, fertiles ou médiocres, dont l'utilisation passée et présente a dû tenir compte. Les limitations climatiques sont partout les plus puissantes. Elles ne sont pas à chercher au Brésil du côté des températures : le manque d'eau y est beaucoup plus déterminant (fig. 6 et 7).

Le Brésil est presque tout entier inclus dans la zone intertropicale et les températures y sont en général élevées : plus de 20 °C en moyenne annuelle sur la plus grande partie du territoire. Seul le Sud se distingue, la moyenne y chute jusqu'à 16 °C, et cette originalité est renforcée par les effets de l'amplitude thermique, qui y est beaucoup plus marquée : on peut avoir franchement froid dans le Rio Grande do Sul, la neige y tombe parfois sur les hauteurs alors que les maisons sont dépourvues de tout chauffage. L'expression la plus sensible de cette nuance froide est visible dans la gamme de cultures qu'elle autorise et interdit : le café disparaît dès que les gelées sont possibles, tandis que le blé et la vigne apparaissent.

Les précipitations individualisent une autre région : dans le Sud leur relative modestie est compensée par la fraîcheur, qui diminue l'évaporation. Dans le Nordeste inférieur, en revanche un net déficit apparaît, qui distingue le « polygone de la sécheresse » du reste du territoire, où l'agriculture est partout possible. Les précipitations y sont faibles (moins de 1 000 mm et localement moins de 500), irrégulières dans l'année (concentrées en fortes averses sur moins de trois mois) et d'une année à l'autre, avec des cycles d'années totalement sèches qui reviennent périodiquement. Ces grandes sécheresses, les *sêcas*, sont les pires catastrophes naturelles qui affectent le Brésil : celles qui ravagent périodiquement le *sertão*[1] font encore sentir leurs conséquences longtemps après chaque épisode sec, malgré le retour des pluies, torrentielles, localisées et occasionnelles.

Les causes de cette situation ne sont pas encore très bien connues dans le détail. La sécheresse de l'intérieur est certainement en rapport avec l'avancée du continent dans le domaine des hautes pressions de l'Atlantique Sud, stables et sèches, qui réduisent ou suppriment la saison des pluies. Sur le littoral les effets orographiques et les remontées d'air froid et humide, d'origine tempérée, compensent ou inversent la situation en provoquant des pluies à la saison réputée sèche : une double anomalie dont l'intérieur — et le littoral là où il est mal orienté — subissent les conséquences dramatiques.

Les contraintes introduites par la nature des sols sont moins claires : ceux-ci sont dans l'ensemble relativement médiocres, et assez mal connus. Les latosols sont le type le plus fréquent dans le Nord humide, sur diverses roches mères et sous divers types de végétation; ils sont très lessivés et déficients en minéraux et matières organiques. Dans les régions plus sèches apparaissent des sols rouges bruns de type méditerranéen, et dans le Sud des sols rouges de prairie aux horizons humiques plus épais. Les pentes, le drainage, le couvert végétal introduisent des variations locales infinies, qui en définitive comptent plus qu'une zonation générale peu claire. Les instituts brésiliens de recherche travaillent activement à établir des classifications, mais jamais une ruée n'a été déclenchée par la promesse de sols fertiles :

1 Les mots brésiliens utilisés dans le texte sont définis dans le glossaire (p. 276).

ce qui compte pour les pionniers c'est la terre libre, la perspective de l'enrichissement rapide, et ils ne jaugent que très globalement, à l'aspect de la végétation, la fertilité potentielle des sols : de ce point de vue le Brésil reste un pays neuf.

Ce qui compte en réalité, ce sont, au niveau de la parcelle, les micro-variations des écosystèmes, et à l'échelle du pays les grands ensembles écologiques, les grandes limites naturelles (fig. 9) : elles déterminent des provinces naturelles où telle activité est — ou n'est pas — possible.

2.2 Grandes limites et grands ensembles naturels

Les grands ensembles naturels, qui offrent ou imposent des conditions naturelles différentes à la mise en valeur, sont bien exprimés par les grandes associations végétales (fig. 9), les grands écosystèmes et leurs variations.

On peut distinguer :

- le domaine des grandes forêts placées sous le signe de l'arbre et de l'eau;
- le domaine sec des *caatingas* du Nordeste intérieur;
- le cœur du continent qu'occupe une gamme de savanes, les *cerrados*.

Figure 9 Régions et limites naturelles

Photo 2 Pantanal

Cette fazenda du Pantanal, située au bord du Rio Negro, a diversifié ses revenus en montant une auberge pour pêcheurs et amateurs de nature sauvage : les paysages, la flore et la faune de région marécageuse plus vaste que la France en font un des hauts lieux de l'écotourisme au Brésil. L'avion qui amène les clients se pose près de celui du propriétaire, déjà posé près de la maison, leur évitant des jours de navigation (cliché H. Théry).

Le domaine des grandes forêts est l'un des plus complexes qui soient, et l'Amazonie en est le plus vaste exemple au monde. Des milliers d'espèces végétales, dont beaucoup n'ont pas encore été répertoriées, des milliers d'insectes, d'oiseaux et de mammifères y constituent des associations très savantes et très imbriquées. L'architecture de la forêt combine des étages d'arbres élancés — dont la couronne s'étale au soleil et dont la base est faite de contreforts massifs, faute de racines profondes — plusieurs étages d'arbres plus petits, palmiers en particulier, qui achèvent d'intercepter la lumière. Tous sont encombrés de lianes, d'épiphytes et de saprophytes qui s'appuient sur eux ou les parasitent.

Cette forêt vit pour l'essentiel sur elle-même : les innombrables espèces qui la composent ont des besoins variés et chacune a trop peu de représentants pour qu'ils entrent en concurrence. Elle vit de l'eau des pluies, qui lui apporte également un certain nombre d'éléments nutritifs, et de sa propre décomposition. Elle vit donc de façon presque autonome, l'eau des pluies provient pour moitié de son évaporation, et les sols sur lesquels elle repose sont généralement très lessivés, acides, et comprennent souvent un important horizon latéritique. Il s'ensuit que, quand elle est détruite elle ne peut plus se reconstituer : les précipitations diminuent, la biomasse transformée en cendres part dans l'eau des rivières, que les sols disparus ne régularisent plus.

Il faut distinguer dans ce vaste domaine plusieurs ensembles : à côté de la forêt de terra firme, la plus étendue, la forêt de várzea, périodiquement inondée, et celle d'igapó, qui l'est toujours, font la part de plus en plus belle aux espèces adaptées au contact de l'eau. Les forêts du littoral atlantique, de ce qu'on appelle la *zona da mata*, la zone de la forêt, sont tout aussi luxuriantes mais s'accommodent mieux des pentes des serras littorales. Elles ont été beaucoup plus défrichées, sans disparaître pourtant : en 1980, un avion transportant des géomorphologues de l'Institut brésilien de géographie et de statistique est tombé en forêt entre Rio et São Paulo, au cœur de la région la plus peuplée du pays; l'épave n'en a jamais été retrouvée.

Ce sont ces forêts qu'ont affrontées et affrontent encore les pionniers brésiliens, armés de haches et de tronçonneuses, du feu et des défoliants. Pour eux l'arbre y est l'ennemi, la forêt doit être défrichée pour faire place aux champs.

Dans le Sud, le processus est presque achevé : les grandes forêts d'araucarias ont été ravagées pour fournir du bois d'œuvre, et les scieries sont maintenant transférées vers l'Amazonie. Plus au Sud, après le rebord du plateau, on passe imperceptiblement aux savanes qui annoncent la Pampa.

La *caatinga*, la « forêt blanche » des Indiens, est l'expression la plus visible de la sécheresse. Discontinue, laissant voir les sols minces et caillouteux, composée d'une brousse épineuse, rabougrie, riche en cactus, elle est adaptée aux longues périodes de sécheresses et aux pluies épisodiques : une averse lui suffit pour fleurir. Les botanistes y distinguent une foule d'associations finement adaptées à de minuscules variations du sol et de la quantité d'eau disponible, tandis que le profane est accablé par son hostilité. C'est le domaine d'un élevage ultra-extensif, l'agriculture se concentrant dans les vallées, souvent temporaires, et dans les oasis des lignes de sources ou des hauteurs mieux arrosées, les brejos.

Les *cerrados,* ou *campos cerrados* (savanes « fermées », ou arborées, par opposition aux *campos limpos,* « propres », sans arbres) occupent le cœur du pays, la plus grande partie du plateau brésilien. Adaptés aux alternances des saisons sèches et humides du climat tropical vrai, ils le sont aussi aux sols acides responsables de l'allure tourmentée des arbres. Il existe une gamme complexe de formes végétales, souvent associées en catenas depuis les plateaux — lessivés, couverts d'une brousse rase — aux forêts galeries du bord des fleuves, en passant par les pentes où les sols, rajeunis par l'érosion, portent forêts ou *cerradão*, une brousse plus fermée.

On a longtemps mal connu l'écologie des *cerrados,* et jugé un peu vite qu'ils étaient impropres a toute mise en valeur. Mais depuis les années 70 leur immense potentiel s'est révélé : le facteur limitant n'y était pas le manque d'eau, mais la déficience des sols. Celle-ci corrigée, rien n'empêche d'y pratiquer la grande culture, et un mouvement de conquête de grande ampleur s'est étendu rapidement sur cette dernière frontière : la poussée du soja, en grandes exploitations mécanisées, dans les *cerrados* du Centre-Ouest, est une des plus impressionnantes avancées pionnières au monde.

Sur ses marges le monde des *cerrados* se fond progressivement avec les autres domaines : au nord et au sud les forêts galeries prennent de l'ampleur, conquièrent les interfluves, et l'on passe au domaine des forêts. Au nord-est au contraire le couvert devient plus rare à mesure qu'on approche de la *caatinga :* la transition est la règle et les nuances, les mosaïques, l'emportent de beaucoup sur les peuplements homogènes.

De cette présentation trop rapide de très grands ensembles on ne doit pas avoir l'impression d'une uniformité : au cœur des forêts amazoniennes s'étendent de vastes zones de *campos*, dans le détail chacun des ensembles présente une vérité de paysages subtilement différents, certaines régions ont des particularités très remarquables : végétation amphibie du Pantanal, forêts de palmiers *babaçu* du Maranhão, etc.

L'important est que, de cette gamme de milieux, les Brésiliens ont pu tirer des partis divers. Au cours de l'histoire de la mise en valeur ces milieux se sont révélés successivement hostiles ou favorables, ont permis l'expansion de nouvelles activités, jusqu'à ce que les limites apparaissent. Les potentialités et les handicaps sont fonction de ce qu'on a voulu faire de ces milieux, et cela a beaucoup varié avec le temps.

BIBLIOGRAPHIE

On trouvera une synthèse rapide et claire sur les milieux naturels brésiliens dans les deux premiers chapitres de DEMANGEOT (J.), *Le continent brésilien,* Sedes, Paris, 1972.

Deux ouvrages généraux comportant des chapitres détaillés sur la nature brésilienne, des cartes et des photographies :

AZEVEDO DE (A.) (sous la dir.), *Brasil, a terra e o homem* (vol. 1*)*, São Paulo, 1970, et *Ceografia do Brasil* (5 vol.), IBGE, Rio, 1977.

Chapitre 2

L'archipel brésilien

LE BRÉSIL est un continent, mais aussi un archipel : à l'immensité, à la massivité et à la monotonie des paysages naturels s'oppose un peuplement constitué pour l'essentiel de noyaux denses, séparés par des zones d'occupation plus lâche, formant un chapelet allongé entre l'océan et le vide de l'intérieur (chap. 3).

Ces îles ont de surcroît été occupées à des dates différentes, ont connu des évolutions divergentes, sont formées de populations diverses : les bases économiques, les caractéristiques sociales, les mentalités même opposent des régions contrastées, qui auraient pu devenir des pays si les hasards de l'histoire n'en avaient décidé autrement : si, comme le roi d'Espagne, le souverain portugais était resté en Europe, pendant les guerres napoléoniennes, il est vraisemblable que le Brésil aurait éclaté, sous la pression des particularismes, en pays comparables, par la taille, l'originalité et le poids économique, aux fragments de l'Empire espagnol.

Cette diversité est pour l'essentiel due à la conjonction de deux facteurs :

- une histoire économique scandée par des « cycles » successifs, qui continuent de peser sur les orientations actuelles;
- le fait que, la plupart du temps, ces « cycles » aient concerné une région différente du pays : il est fréquent qu'une région donnée ait été peuplée et organisée au moment de l'apogée d'une production et lui survive ensuite comme une relique de cette époque.

Pourtant on ne peut réduire l'histoire économique — et encore moins l'histoire de la formation du territoire brésilien — à la succession des cycles économiques. S'il est vrai qu'au cours des quatre siècles et demi d'histoire du Brésil une série de produits ont dominé successivement son économie, représentant l'essentiel des exportations, contribuant à désorganiser la spéculation précédente en attirant les hommes et les capitaux, on ne peut s'en tenir à ces cycles majeurs. D'abord parce qu'à côté des grands produits — sucre, or, café, caoutchouc — on en trouve d'autres, trop rapidement qualifiés de « cycles secondaires » : tabac, coton, cacao, etc. Ensuite parce que l'on constate, si l'on veut établir une périodisation serrée, que ces cycles se chevauchent souvent et que la belle limpidité du schéma général se trouble si l'on regarde de près dates et limites spatiales.

Enfin et surtout d'autres phénomènes entrent en jeu pour expliquer la structuration de l'espace brésilien : si le Brésil est aujourd'hui aussi vaste, englobant, au-delà des régions conquises et constituées par les cycles économiques, d'immenses étendues peu peuplées et longtemps presque inexploitées, c'est que les Brésiliens ont, tout au long de leur histoire, fait preuve d'un dynamisme conquérant dont les ressorts doivent être évoqués : ils sont certes économiques le plus souvent, mais aussi politiques, sociaux et psychologiques.

Il faut donc, pour comprendre l'archipel brésilien, savoir ce qui fonde l'existence de ses « îles », mais aussi comment ont été conquises et contrôlées les « mers intérieures » du sertão, des *cerrados* et des grandes forêts, comment s'est bâti l'espace brésilien, associer à chaque cycle les mécanismes de constitution de nouvelles régions et de contrôle spatial à plus longue distance (fig. 10).

On peut pour cela distinguer plusieurs phases :

- la première voit se constituer les fondements économiques du pays, et naître les forces qui permettront son expansion ;
- la deuxième la base économique change, et surtout la croissance spatiale devient une explosion ;
- la troisième est surtout celle de la consolidation de l'espace ainsi conquis.

1 LES FONDATIONS : 16e-17e SIÈCLE

Découvert presque par inadvertance, le futur Brésil n'a d'abord guère intéressé les Portugais. La flotte de Pedro Alvares Cabral qui touche ses côtes pour la première fois en 1500 n'y a fait qu'une brève escale en cherchant une étape commode sur la route des Indes par le cap de Bonne-Espérance. Les premières explorations ne révélèrent ni de riche empire à piller, ni de mines où faire travailler des esclaves, juste des « Indiens », « pauvres, nus, et sauvages », pour reprendre le titre des mémoires de Hans Staden, un marin allemand naufragé qui vécut quelques années parmi eux.

L'observation ethnographique est née en grande partie du choc culturel entre ces Européens de la Renaissance et ces indigènes aux mœurs étranges — les écrits de Hans Staden, André Thévet ou Jean de Léry ont inspiré Montaigne et sont l'origine lointaine du mythe du « bon sauvage » — mais les aventuriers d'alors cherchaient des avantages plus immédiatement monnayables, et à plus court terme.

Trop peu nombreux pour s'imposer aux tribus indiennes, les Portugais firent alliance avec certaines d'entre elles pour échanger quelques articles manufacturés — haches de fer, couteaux, tissus, verroteries — contre des produits de cueillette susceptibles d'être vendus en Europe. Et le tout premier « cycle » reposa sur un premier produit d'exportation, le *pau brasil* ou bois de braise, dont on tirait alors une teinture rouge, couleur de braise. Cette unique ressource exportable, vite transformée en monopole royal, donna son nom à la nouvelle colonie, jusque-là baptisée « Terre de la Sainte Croix », une significative victoire de l'esprit de lucre sur l'esprit de piété, qui augurait mal de son avenir.

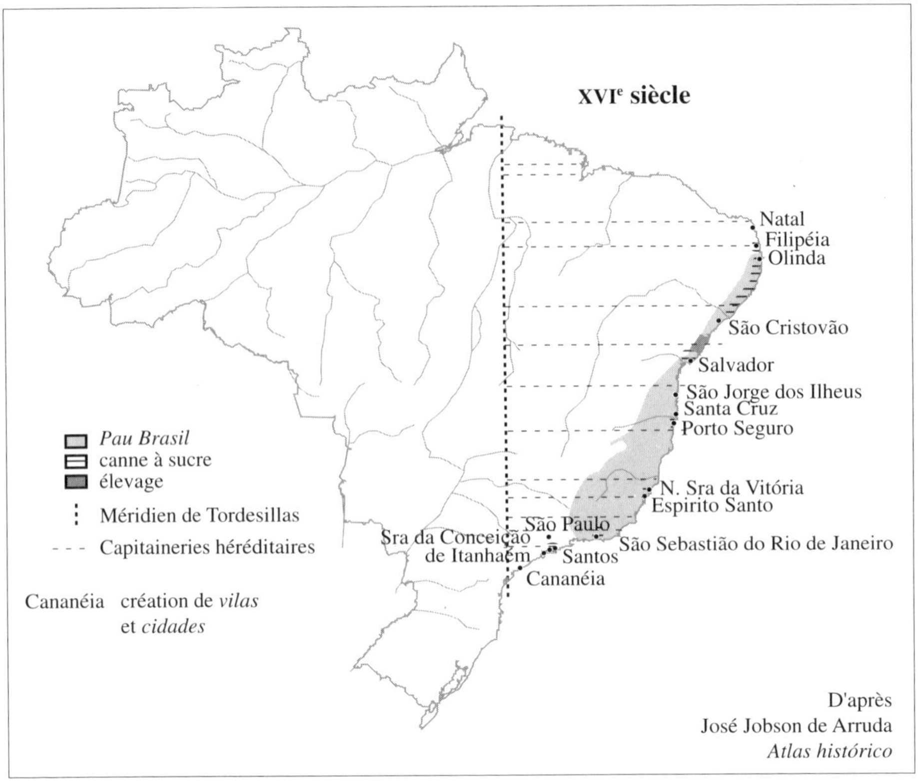

Figure 10 16e siècle

1.1 L'époque du bois de braise

L'habitat naturel du *pau brasil* étant les forêts du littoral atlantique, bien arrosé, les Portugais installèrent des comptoirs dans cette zone, de très petits établissements de traite où ils ne laissaient que quelques intermédiaires. Ceux-ci vivaient parfois à la mode indienne, et les navires n'abordaient que de loin en loin pour charger les grumes coupées et préparées par les Indiens.

Malheureusement pour la tranquillité du roi, une forte concurrence apparut bien vite. Faute d'une présence permanente, les Portugais ne purent empêcher d'autres marins commerçants d'aborder sur ces rivages, de conclure eux aussi des alliances, de trafiquer avec les Indiens : Anglais, Hollandais, Français surtout — des Dieppois en particulier — avaient ainsi suivi de près les Portugais et menaçaient leur conquête.

Aussi — et dès ce tout premier cycle la décision politique relaie le motif économique — fut-il décidé de contrôler de façon plus solide les terres que l'arbitrage de Tordesillas, en 1494, avait placées sous la suzeraineté portugaise. À partir du méridien de référence, passant par l'embouchure de l'Amazone, on tailla, perpendiculairement, douze « capitaineries », confiées à titre héréditaire à des seigneurs portugais, à charge pour eux d'y faire respecter l'autorité du roi.

Au même moment, pour parer aux menaces des Espagnols vers le Sud, des corsaires anglais, hollandais et français au Nord, on installa des forts et des

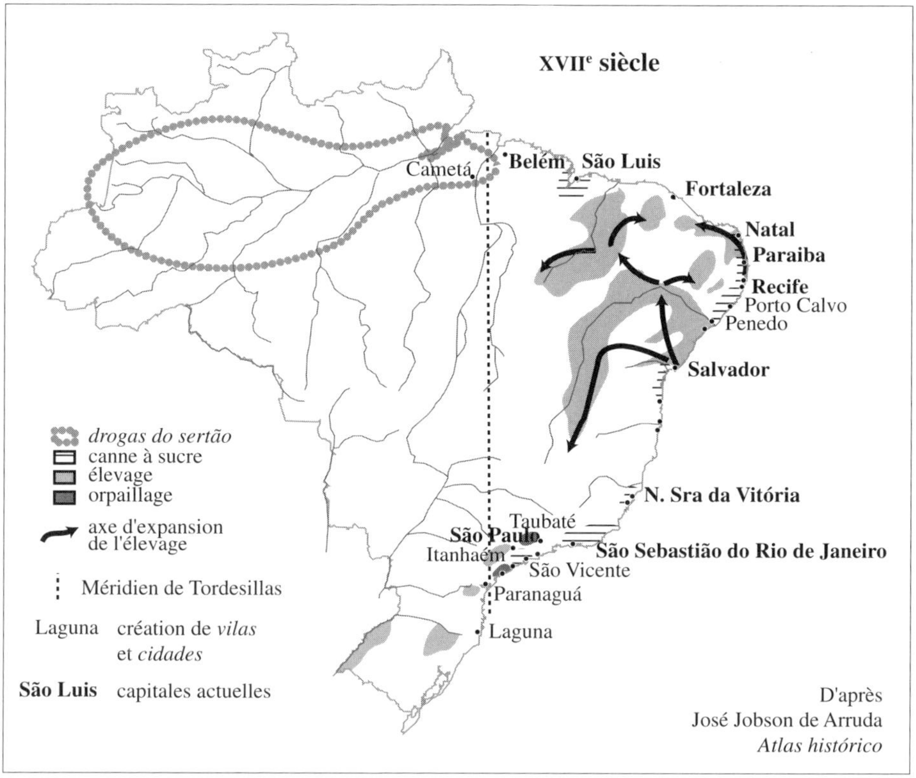

Figure 11 17e siècle

comptoirs au long de la côte, de plus en plus loin. Au Sud il ne fut pas possible de pousser jusqu'à l'embouchure du Rio de la Plata, mais en 1530 fut fondé São Vicente, sur le littoral de l'actuel État de São Paulo. Au Nord commença la poussée qui devait donner au Portugal le contrôle des bouches de l'Amazone, ne laissant aux envahisseurs du Nord que les lots de consolation des trois Guyanes.

Ainsi une décision politique donna — sur le papier — à un mince liséré de comptoirs côtiers une profondeur nouvelle, premier exemple de l'expansionnisme politique qui accompagnera — et précédera parfois — le développement pionnier de la colonie.

Cette fois pourtant il ne s'agissait guère que d'un vœu pieux : faute de base économique la plupart des capitaineries ne se peuplèrent pas. Certains bénéficiaires n'allèrent même pas en prendre possession, et la Couronne les reprit quand, en 1549, fut envoyé le premier gouverneur chargé de représenter le roi. Mais entretemps, et c'est précisément pourquoi il devenait possible, et souhaitable, d'envoyer un haut personnage contrôler la colonie, celle-ci avait trouvé une ressource qui allait être longtemps sa base économique, la culture de la canne à sucre.

1.2 Le cycle du sucre

Originaire de l'Inde, la canne à sucre avait été acclimatée par les Portugais dans leurs îles de l'Atlantique, puis introduite au Brésil. Le climat et les sols du

Nordeste lui convinrent à merveille et les Portugais trouvèrent dans le sucre le grand produit d'exportation qui justifiait et permettait une solide implantation : contrôlant déjà la route des Indes ils pouvaient, en produisant eux-mêmes ce qui était alors un produit rare et cher, léger et facilement stockable, exploiter la rage de dépenses qui faisait dilapider à table — en épices et en sucre — une partie des profits du décollage économique de l'Europe. De fait le Brésil devint, avant le milieu du 17e siècle, le premier producteur mondial de sucre.

Les conséquences de cette expansion et de cette spécialisation furent, au Brésil même, de plusieurs ordres. D'abord il fallut, pour cultiver la canne, importer des esclaves africains : les premiers arrivèrent en 1532 et le trafic dura trois siècles, jusqu'à ce qu'en 1842 la Royal Navy fasse respecter par la force l'interdiction de la traite. Depuis le golfe de Guinée, puis depuis l'Angola et le Mozambique (conquis par des Portugais établis au Brésil, pour contrôler le flux à sa source) des millions d'Africains furent déportés pour travailler dans les plantations. Ils étaient traités durement et ne survivaient en moyenne que sept ans après leur transfert — l'amortissement du capital qu'ils représentaient était calculé sur cette période — mais beaucoup purent tout de même faire souche et l'influence africaine est aujourd'hui encore bien marquée dans certaines régions.

Le cycle du sucre engendra par ailleurs des « cycles secondaires », ou induits, qui marquèrent d'autres espaces. Pour payer les esclaves les colons brésiliens avaient besoin d'une marchandise de troc. Il n'y eut pas ici de commerce triangulaire avec des produits de la métropole, mais échange direct, le paiement se faisant en tabac : une région proche de Salvador de Bahia, principalement le Recôncavo, s'employa à le produire. Il fallait aussi produire la nourriture pour les esclaves — dans la région du sucre on ne voulait perdre ni temps ni espace pour cela — et élever les bœufs pour actionner les moulins à sucre qui broyaient les cannes. Ces besoins entraînèrent la mise en place de zones spécialisées : les cultures vivrières dans l'*agreste* (la zone de transition vers l'intérieur sec), l'élevage extensif dans le sertão. Dans cette vaste zone semi-aride, on ne pouvait de toute façon guère envisager autre chose et l'élevage permit de la conquérir, en remontant les fleuves, le São Francisco en particulier.

Autour de la canne à sucre se constitua donc une véritable construction économique, sociale et géographique qui marqua jusqu'à nos jours la structure du Nordeste. Elle était la base d'un complexe économique, fondé sur la grande exploitation sucrière, à la fois agricole et proto-industrielle, tirant son nom du moulin à sucre *(l'engenho)* qui en constituait le cœur, mais aussi relié au commerce et au marché mondial, son horizon et son marché. C'était aussi une construction sociale, dans la plantation même, associant la *casa grande,* la maison du maître, et la *senzala,* les baraquements des esclaves, unis entre eux par des liens de pouvoir, d'exploitation mais aussi de clientèle et de paternalisme. On ne saurait oublier les liens charnels entre le maître et ses esclaves, dont naquirent les premiers métis, et peut-être, selon Gilberto Freyre, quelques-unes des caractéristiques de la société brésilienne d'aujourd'hui.

Si l'on critique aujourd'hui quelque peu cette vision, il est incontestable que cette société naissante a eu plus de richesse et de diversité culturelle qu'aucune autre du continent. Si le métissage physiologique y fut largement le fait de la domination et parfois du viol, un métissage culturel s'y produisit certainement.

Les formes dominantes — la structure de production — étaient évidemment européennes, mais nombre de traits des populations dominées s'y incorporèrent : les Indiens léguèrent la culture du manioc, l'usage du hamac, une importante toponymie. Avec les Africains s'introduisirent des techniques de jardinage et de métallurgie, la cuisine, la musique et les religions qui aujourd'hui encore font de cette région un ensemble culturel unique au Brésil.

La région du sucre était enfin un complexe spatial associant par la spécialisation et l'échange le littoral, l'arrière-pays et l'intérieur, unis par des routes muletières et par voie d'eau.

De cette époque, de ce cycle économique, date donc la mise en place d'un complexe nordestin dont bien des traits ont survécu, faute d'être retouchés par un cycle postérieur. Mais on peut trouver la preuve que ces fameux cycles ne sont pas toute l'explication de la formation du Brésil dans le fait que, simultanément, dans le sud du pays, se déroulait une épopée, celle des *bandeiras,* qui fit plus pour étendre le territoire brésilien sans avoir les mêmes bases économiques.

1.3 Les *bandeiras*

Les capitaineries du Sud, celle de São Vicente en particulier, n'avaient pas aussi bien réussi dans la culture de la canne à sucre que celles du Nordeste. Leur réussite, leurs succès ultérieurs, vinrent d'un tout autre horizon, et les explications qu'on peut y trouver sont surtout un dynamisme conquérant, une psychologie et des mentalités pionnières plus difficiles à cerner.

Le foyer en fut le minuscule établissement fondé par les Jésuites au-dessus de Santos, au revers de la Serra do Mar, São Paulo. De cette bourgade plus qu'à moitié indienne, où l'on parlait tupi plus que portugais, partirent des expéditions composées d'une poignée de Blancs, groupés derrière une bannière (*bandeira* en portugais) et surtout de métis (les *mamelucos*) et d'Indiens ralliés, qui connaissaient admirablement les ressources du milieu.

Favorisées d'abord par la topographie — les affluents du Paraná les conduisaient vers l'intérieur — ces expéditions duraient des années, au cours desquelles elles rayonnaient sur des centaines de kilomètres, s'arrêtant parfois pour planter maïs ou manioc et attendre la récolte. À partir des affluents de rive gauche du Paraná elles divergeaient vers le Sud, descendant vers le Rio de la Plata, vers l'Ouest, remontant les affluents de rive droite, vers le Nord en rejoignant, par-dessus l'interfluve Aguapei-Guaporé, le réseau amazonien. La plus extraordinaire est sans doute celle d'Antonio Raposo Tavares, en 1647 : parti de São Paulo il descendit le Rio Tiête jusqu'au Paraná, passa vers le réseau du Paraguay, le remonta jusqu'au futur Mato Grosso, rejoignit le réseau amazonien. De là, descendant le Guaporé, le Mamoré, le Madeira et l'Amazone il parvint à Belém, une prouesse qui devançait de deux siècles les grandes explorations africaines et reconnut en bien des points les confins du Brésil actuel.

Quel pouvait être le motif de telles aventures? L'appât du gain était certes puissant. Le premier objectif était la chasse à l'Indien, visant à ramener des esclaves vers les plantations de canne du littoral. Bien vite les *Bandeirantes* — les hommes composant ces expéditions — entrèrent en conflit avec les Jésuites portugais et surtout espagnols qui essayaient de regrouper et de catéchiser les

Indiens. Les *reducciones* où ils étaient installés constituaient en effet des proies tentantes et Antonio Raposo Tavares, déjà cité, participa à la destruction des sept missions du Sud (dans l'actuel État de Rio Grande do Sul), de celles du Paraguay (ruinant ainsi la tentative de création d'un État théocratique et jésuite) et de celles des confins boliviens.

Mais d'autres raisons doivent être cherchées : le goût de la guerre et de la violence ont dû compter, et les « Paulistes » — les hommes de São Paulo — ont été présents, volontaires ou appelés au secours, dans les guerres indiennes de l'intérieur du Nordeste, dans la lutte contre les Hollandais. Le goût de l'aventure enfin a sans doute été fort; comment comprendre autrement ces errances interminables et dangereuses dans des territoires totalement inconnus, et les Paulistes d'aujourd'hui se plaisent à faire remonter aux *bandeiras* leur esprit pionnier et d'initiative : ils ont baptisé *Bandeirante* le premier avion commercial produit à São José dos Campos.

De cette première époque sont donc nés quelques-uns des fondements du Brésil d'aujourd'hui :

- les bases de la société nordestine, la plus ancienne, la plus originale du pays, la plus enracinée, qui ne s'est jamais remise du naufrage du sucre. On a pu dire des barons du sucre qu'ils étaient les « fondateurs verticaux » du Brésil, ceux dont les racines sont les plus profondes;
- les prémices du dynamisme du Sud, de São Paulo en particulier, dont la base économique était alors faible, mais le dynamisme était tel que ses hommes ont étendu considérablement le territoire reconnu et bientôt contrôlé : ce sont les « fondateurs horizontaux » du pays.

Cette distinction — entre un cycle économique et ses effets régionaux, l'expression territoriale et ses motifs — réapparaît à l'époque suivante. Les bandeirantes étaient originellement des chasseurs d'esclaves, mais cette ressource se raréfiant ils cherchèrent et trouvèrent mieux : les métaux précieux, les émeraudes, les diamants et surtout l'or, moteur du second grand cycle brésilien.

2 L'ÂGE DE L'OR ET DE L'EXPANSION TERRITORIALE : LE 18e SIÈCLE

C'est peut-être la découverte de l'or qui a le plus fait pour accréditer la théorie des « cycles » : au moment où la première base économique se dérobait, une autre apparut à point nommé, sur laquelle se fonda une nouvelle expansion. Centrée sur une, puis plusieurs nouvelles régions, l'exploitation de l'or les fit entrer dans le Brésil utile et les marqua à jamais. Cependant, cette fois encore il faut évoquer d'autres activités et d'autres acteurs, au poids économique moindre, mais dont l'action sur l'extension et la structuration du territoire a été peut-être plus importante.

À partir des ruisseaux, où ils avaient trouvé l'or, les prospecteurs ont construit une ville. Elle monte à l'assaut des collines, couronnées par des églises baroques construites autant par ostentation que par piété.

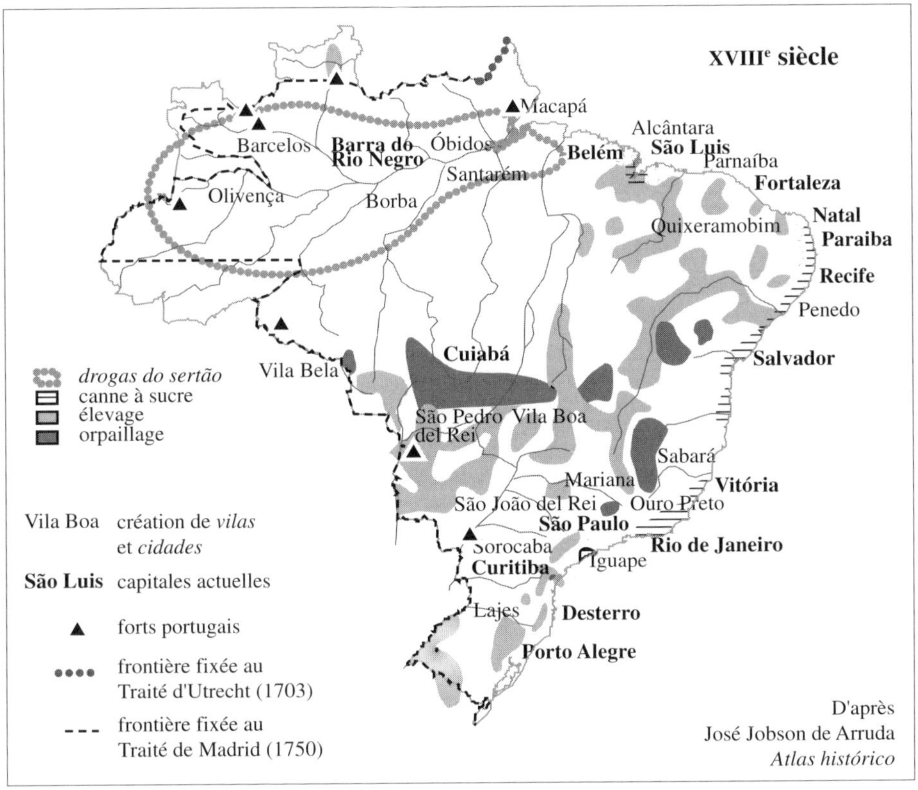

Figure 12 18e siècle

2.1 Le cycle de l'or

Au cours de leurs errances dans l'intérieur les *bandeirantes* avaient à plusieurs reprises trouvé des gisements alluviaux de pierres ou de minerais. Leur grande découverte fut pourtant celle de l'or, à l'extrême fin du 17e siècle dans le Minas Gerais (dans la haute vallée du Rio São Francisco), en 1718 dans le Goiás et en 1725 dans le Mato Grosso.

Fondée sur des techniques très simples d'orpaillage, cette exploitation déclencha une « ruée sur l'or » que les images de Californie ou du Yukon, au siècle suivant, nous aident à imaginer. Une différence majeure l'oppose toutefois à ces rééditions : l'essentiel du travail était assuré, au Brésil, par des esclaves, et l'on a pu y voir une des causes du déclin du Nordeste sucrier.

Son économie avait déjà été très ébranlée par l'évolution du marché du sucre : renonçant à conquérir la zone sucrière du Brésil les Européens du Nord lui avaient suscité une terrible concurrence en établissant leurs propres plantations aux Antilles. Les cours du sucre avaient alors beaucoup baissé et les métropoles avaient réservé leur marché aux produits de leurs colonies. Arrivant à ce moment la découverte de l'or porta le coup de grâce aux planteurs de canne, en les privant d'une ressource vitale pour eux, les esclaves. L'or les en privait, soit

Photo 3 Ouro Prêto
Fondée par des orpailleurs au 18e siècle, la ville a été la capitale du Minas Gerais jusqu'à la fin du 18e siècle. Aujourd'hui elle vit de l'université, qui a grandi autour de la vieille École des mines, et surtout du tourisme, attiré par le riche patrimoine d'églises baroques (cliché H. Théry).

en les débauchant directement, soit en faisant monter les prix, ce qui accroissait leurs difficultés — ou les poussait à réaliser ce capital au meilleur prix.

En dehors de ce contrecoup sur la vieille région du sucre, les conséquences de la découverte de l'or affectèrent de façon profonde le territoire brésilien dans son ensemble. Sur place la ruée des prospecteurs amena le peuplement d'une région jusque-là déserte, loin à l'intérieur des terres : le futur État de Minas Gerais — les « mines générales » — est aujourd'hui encore le principal État minier du Brésil.

Autant que des superbes villes historiques ornées par la prodigalité des chercheurs d'or, préservées intactes par la léthargie prolongée où elles retombèrent quand les gisements furent épuisés (photo 3), le Minas a hérité d'une population nombreuse et active qui est restée sur place et y a fait souche en se consacrant à d'autres activités.

Le peuplement du Minas Gerais, et dans une moindre mesure celui du Goiás et du Mato Grosso, eurent aussi des effets de plus grande ampleur, donnant une nouvelle profondeur au territoire brésilien. Relié au Nordeste par la vallée du São Francisco, qui connut alors son heure de fièvre et justifia son renom de « fleuve de l'unité nationale » (dossier p. 145), relié à São Paulo par les chemins frayés par les *Bandeirantes*, le Minas constitua la première avancée importante du peuplement vers l'intérieur, alors que le littoral n'était pas encore tout entier occupé. De la même façon, les chemins menant vers les mines du Goiás et du Mato Grosso reprirent et consolidèrent les chemins tracés par les *bandeiras* et, plaçant des établissements permanents à la limite du bassin amazonien, amorcèrent la jonction avec les colons remontant depuis l'embouchure. Les axes de circulation entre le littoral peuplé et les mines d'or traçaient ainsi les limites d'un Brésil utile, englobant bien des espaces encore à peu près vierges, et dont l'occupation devrait attendre encore longtemps.

Enfin l'époque de l'or amorça le mouvement de déplacement du centre de gravité du pays du Nordeste vers le Sud. Le symbole en fut le transfert, en 1763, de la capitale coloniale, de Salvador, la vieille métropole du sucre, vers ce qui était alors un port de peu d'importance, Rio de Janeiro. Occupé d'abord par des aventuriers français, cette superbe rade prit subitement une grande importance quand elle devint le débouché de l'or. Construit pour couper au plus court des mines au littoral, où l'or embarquait pour Lisbonne le *caminho nôvo,* « le nouveau chemin », remplaça les pénibles itinéraires vers São Paulo et la navigation par le São Francisco, longue et difficile à surveiller. Le déplacement de la capitale marquait donc à la fois le souci de la couronne de contrôler le flux de l'or — son principal revenu par le *quinto,* le cinquième qui lui revenait — et une volonté de rééquilibrer la colonie, le rééquilibrage politique accompagnant l'économique et précédant le démographique.

Ce cycle de l'or amorce donc quelques-uns des mouvements de fond qui se sont poursuivis bien au-delà. Mais si de nouvelles îles de l'archipel brésilien sont alors découvertes et peuplées, les liaisons entre elles sont précaires, dangereuses : les convois de l'or entre Minas et Rio étaient souvent attaqués, pour ne rien dire des expéditions vers le Goiás et le Mato Grosso, et le rôle d'étendre le territoire, de l'occuper et de le quadriller de liaisons sûres et durables revint à d'autres. Ici encore des activités annexes par rapport au cycle principal — l'élevage — ou l'action politique de la Couronne — en Amazonie — comptent autant sur le plan géographique que l'activité économique dominante.

2.2 La poussée des éleveurs

L'élevage au service des plantations de sucre avait déjà prolongé bien loin vers l'intérieur la présence portugaise. Les mines requérant elles aussi animaux de trait et de bât, viande séchée et cuir, le mouvement se poursuivit et s'amplifia, vers l'intérieur et vers les extrémités Nord et Sud de l'espace occupé.

Le mouvement d'occupation lancé par les éleveurs avait déjà remonté la vallée du São Francisco avant la découverte de l'or, il s'accéléra ensuite car les mines offraient un débouché nouveau, tandis que les *fazendas* des éleveurs procuraient des étapes commodes aux bateaux remontant vivres et esclaves, ou descendant l'or. Vers le Nord, à partir du coude du São Francisco et du Pernambuco ils occupèrent, de l'intérieur vers la côte, les futurs États du Piauí et du Ceará, et poussèrent jusqu'au Maranhão, aux confins de l'Amazonie, poursuivant ainsi l'occupation du sertão par l'élevage extensif. Au Sud les besoins du transport de l'or amenèrent le développement de l'élevage des mulets, dans les *campos* herbeux du Sud, alors très faiblement occupés. Cette spéculation, appuyée sur des routes et des foires bien établies — comme celle de Sorocaba où l'on ferrait les mulets (c'est l'ancêtre lointain de la métallurgie brésilienne) — donna une impulsion décisive à l'extension du domaine portugais au Sud, face aux Espagnols. Vers l'intérieur enfin le mouvement pastoral accompagna et consolida la poussée minière vers le Mato Grosso.

L'élevage a donc plus que l'or contribué à dilater l'espace brésilien, d'autant plus qu'il lui a survécu et établi des routes et relais plus stables : les *fazendas* étaient des établissements fixes, durables, éparpillés dans ces étendues immenses, d'où le bétail rejoignait ensuite le littoral par des chemins bien établis, de point d'eau en point d'eau, les « *estradas boiadeiras* » comparables aux « *trails* » de l'Ouest américain. Au long de ces pistes, dont beaucoup sont devenues les routes d'aujourd'hui, des bourgades offraient étapes, pâturages de repos, foires périodiques, et nombre d'entre elles sont devenues des villes importantes comme Feira de Santana (littéralement la foire de Sainte-Anne) ou Campina Grande. Dans ces vastes espaces, au long de ces pistes, s'est développée une société particulière, mobile et indépendante, de *vaqueiros* et de muletiers, d'éleveurs et de vagabonds qui n'est pas non plus sans évoquer le Far West de la frontière. Monde sans esclaves, blanc principalement, violent mais plus égalitaire que l'univers des plantations et des mines, le domaine de l'élevage entoura et prolongea les zones du sucre et de l'or d'une vaste ceinture mouvante, mais organisée, où s'entretint l'esprit pionnier des *Bandeirantes,* consolidant et homogénéisant l'espace qu'ils avaient parcouru.

Il restait cependant, pour donner au pays son actuelle dimension de continent, à conquérir l'immense bassin amazonien : à la fin du siècle la conquête est faite, sans que l'or y soit pour rien.

2.3 La conquête de l'Amazonie

On a vu que la Couronne portugaise avait été incitée à contrôler les bouches de l'Amazone par la menace des corsaires étrangers : la fondation de Belém, en 1609, autour de son fort, marqua la prise de possession. À partir de là un double mouvement eut lieu, celui des militaires et celui des Jésuites, les uns et les autres fixant leurs établissements, forts et missions, de plus en plus loin vers l'amont.

Ils étaient d'autant plus anxieux d'avancer le plus vite possible que dans le même temps d'autres militaires et d'autres missionnaires progressaient eux aussi dans le bassin de l'Amazone : les émissaires du roi d'Espagne. L'émulation jouant, lors même que le souverain portait les deux couronnes (1580-1640) la poussée fut rapide, malgré la faiblesse des moyens : le fort de Manaus fut fondé en 1669, les missions s'échelonnaient au long de l'Amazone dès le milieu du 18e siècle. Quand les Jésuites furent expulsés en 1661, la conquête était pratiquement terminée.

Au 18e siècle le mouvement s'amplifia encore, progressa au long des affluents. Franciscains et Salésiens avaient poursuivi l'œuvre des Jésuites, les garnisons, bien que réduites, tenaient les fleuves. Aux points clés, aux limites atteintes sur les grands affluents, une série de forts de pierre furent construits, qui jalonnent aujourd'hui encore la frontière comme celui de Principe da Beira, sur le Guaporé.

D'immenses gains territoriaux ont donc été obtenus en Amazonie, avec des moyens très limités — quelques centaines de soldats — et sans qu'un « cycle » économique puisse être évoqué : l'exploitation économique se réduisait à la chasse et à la cueillette en forêt de quelques plantes, racines, gommes et résines. Le moteur était donc bien la volonté des Portugais, serviteurs de la couronne ou de l'Église, de « repousser le méridien », d'étendre leur domaine bien au-delà de la limite fixée par le traité de Tordesillas. Deux facteurs favorisèrent cette ambition : le fait qu'il était plus facile de pousser de l'amont vers l'aval, en bénéficiant de la navigation franche sur les fleuves, alors que depuis les domaines espagnols, le relief de la cordillère des Andes constituait un formidable obstacle à franchir. D'autre part le fait que la résistance espagnole ait été molle et discontinue, car l'Amazonie pesait peu dans un Empire assis sur les masses indiennes et les mines du Mexique

Photo 4 L'Acre, territoire brésilien depuis 1903
Brésilien depuis moins d'un siècle, l'Acre ne se sent pas moins brésilien que des États plus anciennement intégrés. Près de l'obélisque dédié « à ses héros », l'horloge qui décompte, comme dans toutes les capitales du pays, les jours restant jusqu'au 500e anniversaire de la « découverte » du Brésil (cliché H. Théry).

et du Pérou, et dont les lignes de communications passaient plus par les Caraïbes et le Rio de la Plata que par ce fleuve lointain et peu commode.

Découvertes minières, poussée pastorale et conquête politique se sont donc conjuguées pour provoquer la formidable expansion du territoire brésilien : en 1750, au traité de Madrid, qui délimita les empires portugais et espagnol, le Brésil avait presque partout atteint ses frontières actuelles. Des rectifications — parfois importantes et presque toujours en faveur du Brésil — eurent lieu par la suite, mais l'essentiel était fait.

Il restait pourtant à occuper réellement et à mettre en valeur les immenses territoires ainsi conquis, et dont beaucoup étaient à peine explorés : ce sera la trame de l'histoire des 19e et 20e siècles.

3 LA CONSOLIDATION : 19e ET 20e SIÈCLE

Lorsque le Brésil devient indépendant, en 1822, son territoire est immense, mais très hétérogène, et sa base économique fragile. Avant la fin du siècle, de nouveaux cycles économiques et la volonté nationale de conquête intérieure ont totalement changé la situation : les régions les plus vides commencent à se remplir tandis qu'au Centre-Sud démarre le moteur économique qui permet au Brésil de décoller.

3.1 L'occupation des marges

Au Nord et au Sud, à des dates et dans des conditions bien différentes, un apport important de population est venu renforcer la présence nationale dans des régions jusque-là bien vides.

Au Sud, face au domaine espagnol les efforts portugais avaient été sporadiques et peu efficaces : quelques fortins littoraux, un début de colonisation agricole avec des colons açoriens. Le mode d'occupation principal restait *l'estancia* d'élevage, où les *gauchos* ressemblaient beaucoup à leurs homologues hispanophones, de l'autre côté d'une frontière mal définie, plusieurs fois déplacée : il n'est pas indifférent que la souveraineté brésilienne ait été la plus mal établie dans cette portion de territoire.

Au-delà de la frange des *campos,* les forêts subtempérées du Sud restaient donc vides. Le gouvernement impérial y encouragea l'installation d'immigrants européens, italiens, allemands, secondairement slaves (Mennonites, Polonais, etc.). Il s'agissait non seulement de peupler le pays, mais aussi de le « blanchir » : le comte de Gobineau, ministre de France à Rio en 1869, a peut-être influencé l'empereur en ce sens. Arrivés le plus souvent par villages entiers avec leurs artisans, pasteur en tête pour les Allemands, ils ont constitué des zones de peuplement homogène, longtemps organisées en véritables enclaves, immédiatement identifiables par le style des bâtiments, les cultures pratiquées (la vigne par exemple), l'allure générale du paysage, constitué de petites parcelles et de petites villes typées.

L'originalité, climatique, du Sud fut donc ainsi renforcée par une originalité humaine (ethnique, linguistique, agraire) qui ajouta une île nouvelle à un archipel de plus en plus différencié.

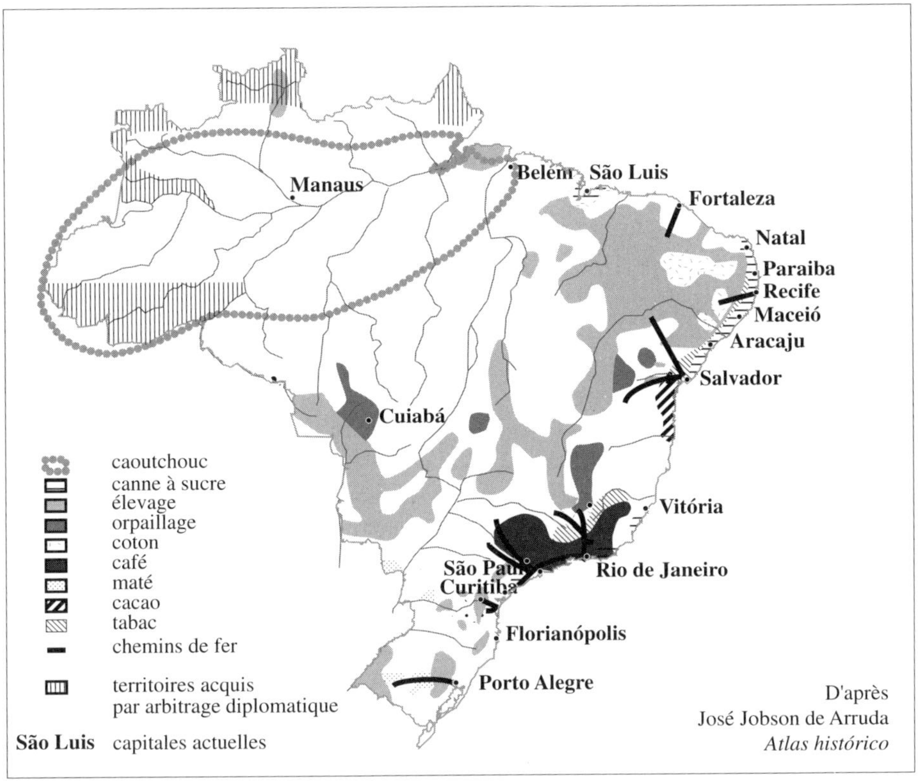

Figure 13 19e siècle

Au Nord une phase explosive, beaucoup plus tardive et plus courte, vint donner à l'Amazonie, faute d'une base économique qui se déroba bien vite, la population qui lui manquait.

Le « cycle du caoutchouc » fut bref : connues depuis longtemps en Europe (au moins depuis l'expédition de la Condamine, en 1745, et sa communication à l'Académie des sciences) les propriétés du latex, suc extrait de l'*hevea brasiliensis,* n'ont commencé à paraître intéressantes qu'avec la découverte du procédé de vulcanisation (1844) et surtout l'essor des pneumatiques et de l'automobile. La demande mondiale enfla très rapidement et pour la satisfaire tout un système se mit en place : au sommet, les maisons d'import-export de Belém et Manaus, à la base le *seringueiro,* le saigneur d'hévéa, qui s'épuisait en vain à payer en caoutchouc les avances consenties pour son voyage, ses vivres et son matériel. Une pyramide de crédits s'étageait entre eux, un flux montant et descendant de marchandises et de caoutchouc circulait dans les deux sens, sur les fleuves et leurs affluents, irriguant jusqu'aux artères les plus ténues du réseau fluvial.

Tout cela reposait en définitive sur la détermination des *seringueiros,* acceptant un travail presque sans espoir : pour un succès, combien de morts anonymes, victimes des Indiens, des bêtes sauvages ou d'un climat très humide, insalubre et auquel ils n'étaient pas habitués. Car la plupart venaient du

Nordeste, moins attirés par le caoutchouc que chassés par la terrible sécheresse qui, à partir de 1877, ravagea le sertão. Plus d'un demi-million de Nordestins vinrent ainsi s'installer en Amazonie, et les survivants y restèrent après l'effondrement du système : à partir de 1910 — l'Amazonie produisait alors 80 % du caoutchouc mondial — les plantations anglaises et hollandaises d'Asie du Sud-Est arrivèrent à maturité, et leur production, plus régulière et moins coûteuse que la cueillette amazonienne, la submergea et la ruina.

Dans cette brève période l'Amazonie brésilienne avait pourtant été parcourue, augmentée, et la poussée pionnière fut sanctionnée par les traités conclus avec la plupart des pays voisins : l'Acre, par exemple, fut ainsi annexé en 1903. Elle a été également peuplée : sa population passa d'un peu plus de trois cent mille habitants à un million et demi entre 1872 et 1920. Privée de la ressource du caoutchouc, elle entra certes dans une léthargie dont elle ne sortit qu'au début des années 70, mais put ainsi au moins attendre son réveil sous une ferme souveraineté brésilienne.

Au Centre-Sud, pendant que la possession des marges était ainsi garantie, se mettait en place la base économique qui assurait sa prééminence, aujourd'hui incontestée même si les fondements en ont changé.

3.2 L'essor du Centre-Sud

La succession des cycles économiques s'est donc poursuivie aux 19e et 20e siècles, continuant à façonner de nouvelles régions. La nouveauté toutefois, dans cette période, fut qu'un certain nombre d'entre eux ont réorganisé ou retouché des espaces construits au cours d'une précédente vague spéculative. Dans le Nordeste le coton s'était répandu dans le sertão et y avait connu son époque de gloire au moment où la guerre de Sécession écartait du marché les plantations du sud des États-Unis. La fin de la guerre, la concurrence égyptienne, suscitée par la Grande-Bretagne, et les grandes sécheresses mirent rapidement fin à cette prospérité. En revanche le cacao se révéla une ressource plus durable et les plantations du sud de l'État de Bahia, autour d'Ilheus et d'Itabuna, sont aujourd'hui encore une des premières régions cacaoyères au monde.

Ce ne sont pourtant là que des réaménagements de détail par rapport à la vague de fond du café, qui a déferlé sur le Sud, l'a bouleversé et a assuré son décollage économique.

Introduit au Brésil au 18e siècle le café s'y développa bientôt magnifiquement : au moment où la demande mondiale pour ce nouveau breuvage à la mode s'accroissait, le pays pouvait offrir des climats et des sols bien adaptés aux exigences de cette plante délicate, et trouvait ainsi la nouvelle ressource qui lui manquait pour relancer son économie.

Cette nouvelle culture pouvait de surcroît se pratiquer dans les anciens cadres, ceux de la plantation de canne à sucre, et n'entraîna d'abord aucun changement de structure. Simplement les plantations de café, d'abord proches de Rio, s'étendirent progressivement vers le Minas Gerais et surtout, par la vallée du Paraíba do Sul, vers São Paulo. Le café y trouva sa terre d'élection, sur les plateaux occidentaux, où sous des forêts intactes s'étendaient des sols fertiles, la fameuse « *terra rôxa* », la terre violette provenant de la décomposition du basalte.

Pourtant le cycle du café ne constitua pas une réplique tardive et méridionale de celui du sucre : le système esclavagiste de la plantation, dominée par la maison du maître, était en plein 19e siècle un anachronisme insupportable. Insupportable à l'extérieur, où la Grande-Bretagne, pour des raisons diverses, nobles et moins nobles, menait la campagne pour l'abolition de l'esclavage, et imposait sur les mers l'interdiction de la traite. Insupportable à l'intérieur pour les élites cultivées dont le point de vue, appuyé sur des considérations humanitaires et pratiques, finit par emporter la décision de l'empereur. La chute de l'Empire suivit de peu l'abolition de l'esclavage, proclamée en 1888, et cette conjonction, qui n'est pas fortuite, marque sur tous les plans l'entrée du Brésil dans une ère nouvelle.

La culture du café fut d'abord désorganisée par l'abolition de l'esclavage, mais la parade fut vite trouvée : on substitua à la main-d'œuvre servile, peu qualifiée et évidemment peu motivée, une main-d'œuvre salariée ou sous contrat, constituée pour l'essentiel d'Européens dont les planteurs et le gouvernement de São Paulo organisaient l'immigration. Ce brusque afflux de population permit d'étendre les plantations et bientôt tout s'organisa autour du chemin de fer qui permettait de faire avancer le front de défrichement et d'exporter le café. Sur chacun des éperons de plateaux, séparés par des vallées bien incisées, s'organisa un réseau ferré reliant des villes, créées de toutes pièces et régulièrement espacées. Le rôle structurant du chemin de fer fut si important que certaines des nouvelles régions portent aujourd'hui le nom des anciennes compagnies : Noroeste, Mogiana, Alta Sorocabana.

La progression de ce front pionnier du café, décrite magistralement par Pierre Monbeig, n'a été ni facile, ni régulière. L'épuisement des sols obligeait à pousser toujours plus en avant. Des crises de surproduction surgirent, auxquelles le gouvernement réagit — pour soutenir les cours — en faisant acheter ou détruire les surplus, parfois dans les chaudières des locomotives ou le plus souvent en faisant jeter des millions de sacs à la mer.

Cette dernière circonstance montre assez combien le café était devenu important pour le Brésil et son gouvernement. Il représentait plus de 90 % des exportations, autour de lui étaient conjugués les intérêts des planteurs — devenus de véritables entrepreneurs, résidant en ville — ceux des compagnies de colonisation et de chemin de fer — ces dernières presque toutes étrangères — ceux des firmes de commerce et d'import-export, ceux du gouvernement de São Paulo et, la plupart du temps, ceux du gouvernement fédéral que les intérêts du café contrôlaient largement.

Le nouveau cycle économique était donc en train de changer en profondeur les structures du pays. Comme les précédents il a dominé de manière presque exclusive l'économie nationale, modelé une nouvelle région et commencé à décliner. Mais cette fois avait été introduit quelque chose qui permettrait la relève, et l'ancienne région du café est aujourd'hui remarquable par bien d'autres activités, qui lui assurent une suprématie écrasante dans l'économie brésilienne.

Le vieux dynamisme des *Bandeirantes* y est sans doute pour quelque chose, et les Paulistes avaient été prompts à saisir la chance offerte par le café. Mais la volonté des immigrants ainsi que les qualifications qu'ils apportaient d'Europe ont aussi contribué à prolonger l'aventure du café dans d'autres domaines. Quand les guerres et les crises en Europe ont empêché d'importer, comme d'habitude, tous les produits industrialisés, il y avait sur place à la fois les capitaux, l'esprit d'entreprise, la main-d'œuvre qualifiée qui ont permis le démarrage de ce qui est aujourd'hui la plus puissante industrie de l'hémisphère Sud.

On pourrait parler d'un « cycle industriel », mais cette fois il ne s'agit plus d'exportation de produits bruts, mais d'un réel décollage, qui a réclamé et permis le développement des grandes infrastructures, et où se joue l'avenir du pays : il semble que l'ère des cycles soit close, et qu'une nouvelle période s'ouvre.

3.3 L'héritage : déséquilibres régionaux et mentalités pionnières

De cette longue succession de cycles, que résume la figure 14, le pays est sorti profondément marqué dans sa structure régionale et dans son style de développement.

La trace des cycles est encore bien visible dans l'archipel brésilien : le déplacement du centre de gravité a laissé en place des régions qui ne sont guère plus que

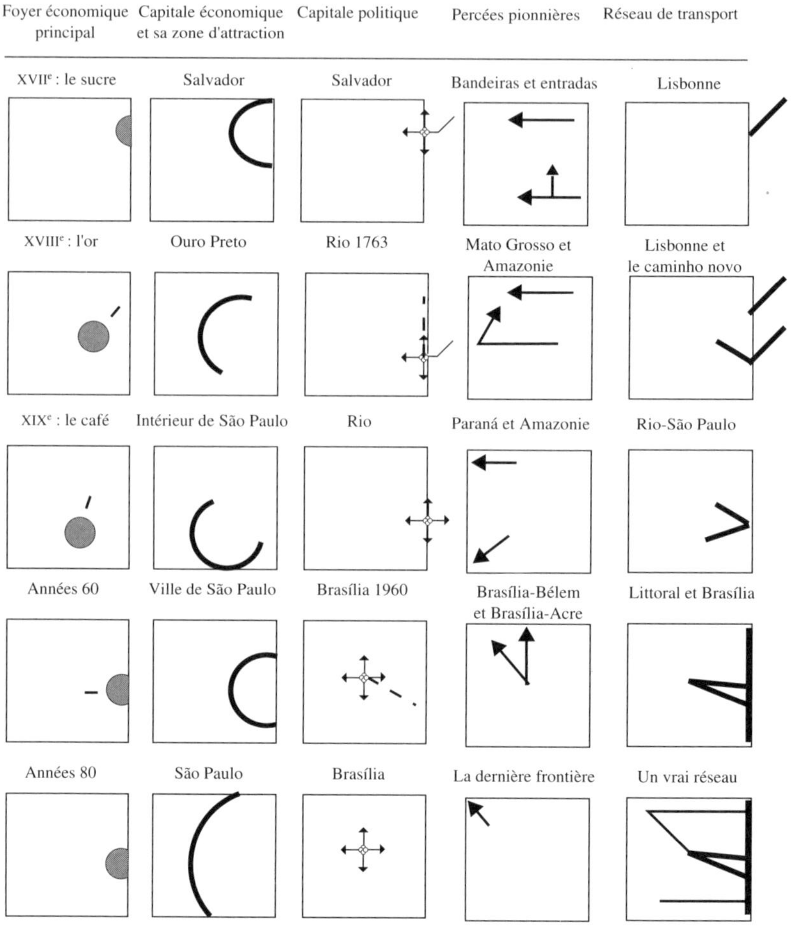

Figure 14 Modèle de l'évolution historique

des épaves de cycles antérieurs, d'autres qui ont pu survivre au reflux, d'autres enfin où le balancier semble s'être arrêté, qui cumulent activités dynamiques, ressources et pouvoir. Les déséquilibres régionaux, si importants au Brésil, sont largement le produit d'une histoire contrastée.

Mais les cycles ne sont pas toute l'histoire du Brésil, on l'a vu. L'action délibérée des gouvernants, le dynamisme pionnier des éleveurs, des mineurs, des aventuriers de toute sorte ont assuré au pays une dimension continentale, où les « îles » produites par les cycles économiques étaient il y a trente ans encore séparées par de vastes espaces vides, ou presque. Il restait — et il reste encore — place pour de nouvelles ruées, quand une nouvelle ressource apparaît ici ou là, ce qui est fréquent. Mais la puissance des moyens modernes de transport et de communication réduit tous les jours le no man's land et peut-être une époque s'achève-t-elle, avec le contrôle territorial de l'État et l'unification du marché au profit de São Paulo.

Ce qui reste en revanche, et survit à la fin des cycles et à la fermeture des dernières frontières, c'est un certain esprit aventurier, un certain rapport au territoire et aux ressources. La mentalité prédatrice a laissé des marques évidentes : cinq siècles de pillage colonial ou néo-colonial ont donné de mauvaises habitudes et il est peu de pays où l'on se préoccupe aussi peu de conservation (au-delà du discours convenu), sans sanction d'ailleurs tant l'espace est immense et tant on a le sentiment que de nouvelles ressources apparaîtront toujours. Toute nouvelle activité est un boom, où il faut s'enrichir vite sans trop se préoccuper de l'avenir, on n'est enraciné ni dans un secteur ni dans une région, de petits paysans se font prospecteurs ou bûcherons, un industriel se fait éleveur ou change de branche du jour au lendemain, tous sont à l'affût de la chance qui passe. Cette mobilité spatiale et sociale a longtemps été la marque de la société brésilienne, même si elle était souvent illusoire, elle lui donnait un dynamisme et un allant de « pays neuf ». Un des aspects les plus préoccupants de la crise d'aujourd'hui est sans nul doute que cet espace de liberté se restreigne, ou que les Brésiliens pensent qu'il est en train de disparaître.

BIBLIOGRAPHIE

ENDERS (A.), *Histoire du Brésil*, Éditions Complexe, 1997.

FAUSTO (B.), *História do Brasil*, Editora da USP, 1995

THÉRY (H.), *Pouvoir et territoire au Brésil, de l'archipel au continent*, coll. Brasília, Éditions de la Maison des Sciences de l'Homme, 1996.

FURTADO (C.), *La formation du Brésil*, Mouton, Paris/La Haye, 1972.

L'ouvrage classique de Gilberto Freyre, maintenant très contesté, reste utile et superbement écrit : FREYRE (G.), *Maîtres et esclaves*, Gallimard, 1979.

Sur le cycle de l'or et ses suites : BOXER (C.R.), *The Golden Age of Brazil*, University of California Press, Berkeley, 1962.

Sur la « frontière » et son économie politique depuis 1930 : FOREWAKER (J.), *The Struggle for Land*, Cambridge University Press, Cambridge, 1981.

Dossier

Histoire politique contemporaine

L'histoire politique du Brésil est généralement mal connue en France. C'est d'autant plus regrettable qu'on ne peut comprendre, sans une connaissance minimum de ses grands traits, l'évolution économique et géographique du pays.

Le tableau ci-contre donne la trame des événements et la bibliographie sommaire qui l'accompagne permettrait de pousser plus loin l'étude : on se bornera ici à quelques remarques.

Le type de formation économique qu'a connu le Brésil a fait que la réalité de la vie politique a longtemps été locale ou régionale. La cellule de base en était la *fazenda*, le moulin à sucre, la petite ville, dominés par le « coronel » local. À un niveau supérieur la politique des États ou, plus haut encore, du pays, était fondée sur les tractations et les alliances entre les groupes sociaux et régionaux. Ce système a connu son apogée sous la « Vieille République » où l'alternance au pouvoir de présidents originaires de São Paulo — évoquant les intérêts des planteurs de café et du Minas Gerais représentant les éleveurs a été qualifiée de « politique du café au lait ».

Dans ces conditions le pouvoir central était faible, considéré comme parasitaire ou comme un enjeu à contrôler. Après l'indépendance et l'effacement du pouvoir impérial le gouvernement, à Rio, était exercé par les représentants de coalitions défendant les intérêts de leurs mandants dans les domaines cruciaux de la monnaie, des droits de douane, etc.

Au cours du 20e siècle en revanche on assiste à un renforcement du pouvoir fédéral et à la naissance d'un État puissant qui a été une des caractéristiques du Brésil des années 1930 aux années 1980 : amorcé sous Getulio Vargas, continué sous Juscelino Kubitschek, ce mouvement s'est poursuivi sous le régime militaire, avant que ne s'amorce un mouvement de décrue dans les années 1990.

L'intervention militaire, relativement fréquente dans la vie politique brésilienne, n'y a pas toujours eu le même sens. Elle est « progressiste » en 1889, quand elle renverse l'Empire, révolutionnaire en 1922 et 1924 quand les lieutenants (*tenentes*) se révoltent contre la hiérarchie ou quand Prestes commence la « longue marche » à travers le Brésil. Elle est légaliste en 1945 quand elle met un terme à la dictature de Vargas, et conservatrice en 1964 quand elle remplace un régime populiste par un régime militaire.

Le régime issu du coup d'État de 1964 a duré parce qu'il reposait sur une alliance : y participaient l'armée, qui fondait sur la doctrine américaine de la Sécurité nationale son droit à diriger le pays et à réprimer la subversion, le patronat industriel et rural, satisfait par une législation qui lui donnait les coudées franches, et les nouvelles classes moyennes qui bénéficiaient du « miracle économique ». La crise économique, qui a mis fin à cette époque euphorique, a sapé les bases de l'accord, elle a touché particulièrement les classes moyennes et les entrepreneurs qui ont mal accepté d'être laminés entre le secteur public et les firmes étrangères.

Ayant lui-même engagé un processus de démocratisation, le régime militaire a subi une pression croissante de l'opposition et de l'opinion publique. Il a vu sa majorité se réduire aux élections de 1974 et de 1978, et perdu presque partout celles de 1982, ne devant de rester au pouvoir qu'aux votes du Nordeste, bien contrôlé par le vieux système clientéliste. En 1985, bien que le collège électoral ait été taillé sur mesure, le candidat officiel a été battu par Tancredo Neves, qui avait su rallier à lui une fraction du parti gouvernemental.

Tableau 1 Chronologie politique

Chronologie	Périodes politiques	Événements politiques	Chef d'État	Régime politique	Rapports pouvoir central/pouvoirs locaux	Événements économiques
1822	Empire	7 septembre : Indépendance	Pedro I	Empire constitutionnel		Cycle du café de Rio
1834					Autonomie des Provinces	
1888		abolition de l'esclavage				Ruine du café de Rio
1889	« Vieille République »	Coup d'État militaire	Marechal Deodoro			
1891		Constitution des États-Unis du Brésil	Alternance de présidents de São Paulo	République formelle	Alliance de groupes locaux et régionaux	Cycle du café de São Paulo
1922		Révoltes militaires	et du Minas Gerais			
1929		Crise de succession				Crise économique mondiale
1930	« Gétulisme »	Coup d'État de Getulio Vargas	Getulio Vargas	Gouvernement provisoire		
1932					Tentative de sécession de São Paulo	
1934		Constitution	Getulio Vargas	République corporatiste	Renforcement de l'État fédéral	
1937		Coup d'État	Getulio Vargas	Estado Novo		
1945	L'intervalle démocratique		Marechal Dutra	Démocratie parlementaire	Renforcement du pouvoir des États	Entrée des capitaux étrangers
1950		Élection présidentielle	Getulio Vargas	Présidentialisme		
1954		Suicide de Getulio Vargas				
1955		Élection présidentielle	Juscelino Kubistcheck			Brasília
1960	L'ère des troubles	Élection et démission	Jânio Quadros		Brasília capitale	Décollage économique
1961			João Goulart			
1963		Agitation populiste				
1964	Le régime militaire	Coup d'État	Marechal Castello Branco	Régime militaire		
1968		Écrasement des guérillas et répression politique	General Costa e Silva	Dictature militaire	Prépondérance fédérale	« Miracle brésilien »
1970			General Garrastazu Médici			
1974			General Ernesto Geisel	Libéralisation lente		Crise pétrolière
1978			General João Figueiredo	Ouverture		
1985	La « Nouvelle République »	Élection et mort de Tancrédo Neves	José Sarney	Démocratie parlementaire	Décentralisation	
1988		Vote de la Constitution				
1989		Élection présidentielle	Fernando Collor de Mello			
1992		Démission forcée de Fernando Collor de Mello	Itamar Franco			
1995		Élection présidentielle	Fernando Henrique Cardoso			Plan Real
1998		Ré-élection	Fernando Henrique Cardoso			

De 1985 à 1989 la situation a été confuse : la maladie subite de Tancredo Neves l'a empêché d'accéder au pouvoir, et il est mort la veille de son investiture. Le vice-président qui lui a succédé, José Sarney, était en 1984 encore président du parti gouvernemental. Il s'est brutalement retrouvé face à un gouvernement qu'il n'avait pas choisi, appuyé par une coalition hétéroclite dominée par le PMDB, principal parti d'opposition au régime militaire, qui ne lui était évidemment pas favorable. Une lutte, tantôt feutrée, tantôt ouverte, s'est alors engagée entre le président et l'Assemblée constituante. Cette dernière a mis plus de trois ans à élaborer un texte très long, très détaillé (qui fixait même le taux maximal des prêts bancaires), dont l'application a été difficile.

L'élection de 1989 a amené au pouvoir un nouveau venu, Fernando Collor de Mello, qui avait fait une campagne efficace et bien soutenu par les médias, notamment le réseau de la Globo, sur le thème de la lutte contre les *marajás* (maharadjahs), les politiciens corrompus qui gaspillaient l'argent public. Une fois élu, appuyé sur une petite clique de fidèles issus comme lui du petit État nordestin de l'Alagoas, il utilisa à son tour l'argent public à son propre profit. Dénoncé par son frère, il démissionna en 1992, juste avant d'être démis de ses fonctions par le Parlement. Son vice-président, Itamar Franco, lui succéda et finit son mandat honnêtement et sans éclat particulier.

Un des points forts du gouvernement de Fernando Henrique Cardoso (FHC) aura été le lancement du *Plano Real*, qui avait pour but de stabiliser la monnaie et de juguler l'inflation. Contrairement aux plans précédents celui-ci semble avoir obtenu un succès durable puisque la nouvelle monnaie, le *real* a, *grosso modo*, conservé sa valeur pendant quatre ans, de 1994 à 1998. Ce succès, amorcé sous le gouvernement précédent, où Fernando Henrique Cardoso occupait le poste de ministre des Finances, a été l'une des clés de son succès : il a été élu triomphalement au premier tour de l'élection présidentielle, le 3 octobre 1994. Lors de sa prise de fonctions, le 1er janvier 1995, l'opinion publique mettait de grands espoirs dans cet ancien professeur de sociologie et dans le programme de lutte contre les injustices sociales qu'il avait annoncé. Ces espoirs on été quelque peu déçus, en grande partie à cause de l'alliance que FHC, comme il est appelé au Brésil, a dû passer, pour arriver au pouvoir, avec le PFL, le parti qui représente les éléments les plus rétrogrades du Nordeste. En revanche son programme de privatisation du secteur public a progressé très rapidement et a rapporté à l'État des milliards de dollars.

La fin du premier mandat a été largement occupée par les négociations qui ont permis de réformer la Constitution, afin de permettre la réélection du président. FHC a été réélu le 4 octobre 1998, au premier tour une fois encore. Mais les concessions qu'il a dû faire pour obtenir cette réélection et la crise financière qui a éclaté en janvier 1999, à l'issue de laquelle le real a perdu plus de 40 % de sa valeur, ne laissent pas augurer de grandes réalisations au cours de ce second mandat.

BIBLIOGRAPHIE

BRADFORD BURNS (E.), *A History of Brazil,* Columbia University Press, New York, 1970.

FLYNN (P.), *Brazil. A Political Analysis,* Benn Westview, London, 1978.

SKIDMORE (Th.), *Politics in Brazil,* 1930-1964, Oxford University Press, Oxford, 1967.

SCHOOYANS (M.), *Destin du Brésil. La technocratie militaire et son idéologie*, Duculot, Gembloux, 1973.

ROUQUIÉ (A.) (sous la dir. de), *Les partis militaires au Brésil,* Presses de la Fondation Nationale des Sciences Politiques, Paris, 1980.

L'évolution de l'actualité politique est suivie et analysée par toute une série d'articles de la revue *Problèmes d'Amérique latine* (La Documentation française).

La revue *Infos Brésil* publie régulièrement des chronologies et une excellente rubrique, intitulée « L'état des choses », qui permettent de suivre de France l'actualité politique brésilienne.

Chapitre 3

Les Brésiliens

LES BRÉSILIENS sont le meilleur atout du Brésil : une population nombreuse, majoritairement jeune, mobile et dynamique est sans aucun doute ce qui justifie le mieux sa réputation de « pays d'avenir ».

Mais il est vrai également que de graves inégalités existent, qui constituent des menaces pour demain. Les comportements démographiques varient d'une région à l'autre, entre villes et campagnes, la répartition de la population est très inégale, et surtout la société est cloisonnée par des clivages entre groupes favorisés et défavorisés qui font de la société brésilienne l'une des plus inégalitaires au monde.

Une évolution apparaît pourtant, les comportements démographiques changent, à mesure que le Brésil amorce une transition vers un type de croissance plus modérée; les flux migratoires varient et modifient quelque peu la carte des densités; les clivages se déplacent à mesure que la société évolue.

1 LA TRANSITION DÉMOGRAPHIQUE

Le Brésil comptait au dénombrement de 1996 — le dernier en date — 157 070 163 habitants, et l'on estime à 166 millions sa population de 2000. Cela le met, et de loin, au premier rang en Amérique latine, devant le Mexique (un peu moins de 98 millions), la Colombie et l'Argentine (respectivement 38 et 36 millions), et au 6e rang mondial, après l'Indonésie et avant le Japon.

C'est le résultat d'une progression rapide (tableau 2) mais qui a déjà commencé à ralentir : avant le recensement de 1980, qui en trouva 119 millions, on croyait que les Brésiliens étaient 123 millions. On avait alors sous-estimé la baisse de la natalité, qui est le signe que le Brésil est en train de changer de comportement démographique.

Avec un rythme d'accroissement de 1,4 % le Brésil fait encore partie des pays à croissance relativement rapide, par opposition aux pays d'Europe et à certains de ses voisins, comme l'Argentine et l'Uruguay. Mais l'évolution classique de la transition démographique y est clairement en cours. Jusqu'en 1960 la natalité avait peu baissé, restant stable autour de 45 ‰ depuis le premier recensement, alors que la mortalité chutait de 30,2 ‰ (1872-1890) à 13,4 ‰ dans les années

Tableau 2 Croissance et répartition de la population

	1872	1900	1920	1940	1960	1980	1991	1996
Brésil (millions)	9	17	30	41	70	119	147	157
Régions (%)								
Nord	3	4	5	4	4	5	7	7
Nordeste	47	39	37	35	31	29	29	28
Sudeste	41	45	44	44	44	44	43	43
Sud	7	10	12	14	17	16	15	15
Centre-Ouest	2	2	2	3	4	7	6	7

1950 : le taux de croissance passait alors de 1,63 à 2,99 ‰. Autour de 1960 la tendance s'inverse : la mortalité continue à baisser légèrement (elle est actuellement à 6,7 ‰ plus en raison de la jeunesse de la population qu'à ses conditions de vie), mais la natalité baisse plus encore, tombant à 30,2 ‰ en 1980.

Cette évolution est toutefois trop récente pour avoir eu des effets très visibles sur la pyramide des âges (fig. 15). Alors que celle de 1940 garde l'allure caractéristique des pays « jeunes », le profil s'infléchit nettement pour les autres années. La structure par âges de la population brésilienne reste marquée par la prépondérance des jeunes (la moitié des Brésiliens ont moins de 23 ans), mais le vieillissement de la population est amorcé (la médiane était de 19 ans en 1980) et des réformes ont été engagées pour revoir un système des retraites jusque-là assez généreux pour ceux qui avaient la chance d'avoir un emploi régulier.

Les raisons de cette évolution sont à chercher plus dans l'évolution spontanée de la société que dans une politique délibérée : il n'existe pas au Brésil de politique officielle de contrôle des naissances, malgré des initiatives locales de distribution de contraceptifs dans les quartiers pauvres, à la fois parce que le sentiment général est qu'il y a place pour tous dans ce pays immense, et parce que l'Église catholique — 90 % des Brésiliens se déclarent catholiques — s'y oppose.

Si la baisse tardive de la natalité est sans doute à mettre en rapport avec les stratégies familiales de survie — plus d'enfants, c'était plus de bras, utiles dès 10 ans, et une assurance pour les vieux jours — le recul actuel correspond largement au mouvement d'urbanisation : en ville l'encadrement médical est meilleur (il est donc moins nécessaire d'avoir de nombreux enfants pour que quelques-uns survivent), le travail des enfants est moins immédiatement utile, leur scolarisation plus générale et donc plus coûteuse. Cela apparaît quand on compare les niveaux de fécondité en ville et à la campagne : alors que le taux national était de 120 ‰ en 1980 (120 naissances vivantes pour 1 000 femmes entre 15 et 49 ans), il était de 160,8 pour mille dans les campagnes et de 105,3 ‰ dans les villes, qui regroupent désormais les trois quarts de la population.

Il n'est donc pas étonnant que les États du Sud, plus urbanisés, aient un comportement différent de ceux du Nordeste et des zones pionnières : bénéficiant de l'apport de jeunes adultes grâce aux migrations, ils ont une structure qui fait plus de place aux âges productifs, un rythme d'accroissement modéré, une espérance de vie plus longue. La figure 16 montre de forts contrastes entre le Sud-Sudeste et

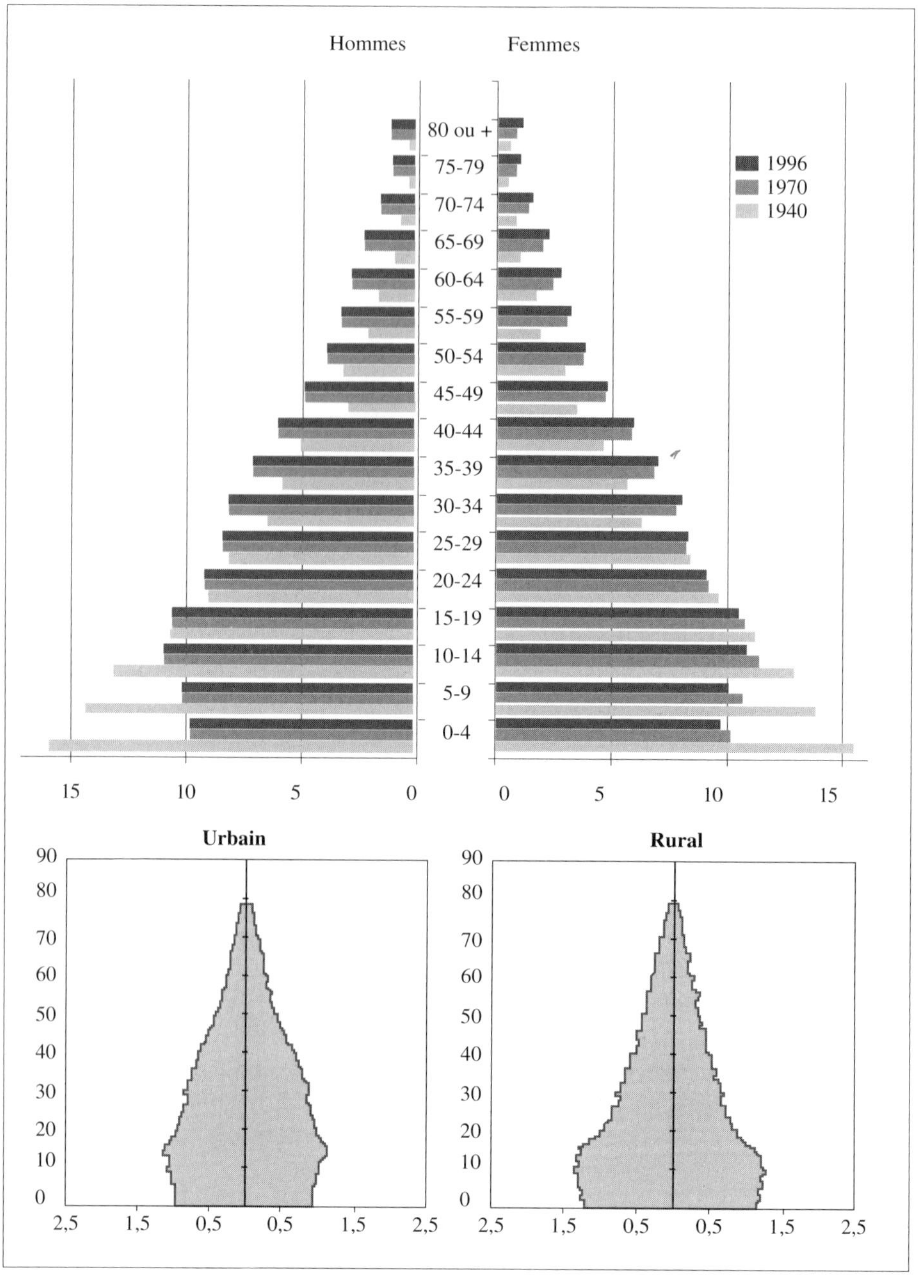

Figure 15 Pyramide des âges (1940-1996)

l'ensemble Nordeste-Amazonie, dans lequel se distinguent pourtant les zones pionnières alimentées par une immigration venue du Sud, au long de la route BR364 (Cuiabá-Porto Velho) ou dans l'ouest de la Bahia. Le Nordeste en revanche n'en est qu'au début de la transition démographique, alors que le Centre-Ouest est partagé entre une partie amazonienne pionnière où l'accroissement est fort, comme dans le Nord — il faut des bras pour défricher — et une partie Sud où la démographie est déjà du type de celle du Sudeste.

Les disparités régionales apparaissent donc même à ce niveau très global, car la dynamique spatiale est l'une des dimensions principales de l'évolution de la société brésilienne.

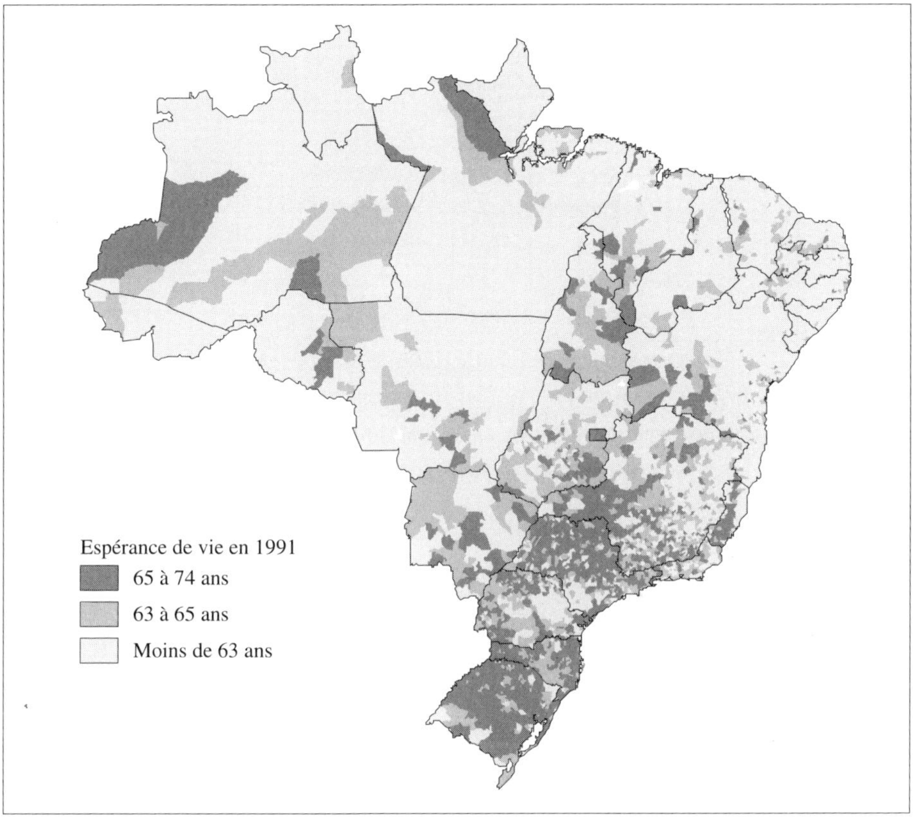

Figure 16 Espérance de vie (1991)

2 LA DYNAMIQUE SPATIALE

La répartition de la population brésilienne est très inégale, mais une intense mobilité la transforme constamment, et plusieurs flux distincts apparaissent.

L'opposition majeure, celle qui fonde l'organisation de l'espace, est celle qui apparaît sur la carte des densités (fig. 18) : au littoral densément peuplé s'oppose l'intérieur presque vide, la seule exception étant Brasília. Presque partout la densité tombe en dessous de 5 habitants par kilomètre carré dès que l'on s'éloigne de plus de 200 km des côtes, et dans le Nord-Ouest amazonien on tombe même à moins d'un habitant par kilomètre carré.

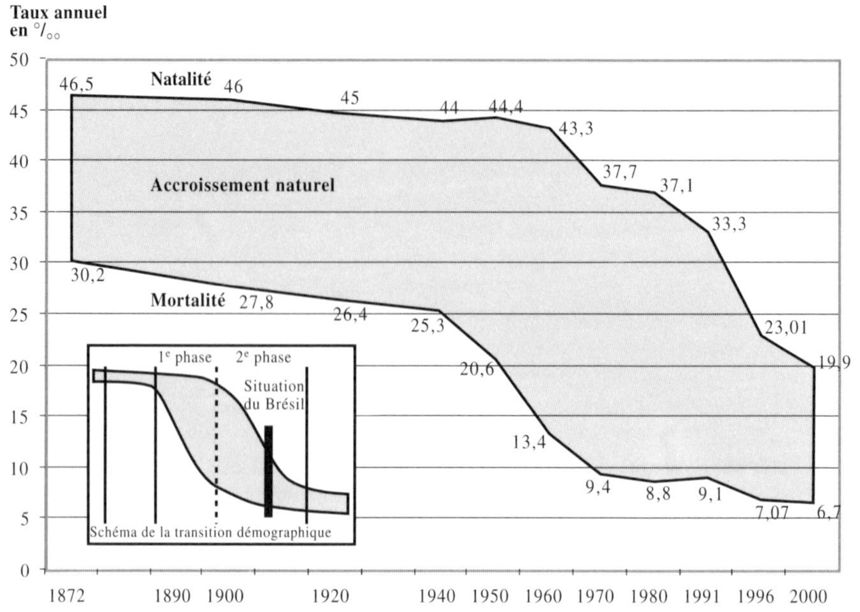

Figure 17 Évolution de la natalité et de la mortalité

La zone littorale n'est toutefois pas homogène : à peu près déserte au nord de l'Amazone, elle voit s'opposer nettement, de part et d'autre d'un centre peu densément occupé (sud de Bahia et Espirito Santo), les deux régions les plus importantes du pays. Dans le Nordeste, le contraste national entre littoral et intérieur est redoublé. Dans le Sudeste et le Sud, en revanche, la densité reste forte dans bien des régions proches des frontières occidentales du pays : c'est le seul endroit où le Brésil peuplé ait une certaine « profondeur », et la carte des densités fait apparaître, entre les latitudes de Vitoria et de São Paulo, de la mer aux confins du Mato Grosso, le cœur — agricole, industriel et urbain — du Brésil « utile ».

Mais cette image statique, l'instantané que saisit le recensement, fige une réalité mouvante : le centre de gravité du pays s'est déplacé vers le Sudeste et les régions qui ont eu un dynamisme inégal (tableau 2). Le Brésil a gardé une tradition de mobilité spatiale d'autant plus forte qu'elle est associée au rêve de l'enrichissement et de la mobilité sociale.

La manifestation la plus visible de ce mouvement à l'époque contemporaine est la « marche vers l'Ouest » entreprise par les Brésiliens. La série des cartes qui retrace l'évolution de la population (fig. 19) montre l'extension progressive du front pionnier vers l'Ouest et le Nord, où sont créés de nouveaux États, mais aussi le renforcement progressif du poids du centre, essentiellement São Paulo et Rio de Janeiro.

Dans ce mouvement général, les quinze dernières années ont fait apparaître un certain nombre de changements. La figure 22 montre les régions qui ont connu un accroissement ou un déclin de leur population au cours de la période 1980-1996 : elle révèle à la fois un puissant mouvement de concentration de la

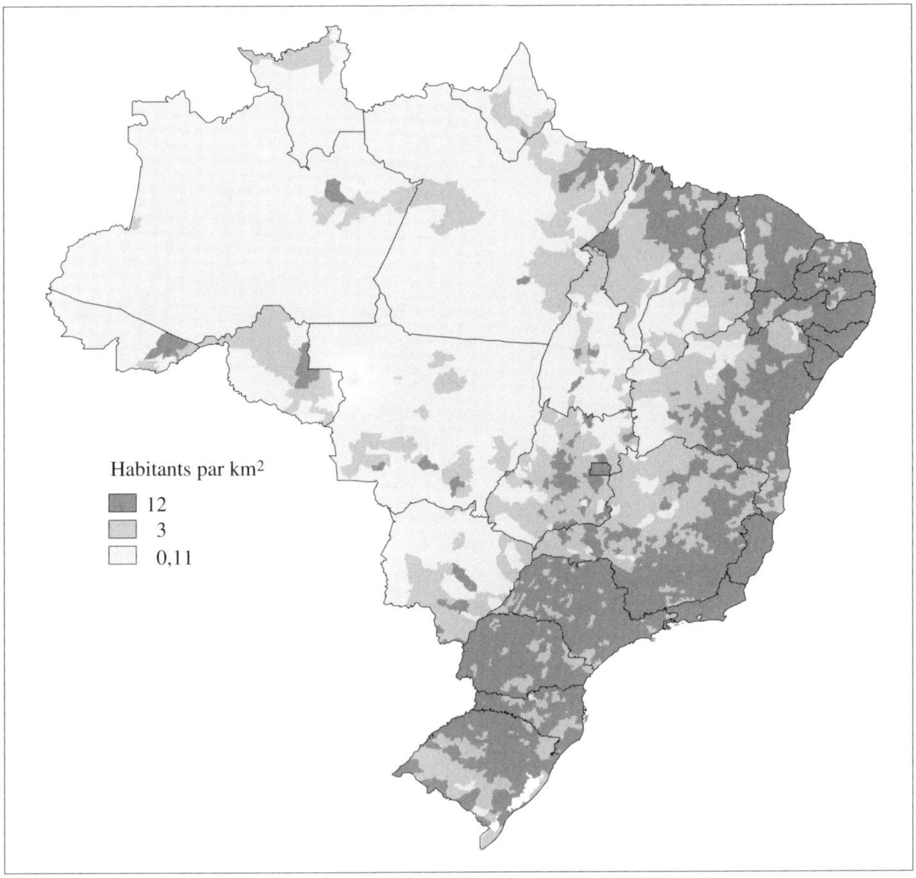

Figure 18 Densité de peuplement en 1996

population dans les régions déjà peuplées, l'intensité du mouvement de conquête pionnière, et ses reculs, déjà sensibles par endroits.

Dans la partie la plus anciennement peuplée du pays, le fait notable est la croissance, d'une part, des principales agglomérations et capitales d'États, toutes en croissance rapide, et d'autre part de l'intérieur de São Paulo, qui dessine un bloc cohérent recouvrant un bon tiers de l'État. Cet ensemble est d'autant plus remarquable qu'il jouxte le plus grand ensemble de régions en perte de vitesse : il en existe aujourd'hui un bon nombre au Brésil, et leur répartition n'est nullement aléatoire.

Le nord du Paraná et l'ouest de l'État de São Paulo, l'ancienne région pionnière du café, ont commencé à décliner à partir des grandes gelées de 1975, qui ont amorcé un vaste remplacement des caféiers par des cultures mécanisées de soja. Ce mode de mise en valeur est moins consommateur de main-d'œuvre, et a de ce fait provoqué un mouvement d'expulsion, au lieu de l'attraction de migrants qui était la règle jusque-là. Ce retournement avait été une des surprises du recensement de 1980, il est confirmé par ceux de 1991 et 1996. On n'est guère surpris par le déclin des confins des États du Minas Gerais, de l'Espirito

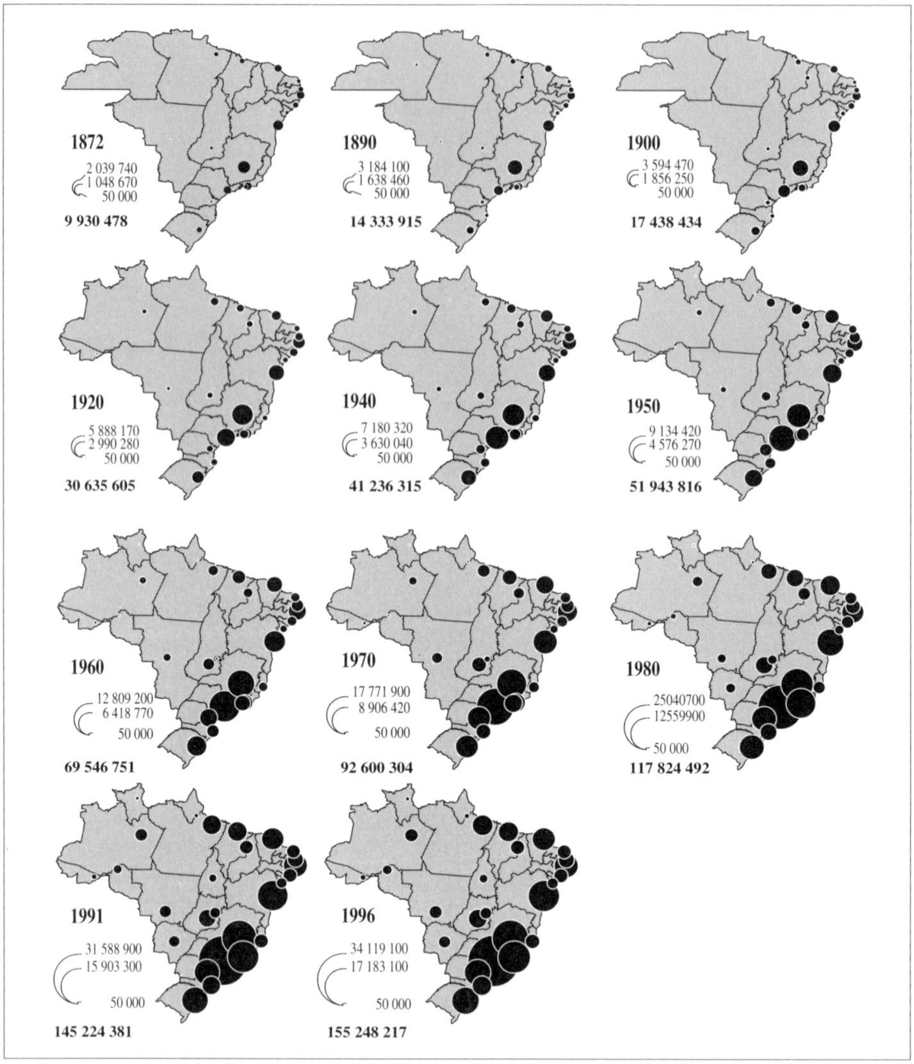

Figure 19 Le poids des États

Santo et de Bahia, ces régions de Teófilo Otoni et du Rio Jequitinhonha qui sont parmi les plus déshéritées du pays. On pourrait y ajouter, en descendant à l'échelle des *municipios*, l'ouest du Goiás et du Tocantins, qui perdent déjà de la population, alors qu'ils voyaient naguère affluer des migrants : la vague pionnière est ici déjà passée et la consolidation s'accompagne de départs nombreux. Et même dans le Centre-Sud, ici et là dans le Minas Gerais et le Rio Grande do Sul, des *municipios* voient leur population reculer au cours de ces seize ans : ce bloc, dominant dans l'économie nationale, est loin d'être homogène démographiquement et connaît des turbulences internes.

À ces contrastes démographiques, le Brésil ajoute des inégalités régionales très fortes : tous les indices économiques et sociaux révèlent un énorme écart

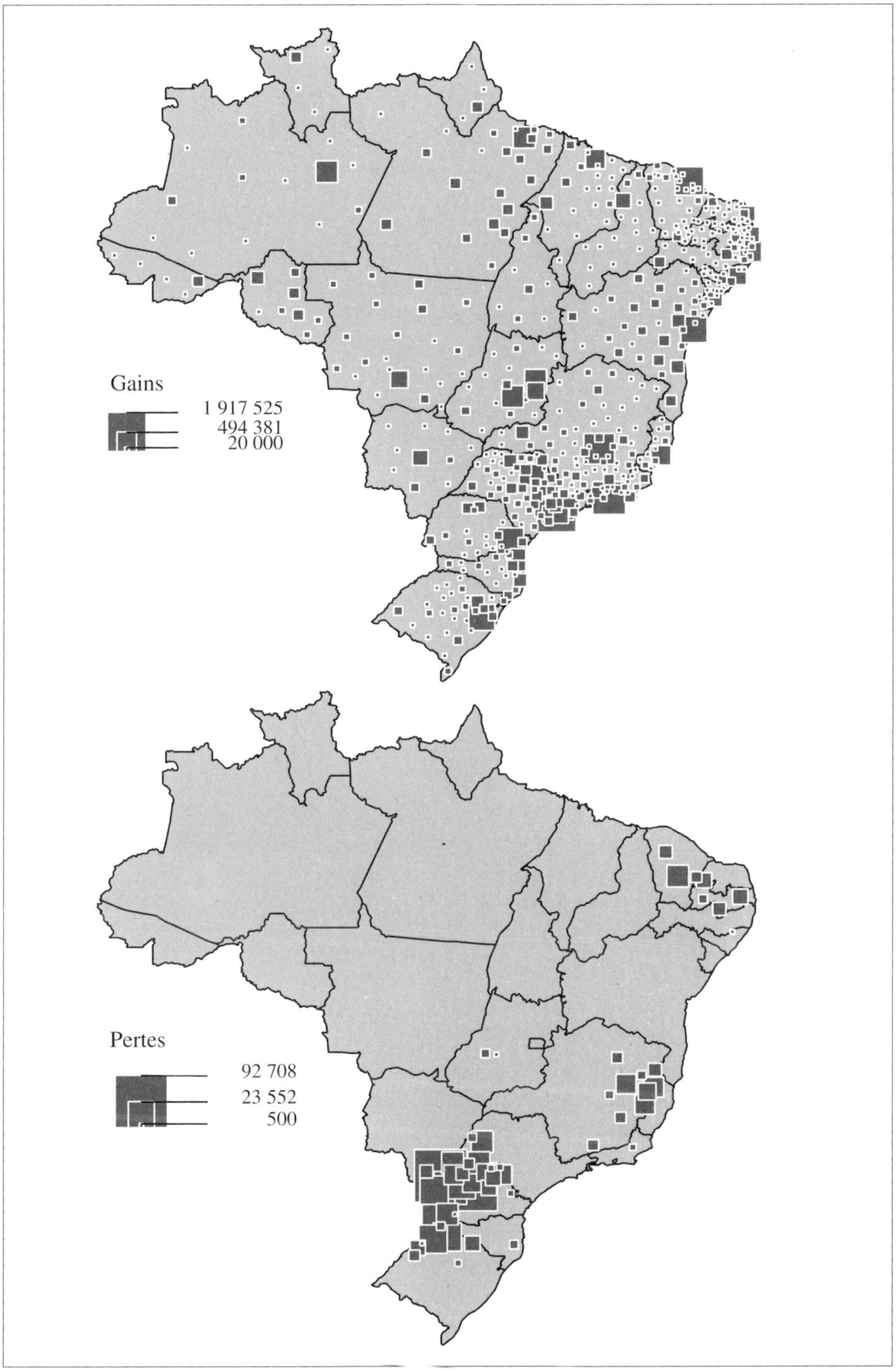

Figure 20 Gains et pertes (1980-1996)

entre un pôle plus développé — Sudeste et Sud — et un monde sous-développé — Nordeste, Nord et Centre-Ouest; les échanges migratoires se font donc au Brésil entre des régions aux caractéristiques bien différentes. Divers mouvements se combinent : le mouvement pionnier vers les terres vierges du Nord et du Centre-Ouest, les mouvements centripètes vers les régions développées et, de plus en plus, des déplacements à courte distance.

2.1 Les flux migratoires

Le recensement de 1980 comprenait pour la première fois une question sur la résidence des personnes interrogées lors du recensement précédent, en 1970. Grâce à ces données il a été possible de reconstituer les mouvements de près de cinq millions de Brésiliens qui ont changé de région au cours de ces dix années.

Région traditionnelle d'émigration, le Nordeste a longtemps été la principale zone de départ du pays, perdant par émigration près de deux millions d'habitants. Déficitaire avec toutes les régions du pays — et seul dans ce cas — il alimentait à la fois un fort courant vers le Sudeste, en particulier vers Rio de Janeiro et São Paulo, et vers les zones pionnières.

Le Sudeste était encore dans ces années-là, comme depuis les années 1950, le grand foyer d'attraction brésilien, il a reçu entre 1970 et 1980 nettement plus de migrants que les régions pionnières du Nord et du Centre-Ouest. Région la plus active et la plus peuplée du pays, il a été le centre du « miracle brésilien » et la décélération qui s'est produite ensuite n'était alors pas encore.

Dans ce cadre général un État se détachait nettement : avec un solde positif de plus de deux millions de migrants entre 1970 et 1980, São Paulo l'emportait de loin sur Rio de Janeiro, et les migrations internes à la région accentuaient encore le contraste. Alors que l'Espirito Santo et Rio s'équilibraient, São Paulo gagnait encore plus de 440 000 migrants (dont plus de 400 000 venant du Minas).

Le mouvement a été assez puissant pour inverser le sens habituel des migrations qui portait les Paulistes vers le nord du Paraná : entre 1970 et 1980 plus d'un demi-million de personnes ont fait le chemin inverse, du Paraná vers São Paulo rendant du coup négatif le solde du Sud. Jusqu'en 1970 le Sud était pourtant une région attractive, il a connu depuis lors une croissance économique — agricole en particulier — de première ampleur, mais qui s'est traduite par l'exode de près d'un million d'habitants. Le cas le plus spectaculaire est celui du Paraná qui, de foyer d'attraction jusqu'en 1970, est devenu lors de la période suivante une zone de départ. Ajouté à la pression démographique qui rend de plus en plus étroites les vieilles parcelles des anciennes zones coloniales, le *boom* du soja a déterminé un mouvement général vers le Nord : l'analyse des migrations internes révèle un solde positif du Santa Catarina sur le Rio Grande do Sul, et du Paraná sur le Santa Catarina, masqué par le mouvement déjà évoqué vers São Paulo. Il se poursuit bien plus loin puisqu'on retrouve des migrants venus des trois États du Sud en Amazonie et dans le Centre-Ouest, où leur esprit d'entreprise, leurs machines et les capitaux tirés de la vente des terres trop petites du Sud en font souvent les colons les plus actifs et les plus efficaces.

La figure 19 avait montré le mouvement vers le Nord et l'Ouest qui est une constante de l'histoire contemporaine brésilienne. Ce mouvement se poursuit, avec la conquête de l'Amazonie et l'incorporation du Centre-Ouest à l'espace productif brésilien. Le sud du Goiás, le sud du Mato Grosso ont connu une occupation effective, alors que le Goiás, zone pionnière depuis les années 1940, voyait la vague commencer à refluer, en partie au profit du District fédéral de Brasília et du Mato Grosso, déjà amazonien : c'est donc l'Amazonie qui constituait, du point de vue démographique, le principal front pionnier.

L'analyse de la provenance de ces migrants (fig. 21) révèle cependant que deux courants migratoires distincts aboutissaient dans les zones pionnières. Les migrants installés dans le Pará provenaient, au-delà du Goiás et du Maranhão tout proches, du Nordeste et du Minas Gerais, alors que ceux qui avaient choisi le Rondônia venaient des deux Mato Grosso, ou directement du Paraná. L'Amazonie occidentale et l'Amazonie orientale constituaient, pour les émigrants quittant le Ceará et le Paraná, une alternative à la migration vers São Paulo. Tout se passait donc comme si, dans chaque zone de départ — Nordeste et Minas Gerais d'une part, Sud d'autre part — on n'avait qu'une alternative,

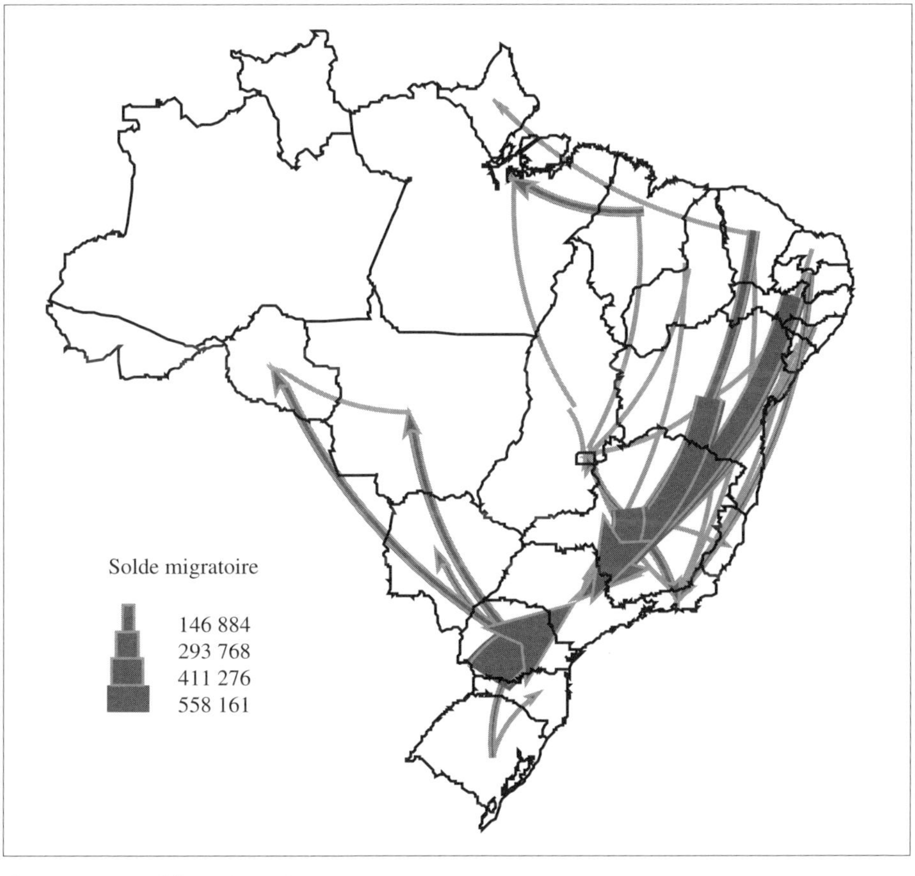

Figure 21 Soldes migratoires 1970-1980

aller vers le Sudeste ou vers une portion des zones pionnières, la plus proche et celle vers laquelle conduisent les nouvelles routes.

Les résultats détaillés du recensement de 1991 n'ayant pas encore été tous publiés, il n'est pas encore possible de vérifier si ces tendances ont continué. Des résultats partiels et l'analyse du dénombrement de 1996 indiquent toutefois assez clairement que les grands déplacements vers le Sudeste ont beaucoup diminué et que les migrations se font désormais principalement, dans chaque région, vers les métropoles régionales. Cette inversion de tendance explique en grande partie la croissance rapide des grandes villes du Nordeste, croissance qui a malheureusement eu pour conséquence la multiplication du nombre des *favelas* dans les plus grandes d'entre elles.

La figure 22, qui distingue la part, dans la population de 1996, de ceux qui ont changé d'État depuis 1991, fait bien ressortir la bande Mato Grosso-Pará, la « demi-lune » où affluent les migrants à la recherche de terres libres ou embauchés pour les grands défrichements liés à l'expansion de l'élevage et de la culture du soja. En dehors d'elle les seuls points de concentration sont les environs de Brasília (qui déborde hors du District fédéral), Palmas (la capitale du nouvel État du Tocantins, créé en 1988) et, en Amazonie, les États de Roraima et Amapá.

La figure 23 a été dédoublée pour montrer la part croissante que tiennent désormais les migrations à courte distance. Si pour ceux qui ont changé d'État les directions préférentielles observées au cours des décennies précédentes existent encore (Nordeste vers le Sudeste et vers l'Amazonie orientale, Sud vers l'Amazonie occidentale), on constate aussi une nette tendance au retour (Sudeste vers le Nordeste, Amazonie vers le Sud et le Sudeste). Et surtout des migrations à courte distance se développent : dans la plupart des cas, les migrants les plus nombreux viennent de l'État, ou des États voisins, même en Rondônia où les colons se déplacent à la recherche de terres vierges. Au total, sur 21 millions de personnes qui ont changé de résidence entre 1991 et 1996, 12 millions ont changé de région, les autres se déplaçant dans la région même. Ces déplacements prennent souvent la forme d'une migration des campagnes vers les villes, où les conditions de vie parachèvent un exode rural déjà bien avancé.

Tableau 3 Échanges migratoires (1991-1996)

Migrants habitant la région en 1996	Résidaient en 1991 dans le					Résidaient à l'étranger	Ont bougé	
	Nord	Nordeste	Sudeste	Sud	Centre-Ouest		Au total	En changeant de région
Nord	*1 494 070*	147 790	42 898	17 331	35 827	6 154	1 737 916	243 846
Nordeste	2 328 124	*1 853 166*	262 324	17 591	43 403	6 690	4 504 608	2 651 442
Sudeste	4 718 644	835 545	*3 340 162*	176 531	128 850	48 156	9 199 732	5 859 570
Sud	1 937 850	24 914	156 372	*1 620 388*	50 454	28 614	3 789 978	2 169 590
Centre-Ouest	1 321 578	194 091	153 306	71 852	*709 878*	13 358	2 450 705	1 740 827
Total						102 972	21 682 938	12 665 275

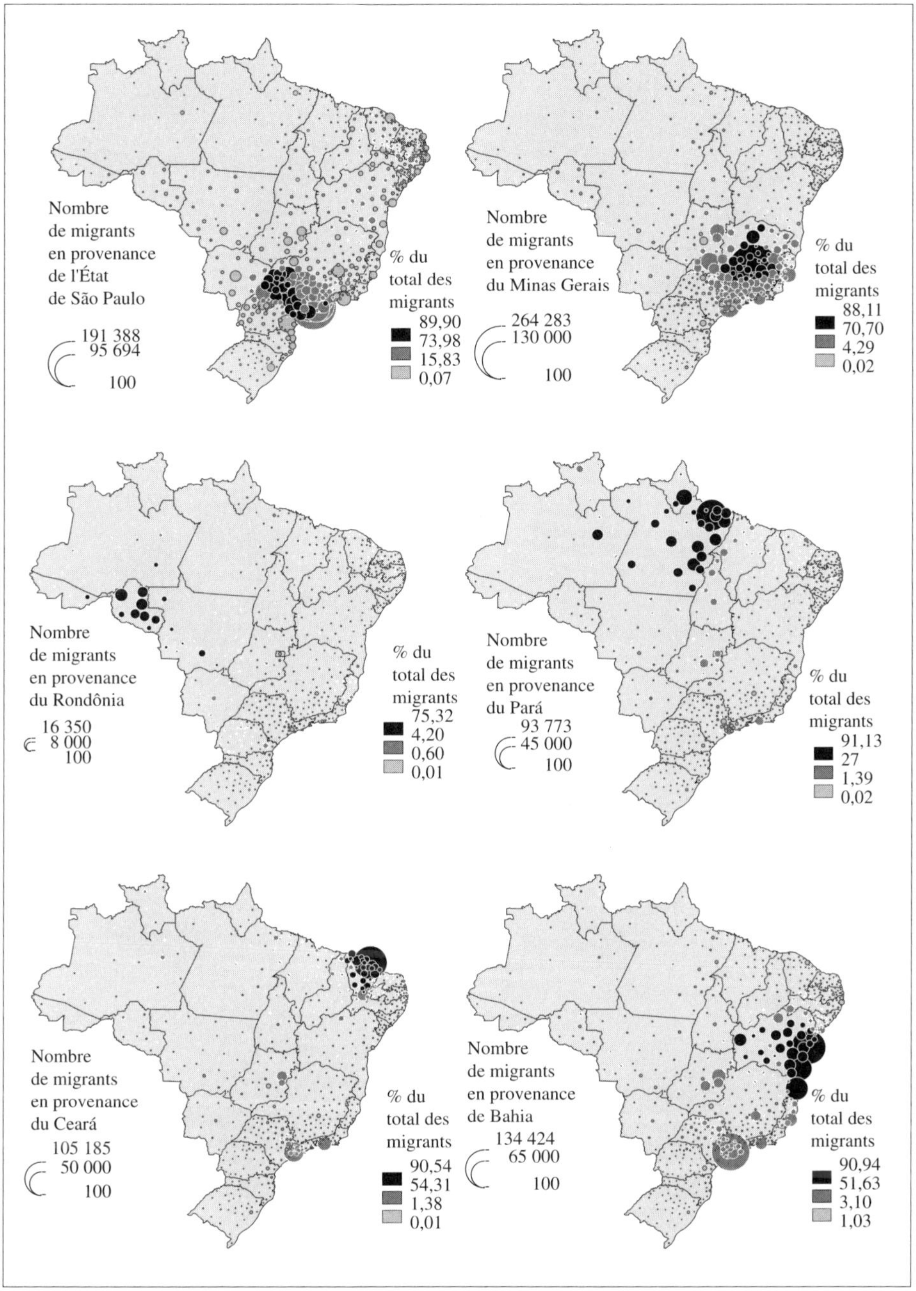

Figure 22 Les migrations internes 1991-1996
a. Échanges entre États

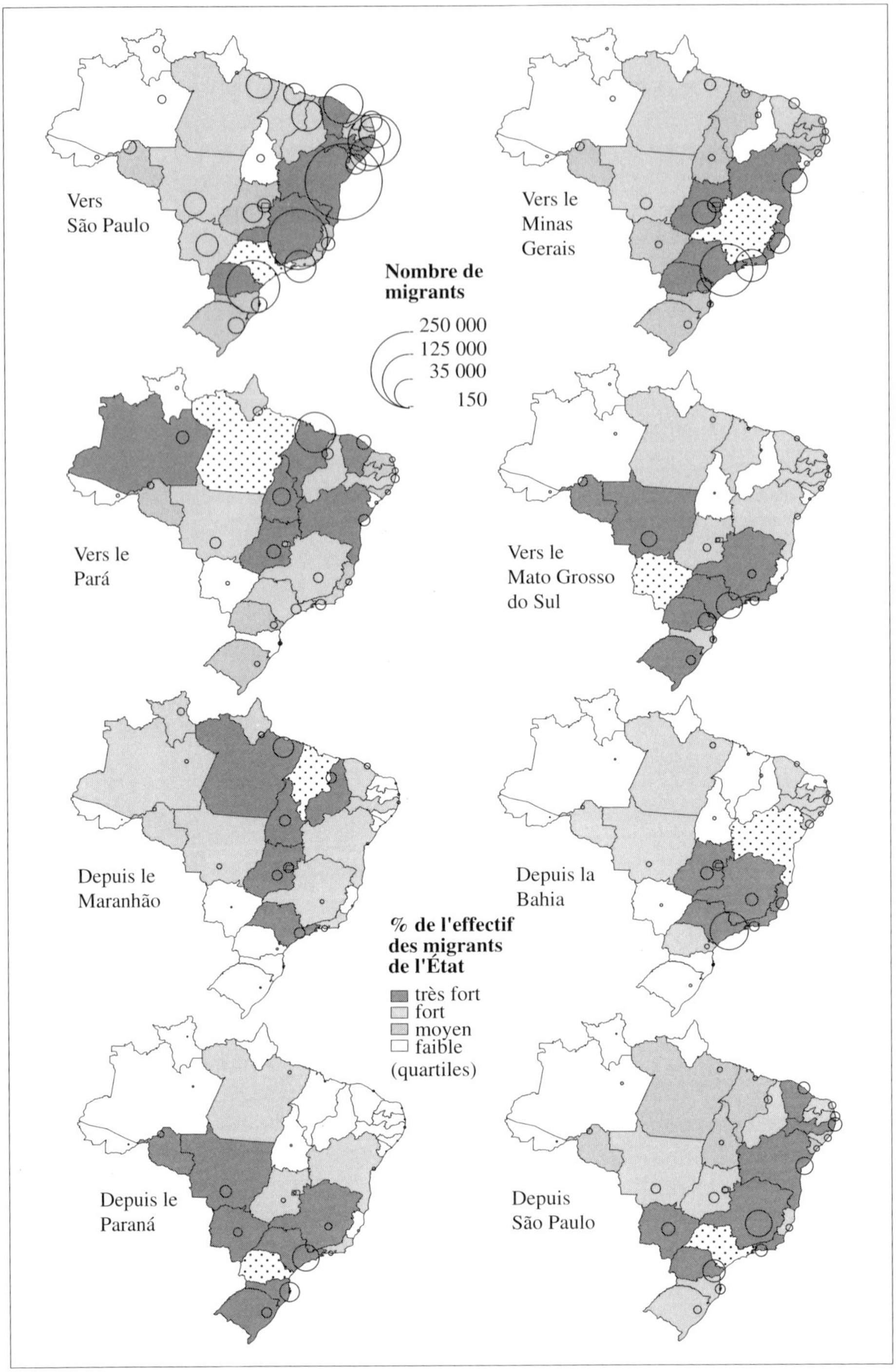

b. Migrations locales et interrégionales

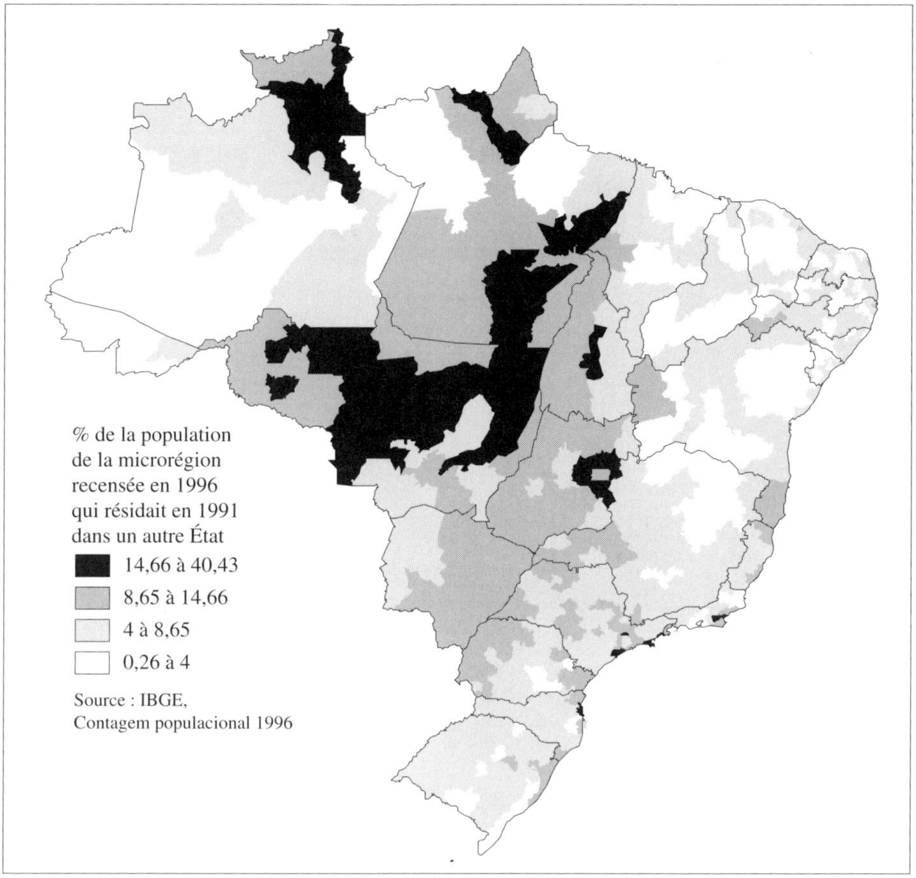

Figure 23 Le poids des migrants

3 LES CLIVAGES ET LEUR ÉVOLUTION

La société brésilienne se transforme rapidement, des oppositions naguère tranchées perdent peu à peu de leur signification à mesure que certaines catégories deviennent majoritaires. Mais des oppositions nettes demeurent, en particulier entre les niveaux de revenus, qui traduisent des disparités importantes entre les classes sociales.

3.1 Les grandes catégories

Parmi les classifications dont l'évolution est la plus difficile à cerner figure au premier chef la composition raciale de la population. Les chiffres dont on dispose (tableau 4) sont tirés des recensements de population, dans lesquels figure une question sur la couleur de la peau. Six options sont possibles (blanc, noir, métis — littéralement « gris » —, jaune, indien et sans déclaration), et l'enquêteur note scrupuleusement les déclarations de l'intéressé, ce qui laisse une place au doute

Photo 5 L'unité nationale
À l'occasion d'une visite de personnalités étrangères dans cette crèche d'un village perdu de la vallée du Jequitinhonha, on chante l'hymne national, la main sur le cœur : même les très pauvres se sentent brésiliens (cliché H. Théry).

sur la part croissante des métis : s'accroît-elle réellement, ou le métissage devient-il seulement socialement plus acceptable? Ces données confirment pourtant l'impression que l'on ressent à voyager dans le pays, celle d'un brassage croissant. On sait qu'il n'existe pas au Brésil de ségrégation raciale (elle serait d'ailleurs impossible tant le métissage est fréquent) et il semble que l'on aille vers une homogénéisation, malgré quelques mouvements de revendication à base ethnique : la question indienne, pour aiguë qu'elle soit ne concerne que moins de un pour mille de la population, et le mouvement noir est encore embryonnaire.

Tableau 4 Composition ethnique

	1940	1960	1980	1991	1996
Blancs	63,47	61,03	54,77	55,3	55,2
Noirs	14,64	8,71	5,89	4,9	6,0
Jaunes	0,59	0,69	0,63	0,5	0,4
Métis	21,2	29,5	38,45	39,3	38,2

Groupes principaux.

On ne peut pourtant passer sous silence ou tenir pour négligeables un certain nombre de différences régionales, dont la couleur de la peau n'est qu'un indice. L'histoire du peuplement du pays explique à la fois sa diversité ethnique et la répartition inégale des différentes composantes. La figure 24 en présente une image pour les microrégions : on y remarque que, de ce point de vue aussi, le pays est coupé en deux. Dans le Sud et le Sudeste, l'immigration européenne récente a donné aux Blancs une part plus importante que dans la moyenne nationale, alors que dans le Nord et le Nordeste c'est le groupe des métis qui l'emporte, et que le Centre-Ouest est proche de la moyenne. L'immigration asiatique n'a guère concerné que le Sudeste (essentiellement São Paulo), et la présence noire n'est sensible que dans le Nordeste et une partie du Sudeste, où étaient concentrés les esclaves.

Couplées avec les dominantes régionales, ces différences ont pour résultat qu'il existe encore au Brésil des régions « claires », plus développées, et des régions « colorées », plus pauvres. Tout cela ne serait que curiosité historique si l'on ne constatait par ailleurs que cette diversité correspond assez étroitement aux différences de niveau de développement : le tableau 5 montre une forte corrélation entre la couleur de la peau et le niveau de formation, et une certaine propension à se marier « entre soi », avec un conjoint de même couleur. Et surtout il existe une évidente relation entre la couleur de la peau et le niveau de revenus…

Tableau 5 Ethnies et développement

a. Disparités sociales	**Analphabètes de plus de 15 ans**	**Taux de scolarisation 10-14 ans**	**Taux d'activité des femmes**	**Nombre d'enfants**
Moyenne	18	84	39	4
Blancs	12	88	39	4
Noirs	30	78	46	4
Métis	27	81	39	4

En %

b. Préférences matrimoniales	**Conjoint blanc**	**Conjoint noir**	**Conjoint métis**	**Conjoint jaune**
Blancs	87	1	12	0,14
Noirs	14	59	27	0,00
Métis	24	2	70	0,03
Jaunes	27	0	3	70,41

En %

c. Revenus	**Plus de 10**	**3 à 10**	**Moins de 3**	
Blancs	17	45	38	
Noirs	5	32	63	
Métis	5	31	64	
Jaunes	44	41	15	
Indigènes	3	17	80	

En salaire minimum

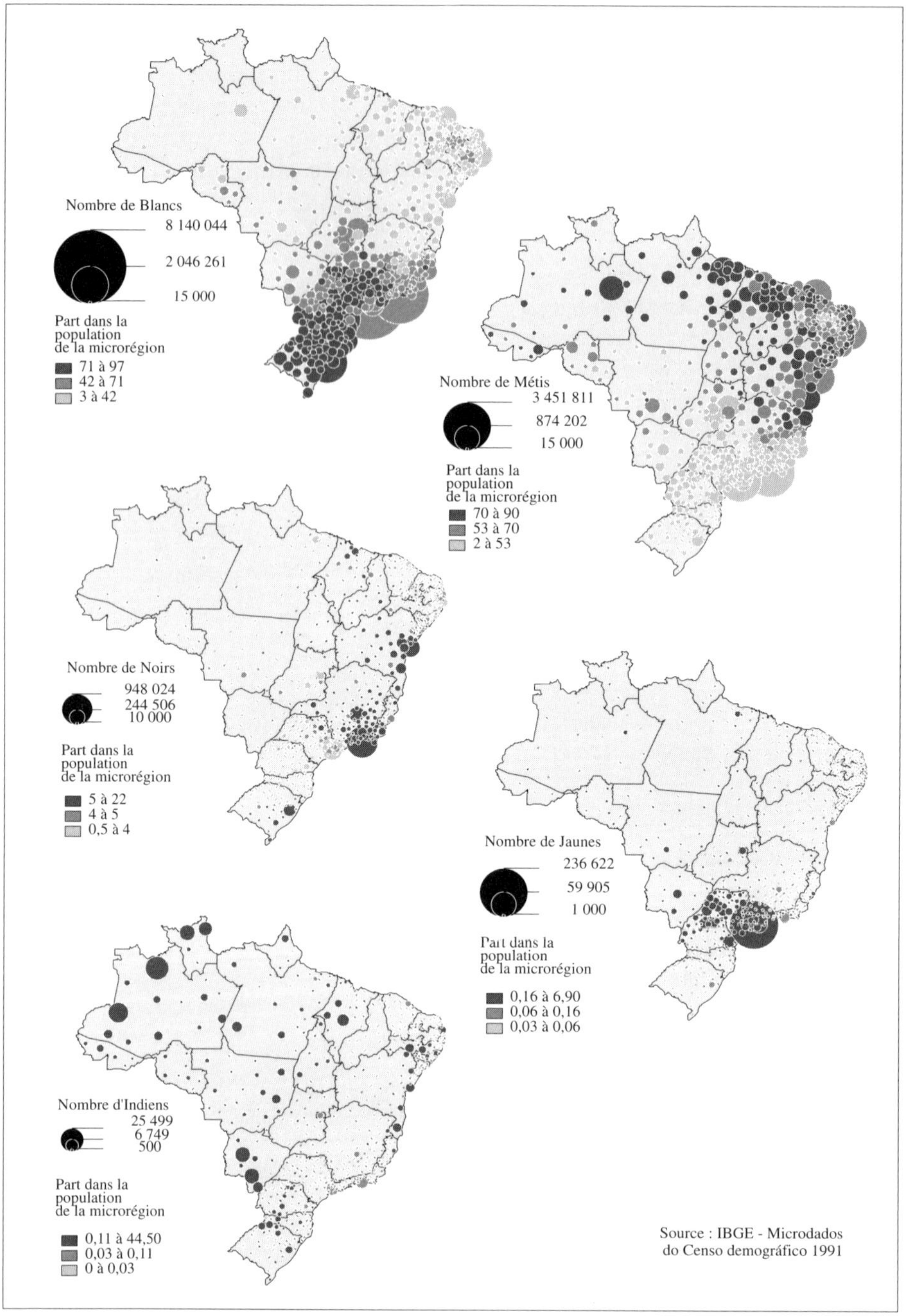

Figure 24 Couleur de peau
a. Analyse

Les *microdados* du recensement de 1991 permettent pour la première fois à ce niveau de précision géographique, de croiser des informations sur la couleur de la peau avec d'autres variables, notamment la répartition des revenus. Il

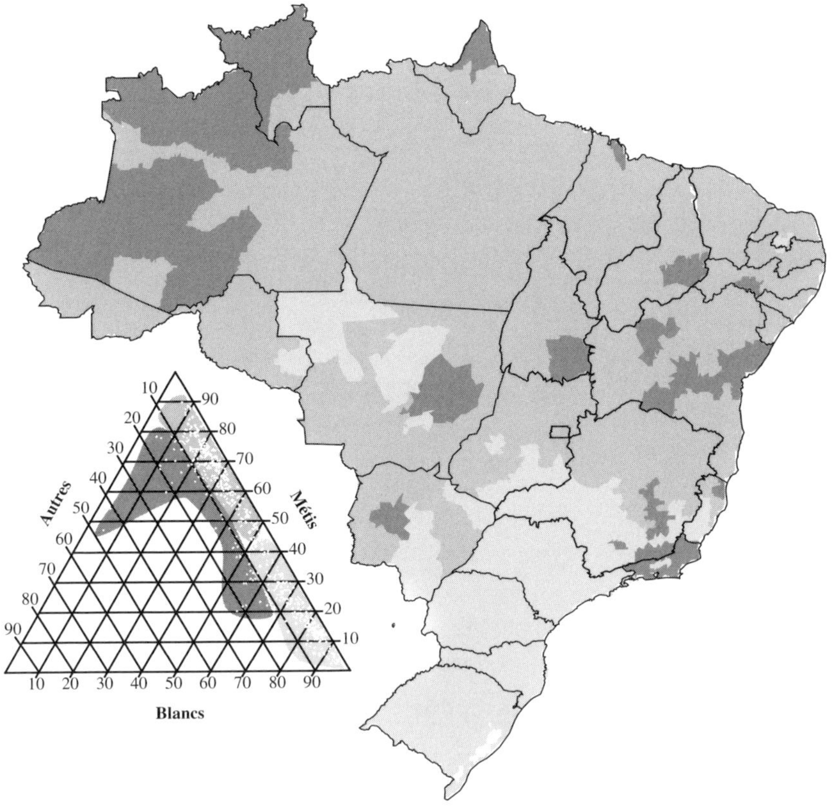

Prédominance	**Blancs**	**Métis**	**Autres** (Noirs, Indiens, Jaunes)
Proportion (%)			
Blancs	**76**	28	34
Métis	20	**67**	51
Autres	4	5	**15**

Source : IBGE Microdados du recensement de 1991

Figure 24 b. Synthèse

ressort de la figure 25 que le seul groupe où les « riches » (plus de dix salaires minimum par mois) sont les plus nombreux est celui de Jaunes, le seul où les revenus moyens (entre trois et dix salaires minimum) l'emportent est celui des Blancs, tandis que parmi les métis, les Noirs et les Indiens les « pauvres » sont majoritaires, représentant près des deux tiers du total chez les premiers et les deuxièmes, et plus des trois quarts chez le derniers. Il y a donc bien des répartitions des revenus très différents selon les groupes définis par la couleur de la peau, même si ceux-ci sont peu cohérents.

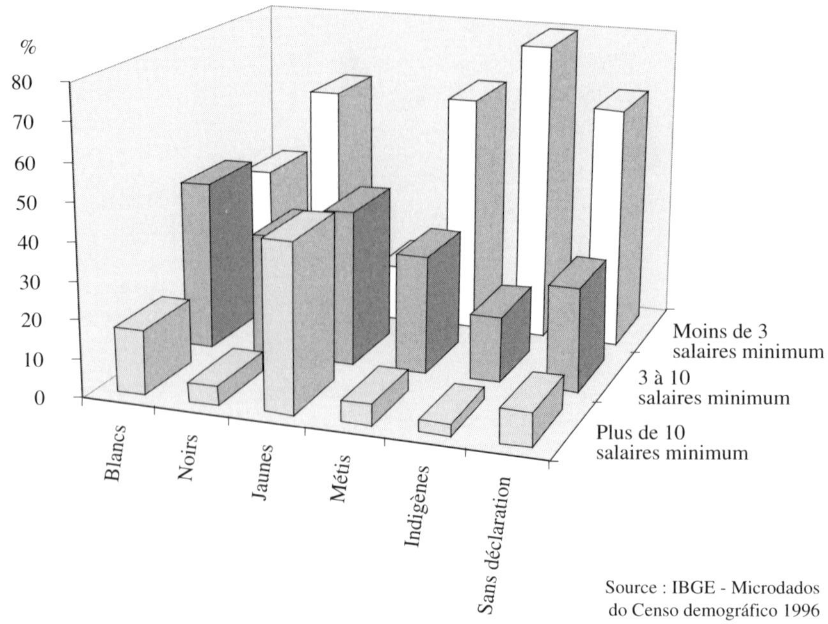

Figure 25 Couleur de peau et revenus

On peut tenter d'affiner cette approche en regardant de plus près ce qui se passe à l'intérieur de chacun de ces groupes. Parmi les pauvres (les ménages disposant de revenus inférieurs à trois salaires minimum, définition officielle de la pauvreté au Brésil) la composition ethnique est à peu de choses près celle de la population en général, avec toutefois quelques concentrations : pauvres Blancs sur le littoral du Santa Catarina et dans le nord du Rio Grande do Sul, pauvres métis dans le Maranhão et le Pará, pauvres Jaunes dans l'État de São Paulo. Il n'y a donc pas, dans les « poches de pauvreté » de composante ethnique particulière, leur composition reflète celle de la population brésilienne dans son ensemble.

Si l'on analyse la stratification économique de chaque groupe ethnique, on arrive à peu près à la même conclusion : il ne semble pas y avoir, dans chacun de ces groupes, de répartition des riches et des pauvres différente de celle de la population brésilienne dans son ensemble, à l'exception du groupe des « Jaunes ». Ils sont les seuls à avoir un comportement différent, d'abord parce que — on l'a dit — les hauts revenus y sont plus fréquents que dans les autres groupes, et parce que ces hauts revenus se trouvent systématiquement hors des régions de concentration originelle du groupe. De toute évidence ceux qui ont migré ont mieux réussi que ceux qui sont restés dans l'État de São Paulo, on les retrouve dans tout le pays, même en Amazonie et aux frontières de l'Uruguay. On note tout de même une concentration sur un axe Santos-Rondônia qui montre que les descendants de Japonais ont suivi, avec un certain succès, le mouvement pionnier parti de São Paulo, y trouvant leur place — et leur profit — dans des spécialités négligées par les autres groupes.

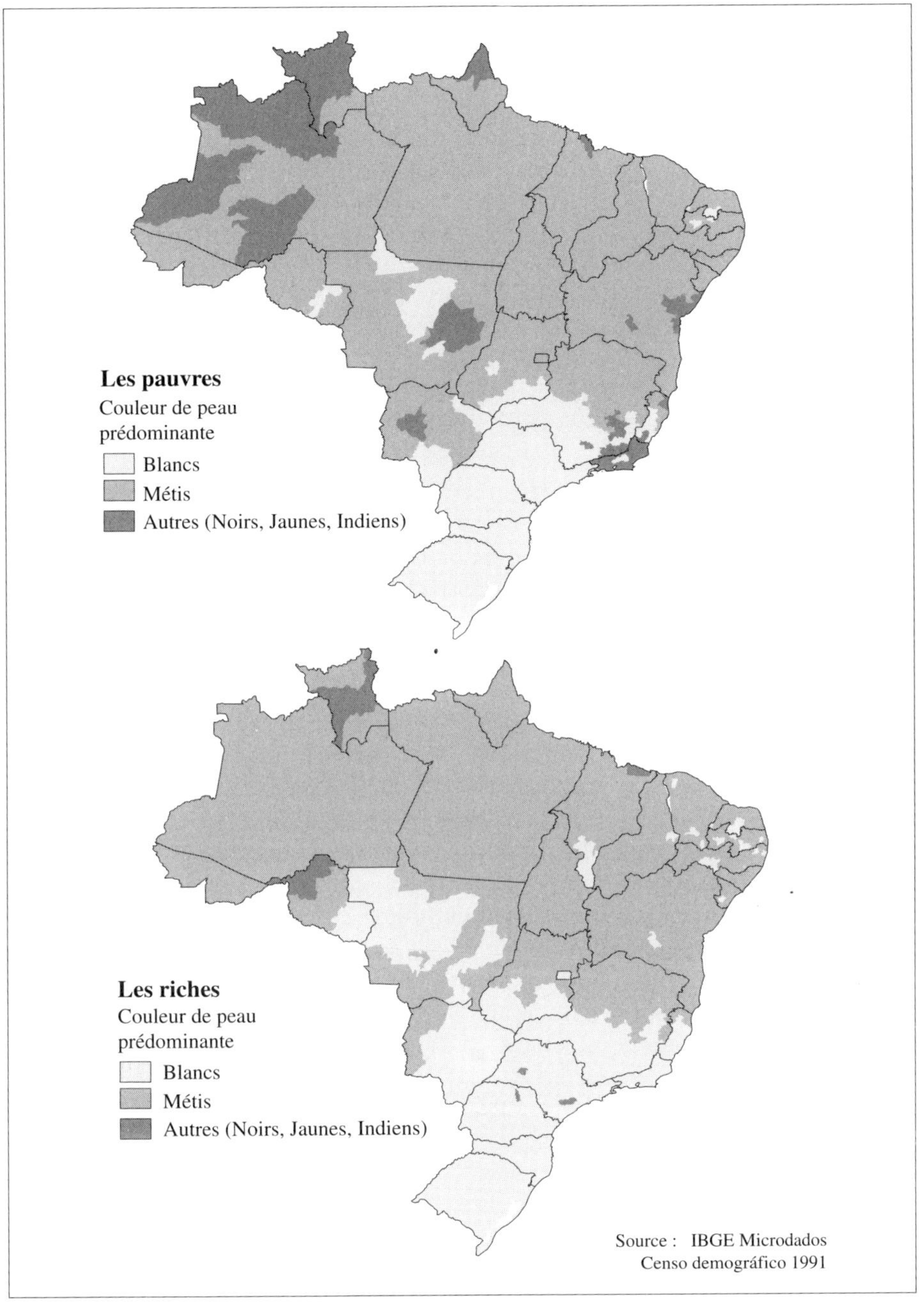

Figure 26 Typologie des pauvres et des riches

Si l'on veut enfin tenter de résumer ces informations en construisant une synthèse (carte dérivée de diagrammes triangulaires construits dans le logiciel Philexplo) si réducteur que soit l'exercice, on arrive, en regroupant entre eux les

« petits » groupes pour qu'ils aient un poids comparable aux deux « grands » (les Blancs et les métis) une sorte de typologie des riches et des pauvres. Les pauvres sont blancs dans le Sud et métis dans le Nord, avec quelques exceptions, comme le nord du Mato Grosso et le sertão, où l'on trouve de pauvres Blancs, et des isolats d'« autres » pauvres, Indiens en Amazonie, Noirs à Bahia et à Rio de Janeiro. La carte des riches est plus tranchée encore, la partition nord/sud est la même, mais les « autres » n'y apparaissent pratiquement plus. On notera toutefois que la limite Nord/Sud ou métis/Blancs est un peu différente, elle a été sensiblement déplacée vers le nord par la poussée pionnière sur l'axe du nord-ouest, reportant la limite jusqu'en Amazonie. La conquête du Mato Grosso et du Rondônia par les migrants venus du Rio Grande do Sul et du Paraná a permis à certains d'entre eux de s'enrichir, ou du moins de devenir les plus riches habitants de ces régions pionnières, les plus éduqués aussi et ceux qui ont les meilleures chances de survie, comme on l'a vu sur la carte de l'espérance de vie (fig. 16). Ces terres nouvelles de l'axe du nord-ouest sont donc bien, économiquement et culturellement, le prolongement du Sud-Sudeste, la pointe avancée de sa pénétration au détriment du Brésil *caboclo* (métis d'Indiens et de Noirs) de la vieille Amazonie. Preuve, s'il en était besoin, que l'indicateur ambigu qu'est la couleur de peau contribue à éclairer les diversités et les dynamismes de la société brésilienne contemporaine.

Pays de contrastes ethnico-sociaux, le Brésil devient également un pays de citadins : alors que deux Brésiliens sur trois vivaient à la campagne il y a quarante ans, les trois quarts vivent désormais en ville (tableau 6 et figure 27). La définition statistique n'est pas la meilleure possible (tout chef-lieu de municipe est une ville, quelle que soit sa taille), le rythme de progression est inégal, mais le fait indéniable est que partout le seuil des 50 % est franchi, et l'on approche de 90 % dans le Sudeste. Les conséquences de l'exode rural affectent campagnes et villes, et transforment la composition de leur population : en ville on compte 512 femmes pour 488 hommes, avec une sur-représentation du groupe 15-20 ans, à cause du grand nombre des domestiques. Sur la figure 28 la zone la plus sombre, celle qui dénote le plus fort indice de masculinité (plus de 111), correspond bien à la frange pionnière qui coupe l'Amazonie du Mato Grosso au nord du Pará. Le travail de déboisement est dur, les hommes qui le pratiquent sont célibataires ou n'amènent que rarement leur famille avec eux, la laissant derrière eux provisoirement ou pour de bon. Les taches claires, les zones ou les femmes sont majoritaires, correspondent

Tableau 6 Taux d'urbanisation

	1940	1960	1980	1991	1996
Brésil	31	45	68	75	78
Nord	28	38	52	58	62
Nordeste	23	34	50	61	65
Sudeste	39	57	83	88	89
Sud	28	37	62	74	77
Centre-Ouest	22	34	68	84	84

soit aux zones rurales d'où les hommes sont partis, soit aux grandes villes où elles trouvent à s'employer plus facilement que les hommes, comme employées de maison : le salaire minimum étant d'environ 450 francs par mois, bon nombre de famille de classe moyenne ont encore une « bonne » à plein temps.

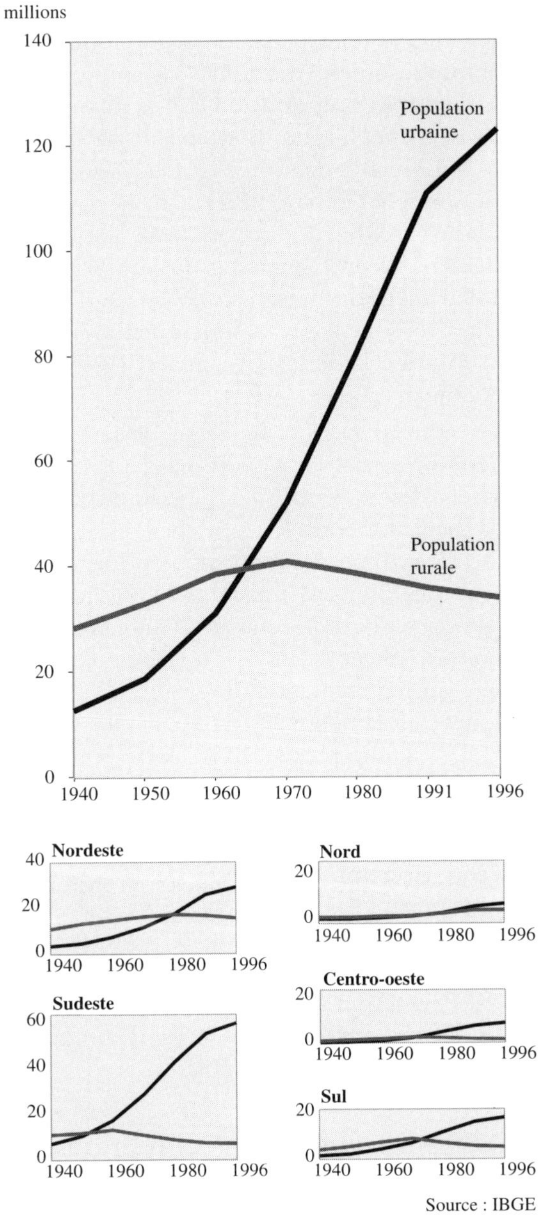

Figure 27 Rural/urbain

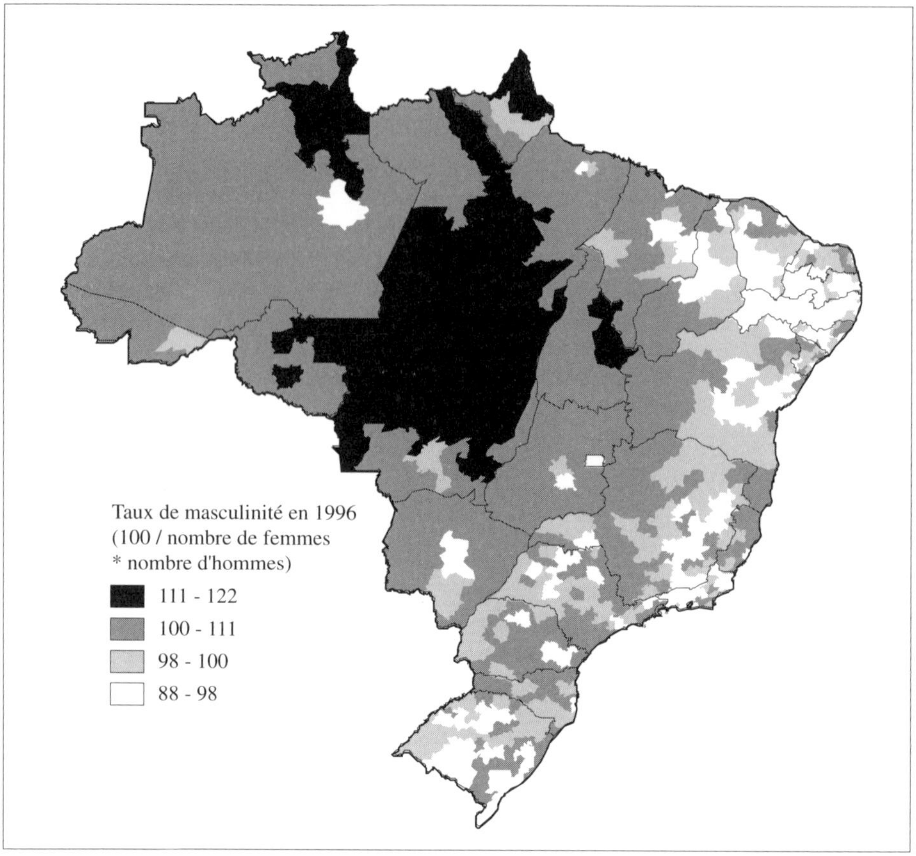

Figure 28 Taux de masculinité

Cette évolution va de pair avec la transformation de la répartition de la population active entre les trois grands secteurs traditionnellement distingués (tableau 7).

L'évolution classique des pays en voie de développement y suit son cours; le secteur primaire est tombé en quarante ans de 66 à 23 % au profit des deux autres. Le secteur secondaire, après être passé de 10,4 % en 1940 à 24,4 % en 1980, baisse à son tour puisqu'il ne représente plus que 23 % de la population active en 1991. Le secteur tertiaire, devenu le premier secteur d'emploi dès 1980 représente désormais à lui seul 55 % de l'emploi. On verra plus loin (chap. 9 à 11) à quelle évolution économique cela correspond, notons seulement qu'à l'intérieur de cet ensemble on peut distinguer des segments où apparaissent de très fortes inégalités de revenus.

3.2 L'inégalité des revenus et des conditions de vie

La répartition des revenus au Brésil est une des plus inégales au monde : si l'on calcule le rapport entre le revenu moyen des 5 % les plus riches et celui des 20 % les plus pauvres, le Brésil est le seul pays — avec le Sierra Leone — où l'écart soit de un à trente, alors que dans la plupart des pays développés il est compris entre un et cinq.

Tableau 7 Population active et PIB par secteur
a. Population active

	1940	1960	1980	1991
Total (millions)	**15**	**23**	**44**	**62**
Secteurs (%)				
Secteur primaire	**66**	**54**	**30**	**23**
Secteur secondaire	**10**	**13**	**24**	**23**
dont				
Industries de transformation	7	9	16	15
Bâtiment	2	3	7	6
Secteur tertiaire	**24**	**33**	**46**	**55**
dont				
Commerce	5	7	9	13
Transports et communications	3	4	4	4
Services	11	13	16	18
Activités sociales	2	3	7	9
Administrations	3	3	4	5

Tableau 7 b. PIB

	1970	%	1980	%	1990	%
Agriculture	561	12	1 232	10	1 228	9
Industries	1 742	37	4 902	41	4 874	34
Mines	38	1	125	1	208	1
Industrie générale	1 333	28	3 746	31	3 314	23
Construction	262	6	813	7	988	7
Services ind.	108	2	218	2	364	3
Services	2 557	55	5 945	49	8 067	57
Commerce	797	17	1 328	11	899	6
Transports	180	4	462	4	510	4
Communications	30	1	111	1	166	1
Inst. Fin.	293	6	955	8	1 573	11
Adm. publ.	449	10	781	6	1 514	11
Autres	357	8	1 482	12	1 547	11
Loyers	451	10	826	7	1 858	13
Total sectorisé	4 680		12 078		14 229	
Total	5 419		13 382		14 430	

1 000 CR, prix de 1980.

Le tableau 8 montre en effet qu'une petite fraction de la population s'assure la plus grande partie du revenu national : les très riches (1 % supérieur) ont un revenu moyen égal à près de 160 fois celui des plus pauvres (10 % inférieur), et ces inégalités s'accroissent constamment : le revenu moyen des plus pauvres a chuté plus vite, au cours de la dernière période, que celui des plus riches.

Tableau 8 Répartition des revenus

	1970	1981	1985	1990
Le partage				
10 % les plus pauvres	12	10	10	8
20 % les plus pauvres	16	14	16	11
10 % les plus riches	457	455	588	471
5 % les plus riches	644	655	773	663
1 % les plus riches	1 201	1 296	1 621	1 274
Valeur moyenne du revenu (moyenne brésilienne = 100).				
Ratios				
Revenu moyen des 5 % les plus riches/ 20 % les plus pauvres	33	46	50	60
1 % les plus riches/ 10 % les plus pauvres	96	134	163	167

Les distorsions seraient d'ailleurs plus évidentes encore si l'on pouvait comparer les patrimoines, ce qu'aucune source statistique ne permet : on le pressent en observant l'étalage de luxe des villas de Rio ou São Paulo, la somptuosité des *fazendas* de loisir, le train de vie des anciens et nouveaux riches, et en les comparant au sort des paysans du Nordeste ou des habitants des *favelas*. On peut toutefois en avoir une idée en examinant l'équipement des ménages, sur lequel les *microdados* du recensement de 1991 donne des indications.

Sur une série de quatre cartes représentant le niveau d'équipement des ménages brésiliens, trois (le téléphone, la voiture et la télévision) montrent sensiblement la même répartition, tandis que la quatrième (le congélateur) en révèle une autre, bien différente : la géographie de l'équipement des ménages est avant tout une géographie économique, en rapport avec les revenus, mais elle est parfois aussi une géographie culturelle, aux déterminants plus mystérieux (fig. 30).

Ces biens ont été choisis dans une liste plus longue, qui contenait à la fois d'autres biens (radio, télévision noir et blanc, machine à laver le linge, aspirateur, etc.) et des distinctions de niveau d'équipement (une ou plusieurs voitures, télévisions, lignes de téléphone). On a choisi de ne pas multiplier les cartes parce que pour les taux d'équipements les plus forts (plus de trois voitures par exemple) les nombres de ménages concernés devenaient très faibles, et parce que les répartitions se répétaient beaucoup. Il n'en apparaît en fait que deux :

- celle du téléphone, de la voiture et de la télévision (qui se répète pour bien d'autres équipements) fait apparaître, à l'intérieur du Sud/Sudeste, globalement mieux équipé que le Nordeste et le Nord, un axe privilégié qui va de Santos au *Triângulo mineiro* (la pointe qui prolonge le Minas vers l'Ouest, entre le Goiás et São Paulo), auquel il faut ajouter Brasília. On n'est pas surpris de retrouver, soulignés et confirmés par ces indicateurs de niveau de vie, le principal axe de développement du Brésil, ce que les Brésiliens, grands amateurs de viande et de métaphores carnivores, appellent le « filet mignon » du pays.
- celle des congélateurs ne se retrouve, et avec quelques variations, que pour un seul autre équipement, la radio. La région de concentration principale est

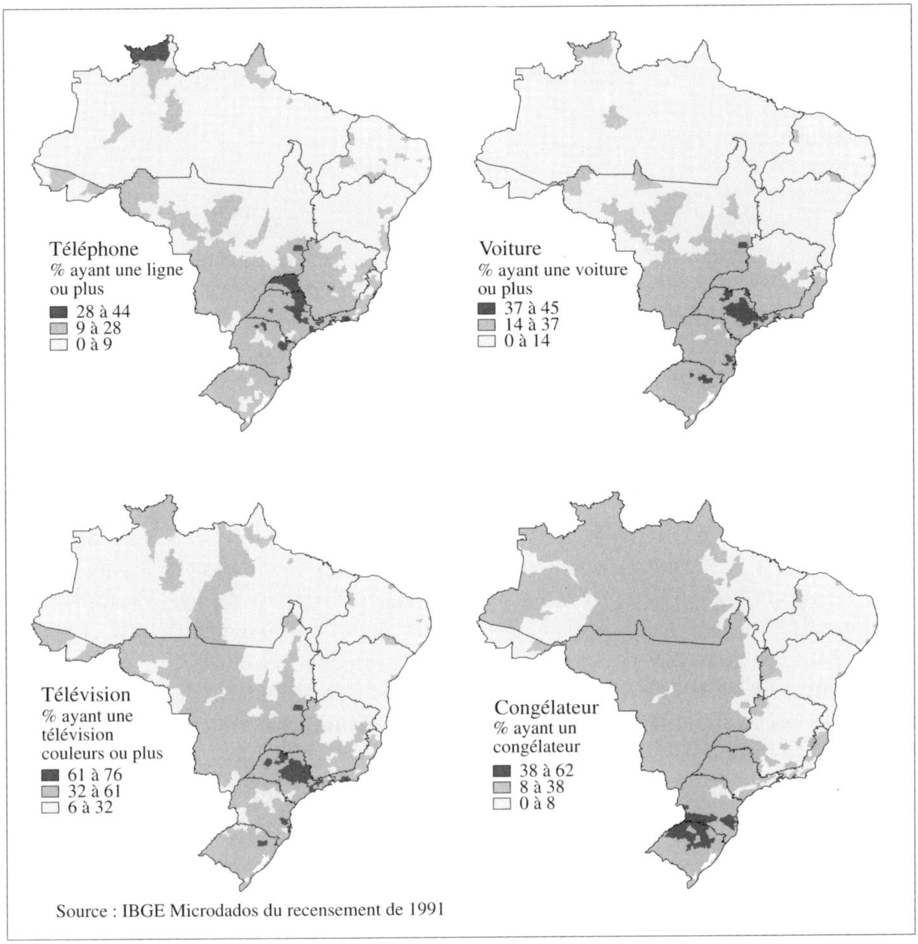

Figure 29 L'équipement des domiciles

ici la zone frontalière entre le Rio Grande do Sul et le Santa Catarina, dont la caractéristique principale est d'être une région de forte présence de descendants de colons européens, arrivés au 19e siècle. Peut-on expliquer par cette origine des habitudes de consommation qui font une part plus large aux aliments cuisinés à la maison et surgelés? En tout cas ce facteur culturel semble être confirmé par les zones de concentration moins fortes de cet équipement, qui dessinent un axe vers le nord-ouest, qui est précisément celui au long duquel les *gaúchos* progressent vers les terres neuves du Centre-Ouest et d'Amazonie. Et le Blanc qui interrompt cet axe dans le nord du Paraná, notoirement sous influence *paulista*, en est une confirmation de plus.

Il existe donc une évidente composante régionale de la distribution des revenus à composante régionale. Cet écart se retrouve dans un autre domaine, où il est plus grave encore, celui des conditions même de la vie, qui diffèrent sensiblement d'une région à l'autre (tableau 10 et fig. 16). Malgré des progrès récents, on vit en moyenne moins longtemps dans le Nordeste, et beaucoup plus d'enfants y meurent jeunes. Même si l'écart avec le Sudeste et le Sud se réduit dans le premier cas, il reste sensible, et il s'aggrave dans le second.

Tableau 9 Inégalités devant la mort

Espérance de vie	1980	1990
Brésil	62	66
Nord	61	67
Nordeste	59	64
Sudeste	65	68
Sudeste	65	69
Centre-Ouest	63	68
Taux de mortalité infantile	**1980**	**1990**
Brésil	69	47
Nord	63	53
Nordeste	107	88
Sudeste	47	30
Sudeste	44	27
Centre-Ouest	48	33

Tableau 10 Paramètres de revenus

Moyenne	100		Moyenne	100	
Hommes	151		Urbain	120	
Femmes	52		Rural	40	
Rapport min./max.	2,93			3,02	
	% de sans revenus	% de plus de 10 SM		% de sans revenus	% de plus de 10 SM
Sans instruction	26	1	Agriculture	77	5
12 années d'études ou plus	1	48	Industrie	3	18
			Bâtiment	1	3
			Commerce	9	14
			Services	7	7

Le Programme des Nations Unies pour le développement (PNUD) publie régulièrement pour tous les pays du monde un Indice de développement humain (IDH) calculé de façon à prendre en compte des éléments que le seul PNB ne permettait pas de saisir, comme l'éducation ou la santé. En septembre 1998 il a publié sur CD-Rom un travail similaire réalisé par la Fondation João Pinheiro, de Belo Horizonte, pour tous les *municípios* (communes) du Brésil.

Cet indice calculé pour 1970 et 1991 (année du dernier recensement disponible) montre un incontestable progrès puisque la classe supérieure, au-dessus de 0,65 (l'indice varie de 0 à 1) qui n'était atteint que par Brasília et un petit nombre de communes des États de Rio de Janeiro et São Paulo est beaucoup plus largement atteint en 1991. En revanche les contrastes deviennent plus forts qu'ils ne l'étaient en 1970. Toute la haute Amazonie et tout le Nordeste, y compris le nord du Minas Gerais, sont nettement à la traîne, alors que toute la zone du Sudeste, y compris le Mato Grosso do Sul, le sud du Goiás et le District fédéral de Brasília, forme un bloc compact de hauts indices, à l'exception du Paraná, qui a beaucoup souffert au cours des années 1980. Bon nombre des migrants qui l'ont quitté sont allés vers les terres neuves du Nord-Ouest, dans le Mato Grosso, dans le Rondônia, dans le sud-ouest du Pará, et la carte reflète cette migration puisqu'ils transportent avec eux leurs indices élevés.

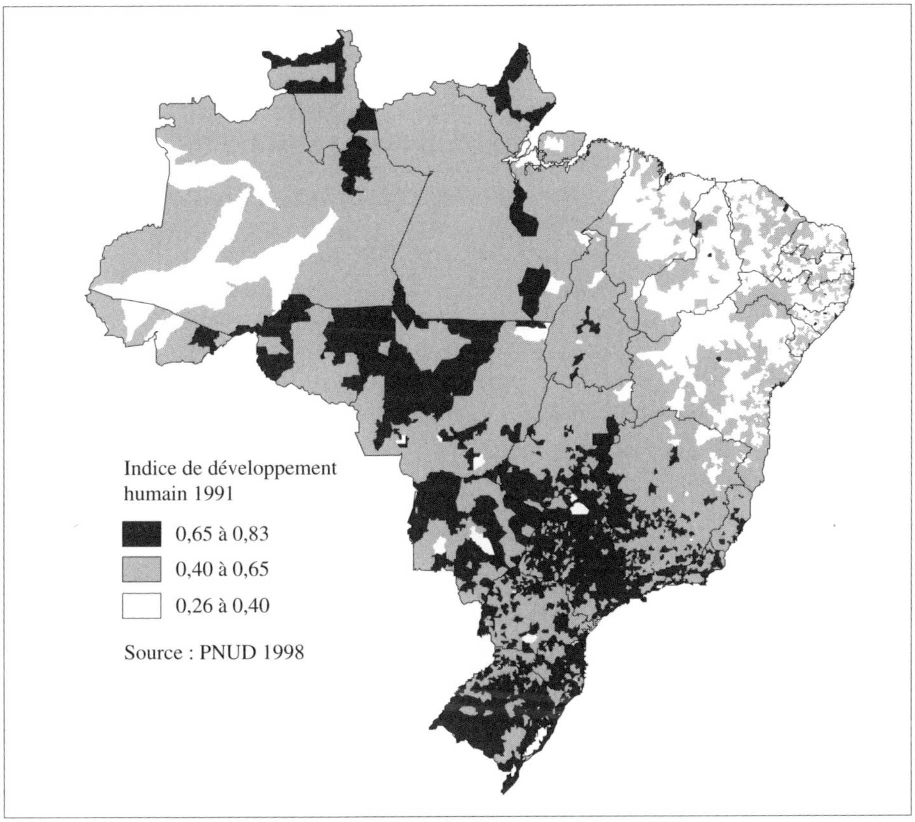

Figure 30 Indice de développement humain

3.3 Les clivages sociaux

Ces écarts de revenus correspondent à des oppositions sociales bien plus tranchées que dans les pays développés. En fait on peut dire — pour simplifier — que le Brésil évolue d'un modèle à deux classes (élites/masse) vers un autre plus complexe.

Naguère — jusqu'aux années 1930 — se distinguaient nettement deux groupes, de tailles très inégales, et que tout opposait : une mince frange riche, éduquée, confortablement logée et vêtue, oisive ou dirigeante, et une masse pauvre, analphabète, vouée aux durs travaux manuels. Les uns étaient les propriétaires fonciers, commerçants, les membres des professions libérales et les

Photo 6 Quartiers chics et *favelas*
Entre les quartiers des classes moyennes et les pentes abruptes du morro de Santa Marta s'est glissée une des nombreuses *favelas* que compte Rio de Janeiro. Le site est en principe inconstructible, mais pour ses habitants être à proximité des quartiers aisés est une nécessité vitale, car c'est là qu'ils trouvent emplois et clients (cliché H. Théry).

fonctionnaires, les autres les paysans et artisans. Entre eux peu ou pas de classes moyennes, sauf dans les villes, encore petites.

L'industrialisation, l'urbanisation, le développement de la société de production et de consommation de masse ont profondément changé ce modèle, divisant les anciennes catégories et en faisant apparaître de nouvelles.

L'ancienne classe dirigeante traditionnelle se survit. Les descendants de l'aristocratie d'Empire et des « familles traditionnelles » enrichies par le café ou d'autres plantations ont largement fusionné, constituant un groupe assez fermé, mais en déclin. Ils restent nombreux dans le monde des arts et de la culture, la vie mondaine. Cultivés ils voyagent beaucoup à l'étranger et restent francophones et francophiles, dernier carré de l'influence française traditionnelle. Dans l'intérieur ces notables continuent à dominer d'énormes étendues de terre, ainsi que la vie politique locale, mais ils s'appauvrissent, ne peuvent suivre le train de vie urbain, et se replient dans leurs propriétés quand ils n'ont pu s'assurer d'autres sources de revenus.

La masse rurale — affublée de divers surnoms désagréables — existe toujours. Dépendants d'un patron, pauvres, toujours à la limite de la disette, ces paysans survivent grâce au système de clientélisme qui leur assure une certaine protection en échange de menus services et de leur vote. On les trouve surtout dans les régions les plus arriérées, en particulier le Nordeste, seule région à avoir voté en bloc en 1982 pour le parti gouvernemental, grâce au poids des campagnes et en 1989 pour Fernando Collor de Mello. Ce sont ces gens qui alimentent l'exode rural et les migrations à longue distance, quand l'influence du *coronel* ne parvient plus à les retenir, ou quand on « rationalise » les campagnes. Ce qui apparaît alors est un véritable prolétariat rural, qui vend sa force de travail dans les limites d'un contrat strictement commercial, et souvent léonin. *Boia-fria, volantes,* employés — ou non — en fonction des besoins du jour, ils ne sont pas couverts par la législation sociale.

Le prolétariat urbain n'est pas tout à fait coupé d'eux. Les migrants récents continuent à alterner emplois ruraux et urbains, quand ils le peuvent, au gré de l'offre et de la demande, et même quand toute la famille est installée en ville, elle y garde longtemps un système de références et de comportements qui font de beaucoup de quartiers périphériques des « villes de paysans ». Récemment arrivés, ils gardent quelque temps l'espoir de repartir riches avant de se fixer. Tous ne peuvent s'insérer dans le circuit économique de la ville, et vivent en marge, dans des *favelas,* dans le « secteur informel », qui finissent parfois par être plus importants que la ville classique et le secteur « formel ». Secteur mal connu, bien que très considérable, de la société brésilienne, ce prolétariat est en voie d'accroissement. De la place — économique et politique — qui lui est faite dépend largement l'avenir du Brésil d'après le « miracle ».

Celui-ci a été fait largement par et pour les classes moyennes. Leur expansion, avec celle du secteur secondaire et tertiaire, de l'appareil d'État, des villes, est le fait le plus marquant de l'évolution de la société brésilienne des années 1960 et 1970. Mais ces gens sont par nature en situation instable : ils ont des aspirations qui dépassent leurs moyens. Éblouis par les mirages de la société de consommation, ils vivent de salaires érodés par l'inflation et ont subi de plein fouet l'impact des divers plans de stabilisation inventés pour tenter de la réduire. Empruntant aux classes supérieures leurs modèles, ils ne peuvent les suivre, et en sont aigris. Patriotes, ils sont fascinés par les pays développés et sont à l'affût de la dernière mode — vestimentaire ou intellectuelle — qui en vient, tout en revendiquant leur indépendance. Vis-à-vis du prolétariat, des *favelas,* des régions sous-développées, ils ont des attitudes qui vont du rejet (négation de leur existence, mépris, peur) à la compassion parfois assez condescendante (elle peut prendre la forme d'un militantisme qui « va au peuple » — et que le peuple ne prend pas toujours très bien).

La nouvelle classe supérieure enfin est composée des anciens riches qui ont su s'adapter, et des nouveaux riches surgis des rangs des classes moyennes ou — parfois — du prolétariat. Parmi ces derniers on trouve notamment des immigrants fondateurs d'empires industriels qui n'ont pas toujours survécu à leur fondateur, comme celui du comte Matarazzo. Les vrais nouveaux riches — les années du miracle en ont produit beaucoup — étalent leur luxe avec une ostentation que l'Europe ne connaît plus, les plus anciens s'allient aux pouvoirs déjà en place, créent une nouvelle classe dominante où milieux d'affaires et technocratie sont associés.

Cette classification simpliste ne rend pas compte de la diversité de la population brésilienne. Ce chapitre laisse échapper beaucoup de ce qui fait le charme des Brésiliens : la gentillesse spontanée, l'ouverture, le génie du compromis, la chaleur humaine — et certains des côtés irritants pour qui vient des vieux pays d'Europe. Il n'est hélas pas possible de rendre compte de tout ce qui fait l'originalité d'un pays et de ses habitants et je ne saurais trop conseiller à mes lecteurs d'aller voir sur place, ils ne le regretteront pas.

BIBLIOGRAPHIE

AJARA (C.), CAVALCANTI BAHIANA (L.), O'NEILL (M. M.), THÉRY (H.), WANIEZ (Ph.), « Dynamiques du territoire : la population et les activités économiques », *Problèmes d'Amérique latine,* n° 9, p. 45-56, La Documentation française, 1993.

BRET (B.), LE GAUFFEY (Y.), THÉRY (H.), WANIEZ (Ph.), « La population brésilienne, dynamique démographique et spatiale », *Problème d'Amérique latine,* n° 73, p. 120-144, 1984.

BRET (B.), « Population et peuplement au Brésil », *Problèmes d'Amérique latine,* n° 38, p. 7-25, 1915.

THÉRY (H.), WANIEZ (Ph.), « Les populations du Brésil » (en collaboration avec Philippe Waniez), *Espace, Populations Sociétés,* n° 2, p. 409-421, 1991.

Dossier

L'État et les autres

Au premier rang des acteurs de la société brésilienne, sur le devant de la scène, premier parmi les décideurs, se trouve l'État. Omniprésent, il est aussi très critiqué : sous le régime militaire l'opposition identifiait — non sans raisons — armée et gouvernement, État et technocratie, et la vague néo-libérale qui a déferlé au Brésil comme ailleurs a amené avec elle bien des critiques sur le poids excessif de l'État. Qu'en est-il réellement, quels sont sa place et son rôle? Et quelle est son action directement géographique, celle qu'il exerce sur le territoire national?

1 Le poids de l'État

À en croire les comptes nationaux brésiliens le poids de l'État serait faible : un peu plus de 28 % du PNB (12,7 % pour le gouvernement fédéral, 7,7 % pour les États, 6,2 % pour les municipalités, 6,4 % pour la sécurité sociale) en 1996, on est ici bien loin des niveaux européens. Cette apparence est trompeuse, et pas seulement à cause des incertitudes de la comptabilité nationale. En réalité ce poids est beaucoup plus grand, parce que l'État agit aussi par l'intermédiaire d'un grand nombre d'*autarquias* (agences autonomes) et de sociétés publiques dont le poids total, bien que réduit par la récente vague de privatisations, est considérable et sans équivalent en Amérique latine.

Dans le secteur productif le rôle de l'État demeure important : quelques grandes entreprises publiques se classent encore en tête des palmarès nationaux, et en dessous de ces géants, à des rangs plus modestes, figurent à des places honorables une longue liste de sociétés d'économie mixte. Dans le secteur bancaire et financier le poids de la puissance publique est encore très fort : le *Banco do Brasil* (contrôlé à 75 % par l'État) est non seulement le banquier de l'État, mais aussi la principale banque de dépôt du pays, le premier financier du secteur agricole (2/3 des prêts), un actionnaire important de toute une série de firmes publiques ou mixtes. Si l'on y ajoute le Banque nationale de développement économique et social (BNDES), la *Caixa Economica Federal* (caisse d'épargne) et diverses sociétés publiques de commerce international (Interbrás notamment), on arrive à un total assez impressionnant.

À ces grandes sociétés publiques de l'État fédéral on pouvait naguère ajouter celles que possédaient les états fédérés, et notamment le plus riche d'entre eux, São Paulo. Il contôlait la Vasp (*Viaçaõ aérea de São Paulo*), la deuxième compagnie aérienne du pays, qui a été vendue, la banque Banespa (Banco do Estado de São Paulo) et son propre réseau ferré. Tout cela a été vendu lors d'une des plus grandes campagnes de privatisation que le monde ait connues depuis que le mouvement a été lancé en Grande-Bretagne et aux États-Unis.

En quelques années, l'État fédéral a vendu ses participations majoritaires dans le secteur productif, comme la sidérurgie, la pétrochimie, les mines (Compagnie Vale do Rio Doce, qui exploite le minerai de fer du Minas et de Carajás). Mais il a vendu aussi les chemins de fer, le téléphone (entièrement privatisé en 1998), et a commencé à vendre l'électricité. Il a déjà tiré de ces ventes près de 50 milliards de reais, ce qui en fait d'ores et déjà la plus grande vague de privatisations au monde. Et il reste encore l'eau, qui intéresse beaucoup les investisseurs étrangers, et les banques, comme le Banco do Brasil.

Tableau 11 Les privatisations

Les privations	Recettes des ventes
Téléphone	27
Sidérurgie	5,7
Électricité	3,9
Mines	3,3
Pétrochimie	2,7
Autres	2,1
Chemins de fer	1,7
Engrais	0,42

En milliards de dollars.
Source : BNDES.

2 L'État, centre de décision

À côté de ces leviers directs l'État dispose également d'un vaste arsenal administratif et réglementaire. Par ce biais il dispose d'une machine qui n'apparaît pas dans les comptes mais qui lui permet d'encadrer, d'orienter, de bloquer aussi parfois l'activité économique qu'il ne contrôle pas directement.

Pour faire fonctionner cette machine — et remplir ses fonctions normales de défense, d'éducation, etc. — l'État est ainsi devenu le premier employeur du pays, et l'administration publique employait un peu moins de huit millions de fonctionnaires en 1996, pour les trois niveaux de pouvoir, dont 1,5 million de fonctionnaires fédéraux, contre 513 000 en 1950. Ils représentent un marché solvable important dans bien des villes, à commencer par Brasília, où les fonctionnaires sont la puissance dominante. Il faudrait y ajouter l'armée des intermédiaires spécialisés, les *despachantes*, dont le métier est de faire progresser les dossiers de leurs clients auprès d'administrations dont ils sont les seuls à connaître les rouages, d'agir quand il le faut auprès de qui il faut. Corporation parasitaire et irritante, ils sont pourtant indispensables, comme s'en aperçoivent à leurs dépens les étrangers naïfs qui ont essayé de se passer de leurs services, ou les Brésiliens trop pauvres pour les payer.

Dans l'arsenal dont dispose l'État quelques moyens ont été utilisés très efficacement dans le passé pour protéger l'industrie nationale, comme la classique manipulation des taux de change (différents à l'importation et à l'exportation) ou les taxes d'importation, qui pouvaient atteindre 250 %, un moyen efficace de décourager la concurrence étrangère. C'est à l'abri de tels boucliers que se sont développées les industries nationales de l'automobile (à partir de 1955) et de l'informatique (à partir de 1984), ou du moins est-ce grâce à ces mesures que les constructeurs étrangers ont dû, pour continuer à vendre au Brésil, venir y implanter des usines. Ce protectionnisme semble pourtant avoir rencontré ses limites : la récente levée de ces barrières a remis en cause les monopoles établis à leur ombre. On trouve désormais sur les routes brésiliennes des voitures importées, les constructeurs « nationaux » d'automobiles ont dû élargir leur gamme de modèles sous l'aiguillon de la concurrence, et les assembleurs d'ordinateurs doivent tenir compte des importations des États-Unis ou d'Asie du Sud-Est.

À côté de ces moyens classiques, l'État brésilien en a créé de nouveaux, qui lui donnent des pouvoirs accrus, et soulevé les protestations véhémentes de ceux qui en subissent les rigueurs. Celui qui a été le plus mal ressenti a sans doute été la création, au début des années 1980, d'un « dépôt obligatoire » pour les Brésiliens ou les résidents étrangers quittant le pays : sous prétexte d'économiser des devises, on leur demandait de déposer sur un compte sans intérêt, pour une période d'un an, l'équivalent du prix du billet d'avion, ce qui était une véritable confiscation puisque les taux d'inflation dépassaient alors 200 %. Un peu plus tard, le plan Collor a été accompagné d'un gel total des comptes bancaires, au-delà d'une limite équivalente à 2 000 FF, une mesure qui pénalisa tous ceux qui avaient prévu un achat immobilier, un voyage ou une intervention médicale, et qui n'étaient pas dans le secret. Dans un tout autre domaine la fermeture, le week-end, de toutes les pompes à essence, mais pas des pompes à alcool, une production par ailleurs fortement subventionnée, n'a pas été sans effet sur le développement rapide des ventes de voitures à alcool, jusqu'à ce que le but soit atteint, cette mesure rapportée et les subventions diminuées.

Ces quelques exemples révèlent bien à la fois la puissance de l'État et les limites de cette puissance. Cette campagne en faveur de l'alcool lui a été certes inspirée par son propre souci de diminuer la facture pétrolière et d'améliorer la balance des comptes, mais il est aussi tout à fait évident que l'alliance des producteurs de sucre et des industries de l'automobile l'a quelque peu aidé à prendre cette décision. Car l'État n'est pas, ni au Brésil ni ailleurs, un acteur neutre, libre, totalement rationnel.

3 L'État enjeu

Dans l'appareil d'État lui-même bien des décisions résultent d'arbitrages entre des factions opposées, et il est fréquent, tant est grande la complexité de la machine, que des mesures contradictoires soient prises par des agences ou des échelons de pouvoir mal coordonnés. En outre, tout autour de l'État se mènent des négociations et des tractations, se nouent des alliances et des pactes de non-agression, dont l'enjeu est tantôt un gros contrat public (route ou barrage, contrat d'armement ou d'équipement), tantôt des subventions, des exemptions, des incitations fiscales. Leaders régionaux, industriels brésiliens et étrangers, politiciens, militaires et technocrates se croisent dans les antichambres, les salles de réunion et les couloirs de Brasília, ou dans les luxueuses villas de Rio, les fazendas bien aménagées où les hôtes de marque sont amenés en avion privé. Plus qu'à des heurts entre l'État et les oligarchies traditionnelles (ce que l'on a observé dans bien des pays d'Amérique latine), on assiste au Brésil à de subtiles compositions d'intérêts entre telle ou telle fraction de l'appareil d'État et tel ou tel groupe d'intérêt privé, voire tel ou tel groupe de pression des classes moyennes.

Il y a là un vaste champ d'études pour qui s'intéresse aux mécanismes de la prise de décision, d'autant plus remarquable que le cercle à observer est étroit : de 1964 à 1985 les moyens d'expression de la majeure partie du pays étaient des plus réduits, les responsables peu nombreux et bien identifiables, les alliances et les interpénétrations d'intérêts pouvaient être repérées sans trop de difficultés. La redémocratisation a bien sûr introduit dans le jeu de nouveaux partenaires qui en étaient absents (syndicats, partis politiques), et l'a singulièrement compliqué. Mais ici le chercheur renonce de bon cœur à son confort professionnel.

4 L'État et le territoire

Dans ce domaine le champ ouvert à l'action de l'État est presque sans limites, à la fois parce que tout le monde reconnaît que c'est là l'une de ses prérogatives (et que lui seul peut en assumer les dépenses, quitte à ce qu'on lui souffle quelle route doit être ouverte en priorité) et parce que la taille même du pays lui confère des possibilités et des charges immenses. Le Brésil présente en effet le cas presque unique d'un État doté des moyens de modeler réellement un espace immense et encore ouvert. En dehors de la Russie et des États-Unis, qui sont un peu dans la même situation (ce n'est pas un rapprochement déplaisant pour les dirigeants brésiliens), les autres grands pays de la planète sont handicapés par la faiblesse de leur appareil d'État (l'Argentine, le Soudan), par la surabondance de leur population (la Chine, l'Inde) ou sa faiblesse (le Canada, l'Australie).

Il existe de surcroît au Brésil une véritable vision spatiale, née en grande partie de l'école de pensée géopolitique, celle des militaires qui ont contrôlé le pays pendant les années décisives du décollage. Les ouvrages des généraux (Golbery do Couto e Silva, Meira Mattos, etc.) ont eu d'autant plus d'influence que certains, le premier nommé surtout, ont un rôle important dans les coulisses du pouvoir, et ont exercé une influence forte par les cours donnés à l'École supérieure de guerre (surnommée « La Sorbonne ») devant des groupes sélectionnés de futurs décideurs, militaires et civils : les opérations amazoniennes des années 1970 sont nées de ces soucis et des contacts pris sur ces bancs.

Cette époque amazonienne illustre également un autre aspect de la politique d'aménagement qui a prévalu au Brésil depuis plus de trente ans : la tendance à procéder par grandes opérations, que l'opposition et l'opinion ont pris l'habitude de qualifier de « pharaoniques ». Le premier grand exemple en est la construction de Brasília, sous le gouvernement civil de Juscelino Kubitschek, mais cette politique a été reprise et amplifiée sous le gouvernement militaire, qui y trouvait l'occasion de déployer sa propagande nationaliste, de tenter de mobiliser le pays au service de grands projets dignes du *Brasil Grande*, de la route Transamazonienne au barrage d'Itaipu. Sans doute les militaires n'ont fait là que suivre une vieille tradition nationale, celle des réalisations entreprises surtout *para inglês ver*, pour impressionner les étrangers, l'expression datant de l'époque où la puissance dominante à qui il fallait faire impression — et jeter un peu de poudre aux yeux — était la Grande-Bretagne. Et il a bien fallu convaincre les étrangers, car il a été fait largement appel à leurs ressources pour financer des chantiers géants, d'autant que les budgets initiaux ont été généralement très largement dépassés : Itaipú, inauguré en octobre 1984, a coûté 15,3 milliards de dollars au lieu des 2,5 milliards prévus en 1974 et des 11 encore envisagés en 1982.

Fournis par les banques étrangères, publiques et privées, ces milliards ont permis de grosses commandes aux sociétés de biens d'équipements (généralement étrangères) et de travaux publics (brésiliennes), fait travailler des bureaux d'études, valorisé des terres, déplacé à travers le pays une foule de *barrageiros*, les ouvriers itinérants allant d'un grand chantier à l'autre, avec le cortège de commerçants, des profiteurs et des prostituées qui les accompagnent toujours.

Bel exemple des effets spatiaux, économiques et sociaux d'une décision de l'État, ces grandes opérations, considérées comme de « gros coups » ne sont pas tout l'aménagement du territoire. Celui-ci a au Brésil une histoire déjà longue, qui a vu se succéder des actions sectorielles (notamment la lutte contre la sécheresse) (chap. 6 et travaux de Bernard Bret), la création d'agences régionales (dont la Sudene, mêmes références) et la création de grands pôles (sur cette évolution voir l'article cité ci-dessous).

Un changement profond de la politique d'aménagement du territoire a donc eu lieu, avec la dispersion de l'action de l'État entre des actions et des régions de plus en plus nombreuses. Dans cette action multiforme la part destinée à corriger les inégalités régionales n'est plus la plus importante, puisque la politique du crédit, en particulier du crédit au logement, la dépasse désormais de beaucoup en ampleur, et n'est que partiellement destinée aux régions périphériques. Pour la part qui peut être distribuée régionalement, trois priorités apparaissent nettement : opérations ponctuelles et limitées dans le Sud et le Sudeste, soutien à la conquête pionnière du Nord et du Centre-Ouest (avec par exemple l'énorme programme Polonoroeste, appuyé par la Banque mondiale), et lutte contre les conséquences des calamités naturelles (comme les périodes de sécheresse dans le Nordeste, qui reviennent et reviendront encore). L'action de l'État vise donc à réduire les effets les plus dangereux des oppositions régionales plus qu'à tenter de les corriger, et s'efforce d'éviter les catastrophes et les explosions là où elles menacent.

D'ardente obligation, l'aménagement du territoire est devenu, comme les autres domaines de l'action de l'État, un champ d'action où agissent bien des influences, s'expriment bien des groupes de pression. Si l'étude des impacts de ces décisions, le remodelage de l'espace brésilien, est évidemment passionnant pour des géographes, ils doivent se rappeler qu'ils ne saisissent là que l'aval de processus complexes amorcés en amont, pour l'analyse desquels ils ont besoin des travaux ou de la collaboration des autres sciences sociales.

BIBLIOGRAPHIE

BRET (B.) et THÉRY (H.), « Bilan de l'aménagement du territoire après vingt ans de régime militaire », *Problèmes d'Amérique latine,* n° 78, p. 115-135, 1985.

SACHS (C.), « Les politiques du logement et de la gestion urbaine », *Problèmes d'Amérique* latine, n° 75, p. 97-120, 1985.

THÉRY (H.), « Le cacao au Brésil : le marché mondial, l'État fédéral et les pouvoirs locaux », in *Géographie et écologie des milieux tropicaux,* Travaux et Mémoires du Ceget, n° 61, Bordeaux, 1988, p. 263-270.

Deuxième partie

La Suisse, le Pakistan et le Far West

On dit parfois du Brésil, pour illustrer de façon frappante ses disparités régionales, qu'il évoque « une Suisse dans un Pakistan ». Il y aurait à redire sur le choix des pays, car si le Pakistan n'illustre pas trop mal le degré de développement des régions pauvres, le style de croissance du Sudeste évoque assez peu celui de la Confédération helvétique : peut-être le nom créé par Edmar Bacha, *Belindia*, formé en associant les noms de la Belgique et de l'Inde, serait-il plus approprié.

Que l'on choisisse l'une ou l'autre, l'image me paraît assez forte pour introduire aux contrastes et aux blocages qui caractérisent la géographie régionale du Brésil. Il faut toutefois la compléter en ajoutant un troisième terme à l'expression, le Far West, pour évoquer les régions pionnières où progresse la « frontière », avec son cortège d'actes héroïques et violents.

Chapitre 4

Combien de Brésils?[1]

DIRE qu'il y a plusieurs Brésils est devenu une banalité, la question qui se pose est de savoir combien, pourquoi, et comment évolue la situation.

La constatation de profondes inégalités entre les différentes régions du Brésil que l'on peut appuyer sur des données chiffrées, est la base de la réflexion. On peut essayer de trouver des explications historiques, en discernant plusieurs phases qui voient les différences apparaître et se creuser. L'interprétation de leur évolution dépend de celle que l'on donne des rapports entre les forces vives des principales régions.

La division régionale à retenir dépendra donc à la fois des critères choisis et de la perspective adoptée : on peut affiner la mesure des indicateurs et des tracés, ou insister sur les processus qui transforment les grands ensembles territoriaux, dont l'action de l'État n'est pas la moindre.

1 LES DISPARITÉS

Les tableaux 12 et 13 quantifient l'impression que l'on ne peut manquer d'avoir en découvrant les contrastes évidents entre les régions brésiliennes : alors que le centre de São Paulo évoque Manhattan, le Piauí et l'Amazonas rappellent plutôt le Mali ou le Zaïre. On a dit du Brésil qu'il était un des rares pays au monde à posséder ses colonies à l'intérieur de ses frontières, l'autre cas comparable était l'ancienne URSS, qui les a maintenant perdues. L'image ne rend compte que d'une partie des contrastes, mais il est vrai que les niveaux de développement, à l'intérieur du pays, sont très différents.

Si l'on considère le partage de l'activité économique, évoquée à travers quelques indicateurs simples (tableau 12), on constate qu'une région, le Sudeste, se taille une place très supérieure à ce qu'ils représentent dans la population. Le Sud tient honorablement sa part, le Nord et le Centre-Ouest ont un poids démographique limité et le Nordeste nettement comme la région sous-développée.

Cette impression se confirme quand on examine les indicateurs socio-économiques rapportés à la moyenne brésilienne (tableau 13). Le Sudeste y est moins

1 Graphie (*Brésils*) choisie par l'auteur.

Tableau 12 Indicateurs économiques

Les masses *millions d'habitants ou de reais*	**Population**	**PIB agricole**	**PIB industriel**	**PIB services**
Rondônia	1	230	316	1 002
Acre	0,5	166	138	335
Amazonas	2	604	2 021	1 743
Roraima	0,2	56	72	208
Pará	6	2 038	2 327	2 852
Amapá	0,4	60	181	266
Tocantins	1	385	24	245
Maranhão	5	1 151	837	1 727
Piauí	3	330	326	887
Ceará	7	1 096	1 482	3 487
Rio Grande do Norte	3	556	1 229	1 306
Paraíba	3	636	435	1 443
Pernambuco	7	1 515	1 913	5 270
Alagoas	3	793	491	1 249
Sergipe	2	362	798	914
Bahia	13	3 495	5 519	7 421
Minas Gerais	17	6 347	11 098	10 585
Espírito Santo	3	1 036	1 651	2 692
Rio de Janeiro	13	854	10 308	29 791
São Paulo	34	8 436	45 557	63 198
Paraná	9	4 075	9 571	9 568
Santa Catarina	5	1 784	4 371	9 947
Rio Grande do Sul	10	4 130	7 436	13 288
Mato Grosso do Sul	2	1 202	1 140	2 014
Mato Grosso	2	604	1 340	2 027
Goiás	5	1 459	2 058	3 957
Distrito Federal	2	34	767	9 809
Brésil	157	43 436	113 405	187 232

dominant — le Sud y apparaît comme une région souvent mieux dotée — mais le Nordeste présente davantage encore, dans la plupart des domaines, des indices révélateurs de son sous-développement. Il partage cette situation avec Nord et Centre-Ouest, mais s'en différencie en ce que ces dernières régions attirent des migrants alors que lui au contraire perd de sa population : sous-développés, sous-équipés, ces États du Nordeste sont la « région problème » du Brésil. Ce sont les États les plus pauvres du pays, et parmi ceux où les contrastes sociaux sont les plus forts : les différences entre régions s'y doublent plus qu'ailleurs des disparités de revenu entre les individus et les classes sociales.

2 INTERPRÉTATION ET ÉVOLUTION DES CONTRASTES

Le poids de l'histoire est évidemment la première clé : occupées et structurées en fonction d'activités économiques diverses, en plusieurs « cycles » distincts, les régions brésiliennes ont longtemps été organisées en bassins d'exportation presque autonomes. Les disparités qui existent entre elles reflètent donc largement l'inégale réussite de leur histoire économique particulière : alors que le Nordeste n'a jamais

Tableau 13 Indicateurs socio-économiques

La répartition *en % du total national*	**Nord**	**Nordeste**	**Sudeste**	**Sud**	**Centre-Ouest**
Superficie	45	18	11	7	19
Population 1996	7	28	43	15	7
Entreprises	3	13	54	24	6
Entreprises >1000 employés	4	19	55	15	7
PIB total	4	14	56	19	8
Établissements agricoles	8	48	18	21	5
Superficie des établissements agricoles	12	23	19	13	32
PIB agricole	8	23	38	23	8
Personnel employé dans l'agriculture	10	46	19	19	6
Recettes de l'agriculture	4	14	36	30	16
Entreprises industrielles	2	10	55	28	6
PIB industriel	4	11	61	19	5
Entreprises financières	2	11	58	23	6
PIB des services	3	13	57	18	10

vraiment pu se remettre du déclin des plantations de canne à sucre, le Sudeste a bénéficié, après le cycle du café, de l'essentiel du développement industriel (chap. 2).

Avec ce dernier toutefois l'histoire économique brésilienne a changé de rythme. Aux cycles successifs se substitue la constitution d'une économie nationale nouvelle, dont les bases modernes sont toutes situées dans une seule région, le Sudeste, et plus particulièrement sur l'axe Rio-São Paulo. Le grand contraste qui apparaît alors oppose donc un centre et une périphérie, le cœur développé et le reste du pays.

Les relations entre le centre et la périphérie tendent partout, on le sait, à se perpétuer et à s'aggraver : le centre bénéficie de la plupart des investissements, qui y trouvent une meilleure rentabilité grâce à la qualité des infrastructures et à la qualification de la main-d'œuvre, à la concentration des fournisseurs et des clients. Se développant plus vite, il réclame et obtient plus d'attention des pouvoirs publics, attire les éléments les plus dynamiques des autres régions, leurs capitaux et leurs ressources en tout genre.

Il s'instaure donc une série de mécanismes auto-entretenus, au bénéfice du centre, en l'occurrence de la région Sudeste, et au détriment de la périphérie. Les conséquences géographiques de ces mécanismes économiques sont très importantes : les disparités de niveau de développement se maintiennent (avec tous leurs effets sur la démographie, les formes des activités rurales et urbaines), et l'on assiste à une intégration nationale qui, au lieu de provoquer une diminution des déséquilibres, les fige ou les renforce.

Car parallèlement à l'expansion d'une économie réellement nationale, et non plus à base régionale, l'horizon géographique des acteurs économiques est devenu l'ensemble du territoire. Les nouveaux moyens techniques des transports (construction de routes et de véhicules), des télécommunications (téléphone, fax, Internet), la nouvelle intervention de l'État dans le domaine économique (infrastructures, politique agricole et industrielle) ont permis de drainer les ressources, d'organiser les flux, de viser les marchés de tout le pays : le cycle des croissances régionales successives s'est clos et la domination du Sudeste ne sera pas remise en question.

Le contraste régional majeur est donc désormais entre le Sudeste et le reste du pays. Toute politique d'aménagement du territoire devrait avoir pour objectif de corriger les effets pervers de ce déséquilibre, et tout découpage régional doit, avant tout, prendre en compte cette opposition.

3 LES RÉGIONS

On peut envisager toutes sortes de critères pour tenter de construire une division régionale du Brésil. L'Institut brésilien de géographie et de statistique (IBGE) a élaboré la notion de « micro-région géographique ». Il en distingue 558, regroupant un nombre variable de *municipios*, l'équivalent brésilien de la commune. Satisfaisante pour des analyses statistiques fines (mais pas toujours sur le terrain, car les limites naturelles coïncident rarement avec le maillage communal), cette division ne l'est pas pour notre propos. Les 27 États offrent un cadre administratif commode et sont des réalités vécues : leur autonomie relative et les politiques parfois divergentes des gouvernements ont donné de plus en plus de réalité aux frontières, souvent arbitraires, qui les séparent.

Mais pour rendre compte de l'existence des grands ensembles, naturels, économiques, sociaux, dont est faite la réalité brésilienne, il faut procéder à des regroupements, et c'est là qu'est la difficulté. Une première façon d'opérer, la plus rigoureuse sans doute, est de chercher des groupements statistiques significatifs.

Une analyse factorielle (fig. 31), fondée sur une série d'indicateurs de développement, donne une première indication. Sur l'axe vertical (correspondant sensiblement aux niveaux de développement, les États les plus développés étant situés en bas). São Paulo (SP), Rio de Janeiro (RJ) et le District fédéral de Brasília sont en tête, suivis par les trois États du Sud. Le Minas Gerais (MG) et l'Espírito Santo viennent ensuite, loin devant les États du Nordeste et d'Amazonie. Les variables qui structurent cet axe (qui explique à lui seul 51 % de la variance) sont du « bon » côté les variables économiques, le poids des entreprises, industrielles (à São Paulo surtout) ou de services (Rio de Janeiro), les études longues, la qualité des services urbains. Du « mauvais » côté, l'analphabétisme et les études courtes, la mortalité infantile, les logements surpeuplés. Le second axe (18 % de la variance) déforme le nuage des points figurant les États et le transforme en fer à cheval en « tirant » à gauche les États qui ont une forte proportion de migrants et un taux de masculinité élevé. Il permet de distinguer du Nordeste l'Amazonie et le Centre-Ouest, qui attirent des immigrants. L'un et l'autre sont pourtant ensemble du « mauvais côté » de l'axe qui oppose sans équivoque un Brésil développé du Sudeste et du Sud au Brésil pauvre du Nord et Nordeste.

L'habitude est de regrouper les États et Territoires brésiliens en cinq « régions standard » (fig. 32), Nord, Nord-Est (généralement écrit à la brésilienne, Nordeste), Sud-Est (Sudeste), Sud et Centre-Ouest. Cette division administrative et habituelle correspond assez bien aux grandes masses que l'on veut faire ressortir, mais respecte mal les marges et les transitions, surtout entre Nord et

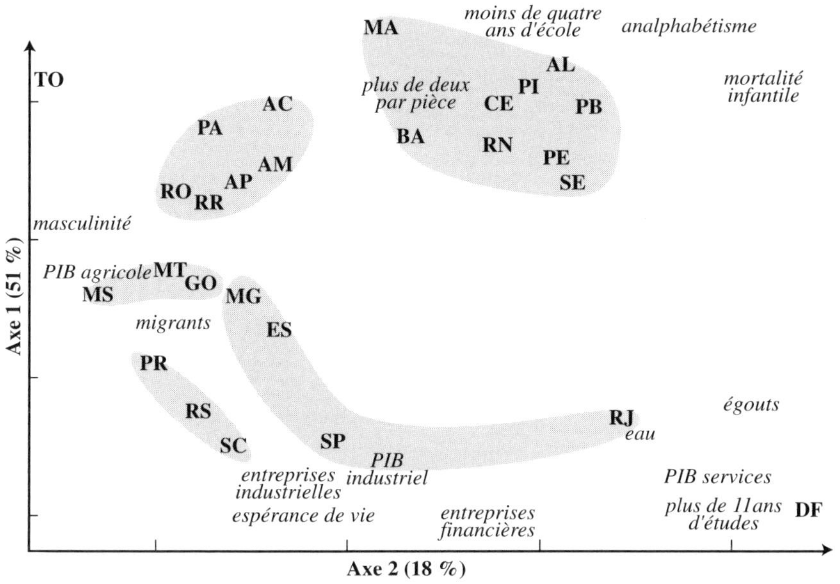

Figure 31 Indicateurs de développement

Nordeste : la meilleure preuve en est que les grandes agences de développement ont été délimitées sans qu'il en soit tenu compte. L'« Amazonie légale » de la Sudam déborde sur le Mato Grosso, le Tocantins et le Maranhão, et la Sudene a autorité sur la partie du polygone de la sécheresse comprise dans le Minas Gerais.

Il est alors tentant de tracer une carte *ad hoc*, en fonction de ce qui apparaît comme l'élément décisif : les zones de développement (fig. 32), les concepts de la géostratégie (fig. 33), la zone d'attraction des grandes villes (fig. 81), les moteurs de la croissance (fig. 86). On pourrait également prendre en compte des découpages plus fins, comme ceux des microrégions et mésorégions, qui

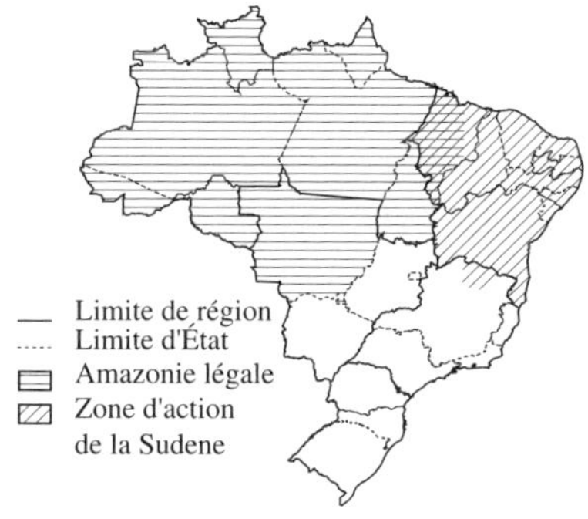

Figure 32 Les régions standard et les zones de développement

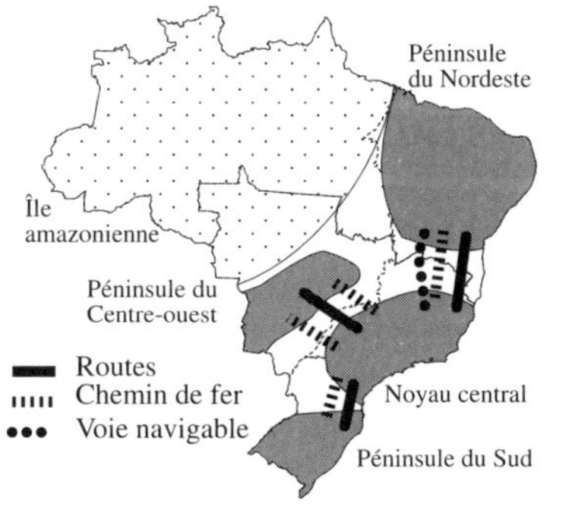

Figure 33 Les régions géopolitiques

visent à regrouper les communes en ensembles homogènes plus petits que les États (fig. 34 et 35) : le dessin de toutes ces mailles est extrêmement instructif pour comprendre la genèse du territoire.

Figure 34 Microrégions et mésorégions

Je choisirai une autre voie pour analyser, dans les chapitres qui suivent, les grands ensembles régionaux : conserver le cadre bien établi des grandes régions, tout en sachant qu'elles sont souvent composites et que bien des phénomènes ne se limitent pas à leurs frontières, et insister non sur les particularités des États mais sur ce qui constitue leur originalité majeure dans l'ensemble brésilien.

De ce point de vue les choses sont relativement simples et il est plutôt aisé de décider de regroupements : au Sud et au Sudeste, cœur du pays économique, dominé par ses grandes villes, s'oppose la région épave, le Nordeste. Le Centre-Ouest et l'Amazonie sont les espaces pionniers, sous-peuplés mais qui ont été peu à peu, depuis quinze ans, intégrés à l'espace national.

Figure 35 *Municipios* et États

Dossier

Une modélisation de l'espace brésilien

Une autre voie peut être suivie pour tenter de rendre compte de façon détaillée des disparités régionales du Brésil. Utilisant une méthode de modélisation graphique (*cf.* bibliographie, p. 101) on peut en effet les analyser en combinant entre elles un petit nombre de structures élémentaires, représentées par des modèles graphiques simples. Partant des structures les plus simples et les plus générales, comme les effets de la latitude et de la mise en valeur de type colonial qu'a connus le Brésil, on peut en déduire, en introduisant quelques éléments plus spécifiques, six structures (figure 28) qui, combinées, formeront un modèle théorique du pays. Ces structures expliquent l'essentiel des grandes oppositions qui marquent l'espace brésilien, et leur composition permet de dessiner une nouvelle image du pays.

1 Six structures de base

La première structure est banale : un gradient nord-sud est normal dans un pays qui s'étale sur 38 degrés de latitude, il suffit de faire intervenir la présence de l'anticyclone de Sainte-Hélène pour rendre compte de l'anomalie climatique du Nordeste et du rebroussement vers le nord des limites sur la façade atlantique. Il faut toutefois noter que des oppositions sociales de même sens apparaissent, entre le Nord pauvre — Amazonie et Nordeste — et le Sud plus développé, qui n'ont pas de rapport direct de cause à effet avec le gradient climatique.

Le Nordeste se distingue pourtant dans cet ensemble : son originalité (bien souvent négative, marquée par des indicateurs de déficits et de pauvreté), ainsi que le fait qu'il soit depuis plus d'un siècle la région problème du Brésil, justifient que l'on en fasse un cas particulier. Cette situation particulière se déduit de sa situation d'ancien centre, marginalisé par la migration vers le sud du centre de gravité du pays. De là découle aussi la structure en archipel, une des figures fortes de l'espace brésilien : elle s'est mise en place, on l'a dit, bien avant que l'intégration nationale ne relie les « îles » entre elles. En dérive également une autre structure classique, celle qui oppose le centre et sa périphérie, une des plus fréquentes dans le monde. Elle prend au Brésil des allures de caricature, tant elle est omniprésente. Tout au plus peut-on distinguer, autour du centre, quelques relais et une marge plus développée que la périphérie extérieure.

Le clivage qui oppose le littoral à l'intérieur est lui aussi un héritage historique. Colonisé par des immigrants venus d'Europe et par leurs esclaves africains, le pays a été occupé d'est en ouest et la diffusion du peuplement, des activités économiques et des réseaux en tout genre est très incomplète. Cette situation est à l'origine de la dernière structure, moins banale, qui ne se retrouve qu'au Brésil et dans quelques rares pays encore dotés d'un espace agricole ouvert : c'est celle du front pionnier, comparable, *mutatis mutandis*, à ceux qui progressent encore en Malaisie et en Indonésie. Sa représentation graphique associe l'auréole de transformation, trace du processus de mise en valeur agricole (en arrière du front de spéculation), et les flèches indiquant les axes majeurs de la poussée pionnière.

Pour passer de ces modèles théoriques à une carte du Brésil il suffit ensuite d'introduire les contingences liées à la forme du territoire, au tracé des frontières. On remarquera que le passage de la structure théorique au modèle adapté se fait la plupart du temps par des transformations géométriques simples (archipel, centre/périphérie). Quand ce n'est pas le cas, il suffit de simples ajustements,

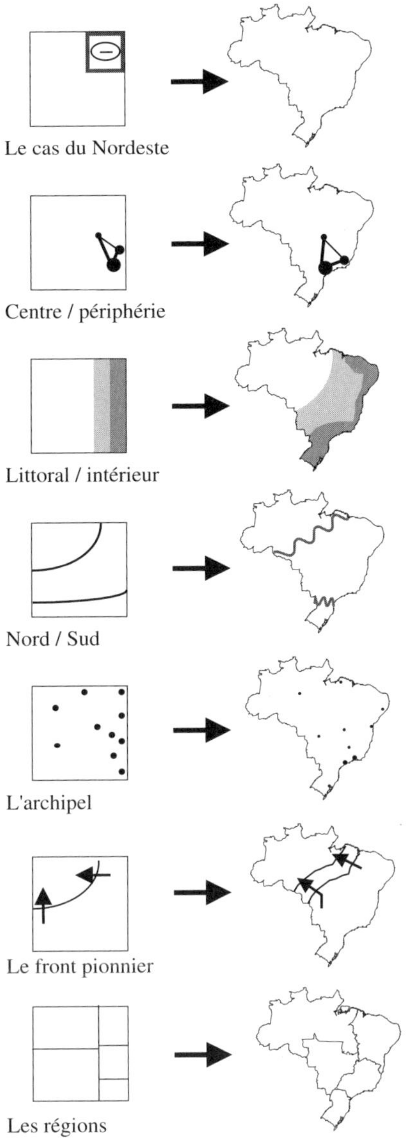

Figure 36 Six structures élémentaires

comme pour les limites zonales, moins rigides dans la réalité que ne le dit le modèle théorique, ou pour le contraste littoral/intérieur, où la présence de la forêt amazonienne interrompt le peuplement côtier.

Sur cette base, il devient possible de proposer une nouvelle régionalisation du Brésil, qui tienne compte des structures profondes du territoire et de sa dynamique.

2 Combiner les structures

Par la composition des modèles graphiques élémentaires, et des cinq grandes régions, on peut construire un modèle général du Brésil (figure 37), qui montre

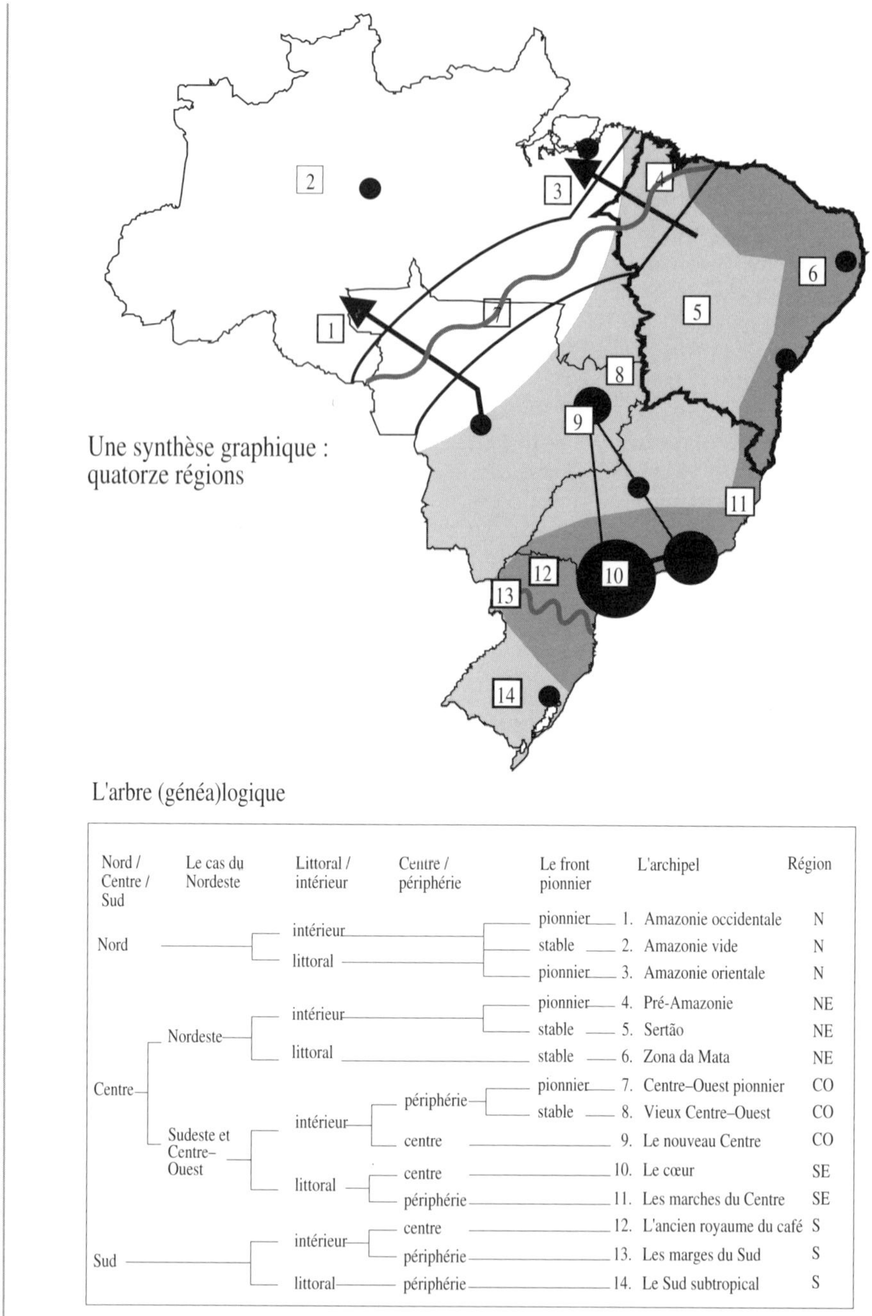

Figure 37 Une synthèse graphique

les interférences des éléments distingués pour les besoins de l'analyse et permet de distinguer quatorze nouveaux ensembles. Ils sont désignés par le même nombre sur la carte et sur l'arbre, qui doivent être lus simultanément. Mais la seule combinaison graphique révèle déjà des coïncidences, des oppositions et des recoupements très éclairants.

Parmi les premières, la place à part du Nordeste, à la fois région et structure, va de soi, mais on constate que l'opposition littoral/intérieur et la présence du front pionnier dans la partie nord rendent compte de la distinction bien connue entre littoral sucrier (6), sertão semi-aride (5) et pré-Amazonie (4). Il y a certainement plusieurs Nordestes comme il y a plusieurs Brésils, et il importe de les distinguer car leurs atouts et leurs handicaps ne sont pas les mêmes.

De la même façon la non-coïncidence du Sudeste et du Centre permet de faire apparaître, dans le Sudeste, les marges du Centre (11 et 12), dont seule celle du Sud (12) a gardé un grand dynamisme agricole après l'apogée du café, et leur extension vers le nord-ouest (9), liée à la fondation de Brasília. Cette fois c'est la cohérence de cette région qui est en cause, elle est de fait très disparate, l'Espirito Santo n'étant évidemment pas de même nature que São Paulo.

Un exemple d'opposition bien mis en valeur par ce schéma est enfin celui des fronts pionniers du Nord-Ouest et du Nord-Est : tous deux abordent les marges du Nord, mais le premier progresse dans des espaces à peu près vides, il est bien relié au centre et polarisé par Cuiabá et Campo Grande, alors que le second est situé dans des zones plus peuplées, plus complexes, au contact du Nordeste. Cette situation différente aide à comprendre leur inégal succès.

3 L'arbre (généa)logique

Le bas de la figure 37 résulte elle aussi de la composition des structures qui ont été retenues pour construire le modèle graphique. Il s'agit cette fois d'une organisation logique qui rend compte, pas à pas, de la composition des structures élémentaires de l'espace brésilien.

Partant de la situation la plus générale, celle du modèle zonal ou nord-centre-sud, on subdivise successivement chacun des sous-ensembles en fonction des autres clivages. Celui qui oppose littoral et intérieur est partout valide, mais il arrive que certains cas de figure n'aient pas de raison d'être : le Nord et le Nordeste sont entièrement « périphériques », et seuls Sudeste, Sud et Centre-Ouest appartiennent en partie au « centre ». L'opposition pionnier/stable concerne le Nord, le Nordeste et le Centre-Ouest, mais n'affecte pas Sud et Sudeste. Tous les cas imaginables ne sont donc pas réalisés, ce qui explique que l'on ait en définitive quatorze régions, au lieu des 48 combinaisons possibles.

Ces quatorze régions sont précisément celles qui apparaissent sur le modèle graphique, on peut donc les nommer, on peut en préciser l'appartenance régionale. Pour chacune de ces régions il est alors facile, en suivant les branches de l'arbre, de reconstituer sa genèse et de lui donner ses principaux attributs : la région 4 est par exemple la partie pionnière du Nordeste intérieur, c'est la pré-Amazonie polarisée par la ville pionnière d'Imperatriz, dans le Maranhão.

Mais si la figure confirme des évidences, elle fait aussi apparaître des situations moins connues : les marges du Sud (région 13), subtropicales et peu peuplées, étaient un angle mort doublement périphérique (par rapport au reste du pays et au Sud subtropical) jusqu'à la construction de la centrale d'Itaipú. C'est aujourd'hui un des endroits où la poussée pionnière brésilienne est la plus forte, elle se poursuit même en territoire paraguayen, et le modèle rend compte de la situation stratégique de ce recoin du territoire, un de ceux que les géopoliticiens brésiliens jugeaient importants, car ses atouts naturels manquaient d'une occupation humaine dense pour être mis en valeur.

4 Cinq Brésils

À partir de cette analyse, il devient possible de définir des ensembles proches des grandes régions, remaniées de façon à leur donner une unité qu'elles n'ont pas réellement (fig. 38). La logique d'organisation qui sous-tend ce découpage est de partir de l'ancien centre, le Nordeste, devenu région problème, avant d'aborder le centre actuel. De ce centre, lui-même organisé autour d'un noyau central, on passe par auréoles successives à ses périphéries les plus intégrées, les marges les plus proches, puis aux plus lointaines et les plus mouvantes, les marches, et enfin aux franges pionnières qui intègrent progressivement les espaces les plus lointains.

L'*ancien centre* correspond pour l'essentiel au Nordeste, moins sa partie pré-amazonienne et pionnière, mais auquel s'adjoint le nord du Minas Gerais, d'ailleurs inclus dans le « polygone des sécheresses » et le périmètre d'intervention de la Sudene.

Le *centre* correspond au Sudeste, moins l'Espirito Santo et le nord-est du Minas Gerais, qui n'ont pas du tout le même niveau de développement. Et il faut distinguer à l'intérieur de ce centre les axes Brasília-Belo Horizonte-Rio de Janeiro, Brasília-São Paulo et surtout Rio de Janeiro-São Paulo qui forment un « centre du centre ».

Les *marges* forment deux ensembles distincts, les parties du Sudeste qui n'appartiennent pas réellement au centre, et la région Sud, qui est à la fois proche et distincte de lui. Les *marches*, au sens historique du terme, sont les régions déjà conquises depuis quelques décennies, mais encore mal consolidées, et qui sont nettement dans la mouvance du centre. Elles comprennent, outre le nord-ouest

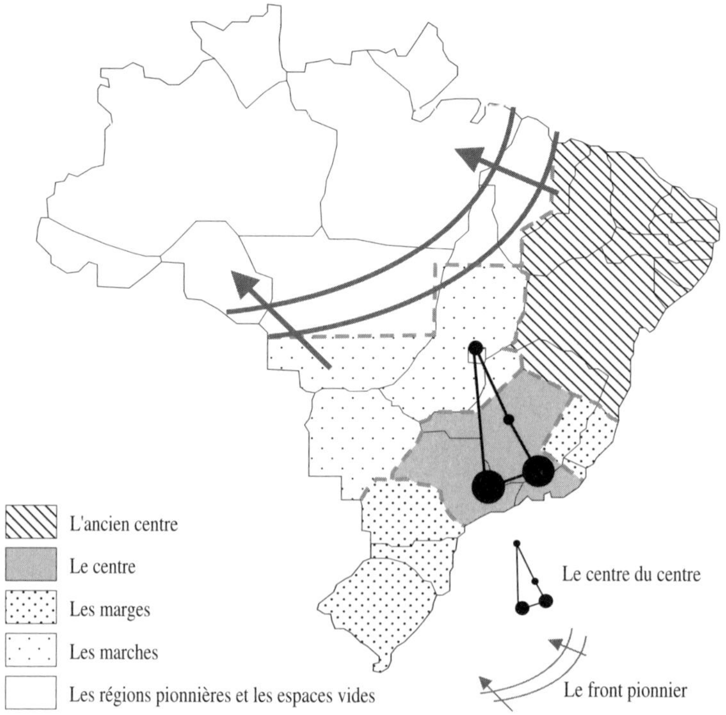

Figure 38 Les cinq Brésils

du Minas Gerais la partie la plus développée du Centro-Oeste, jusqu'à la limite de ce que le Brésiliens appellent « L'Amazonie légale ».

Les *régions pionnières*, enfin, sont celles qui sont actuellement parcourues par les fronts pionniers, et celles qui ne sont pas encore atteintes par ce mouvement, qui n'est ni linéaire ni continu : elles sont la réserve d'espace qui est l'une des originalités majeures du Brésil.

BIBLIOGRAPHIE

BRUNET (R.), « La composition des modèles dans l'analyse spatiale », *L'espace géographique*, n° 4, 1980, p. 253-265.

BRUNET (R.), *La carte, mode d'emploi*, Paris, Fayard/Reclus, 1987.

Divers auteurs, *Chorèmes et modèles*, numéro spécial, *Mappemonde*, n° 4, 1986.

FERRAS (R.), *Atlas d'Espagne*, Paris, Fayard/Reclus, 1986.

THÉRY (H.), *Brésil, un atlas chorématique*, Paris, Fayard/Reclus, 1986.

THÉRY (H.), « Modélisation graphique et analyse régionale. Une méthode et un exemple », *Cahiers de géographie du Québec*, vol. 32, n° 86, p. 135-150.

Chapitre 5

La région cœur, Sudeste et Sud

LE SUDESTE ET LE SUD sont la région cœur du Brésil, son *heartland :* sur un peu moins de 18 % de sa superficie sont concentrés 58 % de sa population, 61 % de son PIB agricole, 80 % de son PIB industriel. L'essentiel des pouvoirs de gestion et de commandement est partagé entre les métropoles qui se répartissent les fonctions de capitale, toutes situées dans ce que les Brésiliens appellent génériquement *o Sul*, le Sud (voire, non sans ironie, « *Sul maravilha* », le « sud merveille »), par opposition au Nord et au Nordeste (fig. 39 et 40).

Comment expliquer cette hégémonie? On peut essayer de reconstituer des étapes, de montrer les enchaînements : de l'agriculture à l'industrie, puis à tous les domaines de l'influence économique et territoriale. Chemin faisant on sera amené à resserrer le cadrage, à s'intéresser à des régions de plus en plus petites, et en progressant vers le cœur du cœur on ne retiendra que ce qui est le plus central, le plus dynamique, le plus puissant.

Le thème des inégalités spatiales, qui traduisent des inégalités économiques et sociales profondes, peut donc servir de fil conducteur même à l'intérieur de la région, jusqu'au cœur des grandes métropoles, et la géographie régionale confirme les hypothèses émises au vu des données nationales.

1 LE CŒUR AGRICOLE

Si, vu du Nord ou du Nordeste, le « Sud » est un bloc, on doit différencier non seulement le Sudeste du Sud — ce dernier s'opposant au reste du Brésil à la fois par son climat, par son histoire, par la composition de sa population et par le type de société mis en place — mais aussi distinguer, à l'intérieur de ces régions, les marges traditionnelles et les régions dynamiques, où l'agriculture, plus attentive aux sollicitations du marché global, change rapidement. C'est là que les liens avec les industries, en amont et en aval, sont les plus forts, là que se trouve la partie la plus innovatrice et la plus rentable de l'agriculture brésilienne.

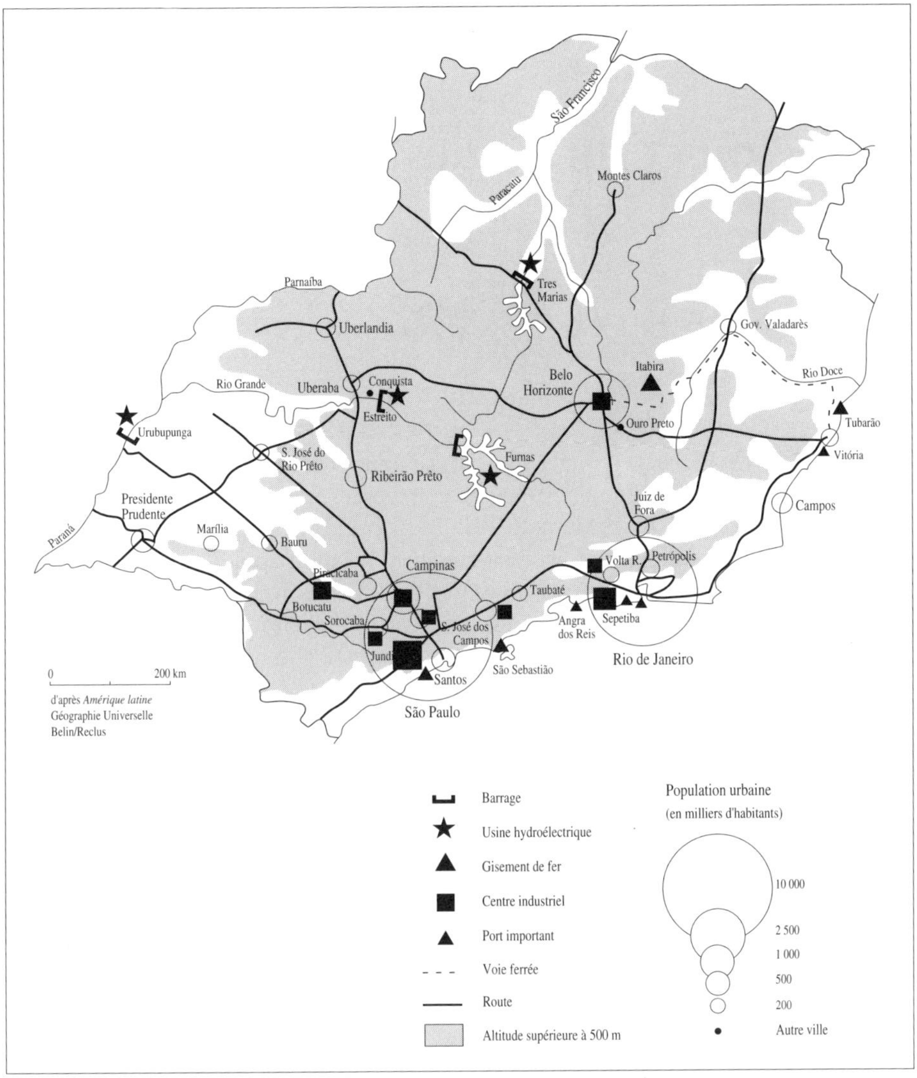

Figure 39 Sudeste

1.1 Le Sud, originalité, tradition et renouveau

Le Sud — les trois États du Paraná, du Santa Catarina et du Rio Grande do Sul — constitue au Brésil un ensemble original : son climat subtropical lui permet des cultures inconnues dans le reste du pays (orge, seigle, olives, lin, pêches) et lui en interdit d'autres (café, cacao, cajou); la colonisation européenne du 19e siècle y a fait apparaître une société qui tranche sur celle du reste du pays, plus diverse, plus égalitaire, qui jouit d'un meilleur niveau de vie que le Nord et le Nordeste, et d'une qualité de la vie souvent supérieure à celle du Sudeste (tableau 14). C'est aussi la seule région du Brésil qui soit réellement frontalière, non seulement parce que les frontières avec l'Uruguay, le Paraguay et l'Argentine sont les seules qui

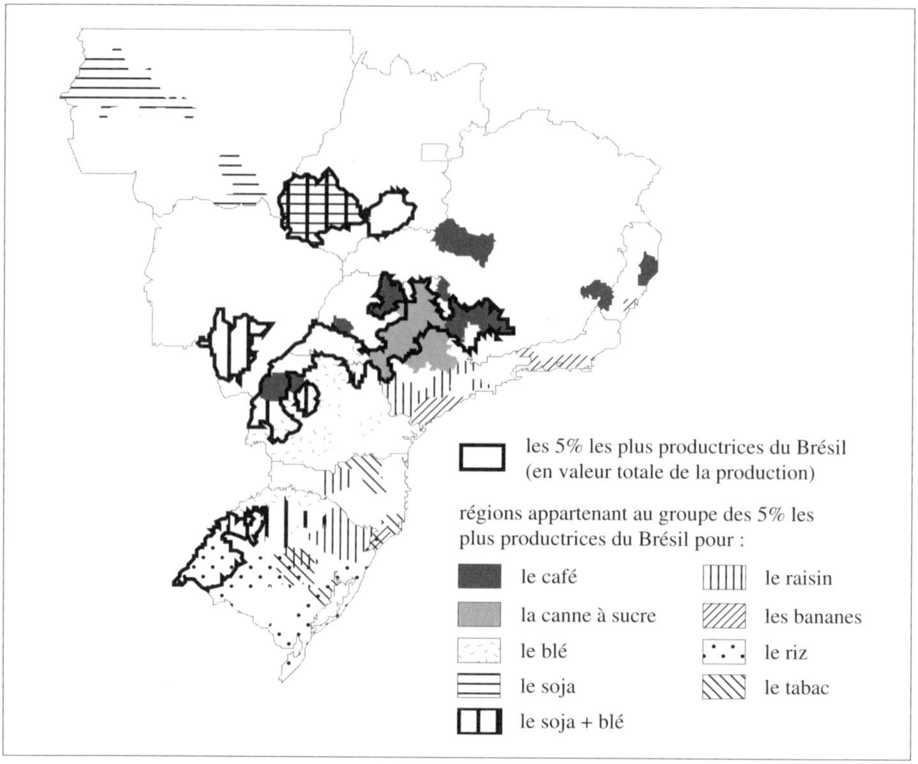

Figure 40 Agriculture du Sud-Sudeste

Photo 7 Balneário de Camboriú
Les plages du Santa Catarina attirent non seulement les habitants de cet État, mais aussi ceux des États du Paraná et du Rio Grande do Sul, ainsi que de nombreux touristes argentins. Cette demande a provoqué un essor immobilier qui a donné à cette station touristique une allure urbaine, et un front de mer très bétonné (cliché H. Théry).

Tableau 14 Situation du Sudeste et du Sud

	Population 1996 (millions)	PIB agricole %	PIB industriel %	PIB Services %	Enfants au travail % / >14 ans
Minas Gerais	17	15	10	6	10
Espírito Santo	3	2	1	1	10
Rio de Janeiro	13	2	9	16	4
São Paulo	34	19	40	34	7
Paraná	9	9	8	5	12
Santa Catarina	5	4	4	5	11
Rio Grande do Sul	10	10	7	7	9
Brésil	91	100	100	100	9

	Mortalité infantile (/1000 vivants)	Analphabétisme %	Plus de 11 ans d'école %	Approvisionnement en eau %	Raccordés à l'égout %
Minas Gerais	35	18	6	68	30
Espírito Santo	35	17	6	85	63
Rio de Janeiro	31	9	12	91	70
São Paulo	31	10	11	81	45
Paraná	36	14	7	74	31
Santa Catarina	29	9	6	94	73
Rio Grande do Sul	22	10	9	62	40
Brésil	49	19	8	84	59

permettent réellement un contact quotidien et facile avec l'étranger, mais aussi parce que dans cet espace se sont rencontrées les civilisations luso-brésilienne et pampéenne, cette dernière l'emportant dans l'extrême Sud. Et les perspectives d'intégration régionales ouvertes par la création du *Mercosul*, avec l'Argentine, l'Uruguay et le Paraguay, donnent à cette situation une valeur nouvelle.

La notion de contact et de frontière est donc une clé capitale pour comprendre cet espace périphérique, aussi bien à petite échelle — en le considérant comme une transition entre le Brésil et ses voisins — qu'à grande échelle, où l'on peut distinguer plusieurs sous-ensembles : les contacts géomorphologiques s'expriment en une double opposition Est-Ouest, dans le Paraná et le Santa Catarina — opposition qui poursuit celle du Sudeste — et un contraste Nord-Sud dans le Rio Grande do Sul; la transition climatique vers la fraîcheur du Sud est faite d'une infinité de nuances locales, et les variations saisonnières qui apparaissent laissent place à des changements rapides et imprévisibles de la température; il neige de temps à autre sur São Joaquim et ses pommiers ne sont pas à l'abri du gel. Exploitant ces données complexes, la végétation forme une mosaïque du tropical au tempéré, des forêts sempervirentes aux prairies, avec ses ruptures, ses îlots et ses enclaves. Enfin les hasards et les choix de l'histoire ont amené l'implantation des colons par groupes homogènes, ici des Allemands, là des Italiens, plus loin des Slaves, des Hollandais, plus rarement des colonies mixtes.

La réalité régionale est donc diverse et nuancée et justifierait plus qu'ailleurs une étude régionale fine et systématique, impossible ici. Renvoyant aux ouvrages cités en bibliographie (en particulier aux travaux de Raymond Pébayle), je me contenterai, en les suivant, d'opposer les deux milieux ruraux traditionnels, avant de voir comment l'évolution récente en estompe les limites.

Jusqu'aux années 1950, la coupure était franche entre éleveurs des prairies et colons des forêts. Dans les prairies du Sud, annonçant la Pampa, s'était développée une civilisation de l'élevage. Tout, jusqu'au nom donné à ses exploitations — les *estancias* — baigne dans l'aura mythique qui entoure le genre de vie des vachers à cheval, les *gauchos*, rappelle les voisins hispanophones. Dans ce milieu favorable, des éleveurs parfois « boophiles » ont constitué des troupeaux de qualité, sans toujours se protéger suffisamment contre les risques de sécheresse. Peu rentable, cet élevage a souffert des restrictions du crédit, du monopole des grands frigorifiques étrangers, du manque — relatif — de terres qui condamne les formes d'élevage les plus extensives.

Dans les forêts des plateaux, les colons d'origine européenne avaient implanté la polyculture intensive, associant cultures vivrières (d'origine européenne ou locale) et commerciales (tabac, vigne), fondée sur le travail de la famille, mais qui gardait un caractère pionnier, avançant au détriment des forêts de plus en plus réduites. Le degré d'isolement ou d'intégration aux marchés urbains, fonction de la distance et de l'ancienneté d'occupation, introduisait des différences notables, et au contact des deux mondes les fermes des plateaux, exploitant la mosaïque forêts/savanes en associant agriculture itinérante et élevage de clairière, achevaient de composer un tableau plus complexe que les types idéaux de la légende.

Aujourd'hui encore les plateaux restent le domaine de la petite agriculture, avec leurs cultures spécialisées (le Sud produit 99 % du tabac et 100 % des pommes brésiliennes), ses problèmes d'émiettement de la propriété. Les prairies de l'extrême Sud restent un grand domaine d'élevage, qui permettait en 1996 au Rio Grande do Sul de disposer du meilleur élevage bovin du pays (plus de 13 millions de têtes) et de plus de 50 % des moutons (10,6 millions de têtes).

Mais depuis trente ans un triple mouvement de conquête est en cours : l'encouragement de l'État à la culture du blé, du riz puis du soja a renforcé le mouvement spontané lié au gradient démographique entre les colonies de plus en plus surpeuplées et les prairies vides.

Des colonies ont d'abord commencé à conquérir ponctuellement la prairie, en associant agriculture et élevage, transformant ici et là des *estancias* décadentes. Puis le mouvement a pris plus d'ampleur quand les prairies humides des basses vallées et du littoral du Rio Grande do Sul ont été converties en rizières. Des colons et des éleveurs, mais aussi des citadins aisés ont participé à une mise en valeur très mécanisée et technifiée qui a fait du Rio Grande do Sul le premier producteur de riz du pays. Enfin le mouvement a largement mordu sur les prairies naguère consacrées exclusivement à l'élevage, gagnées par la fièvre du blé.

Portée par les prix subventionnés du blé (le seul poste important d'importations alimentaires) sa monoculture spéculative connut bien des déboires : menée sans engrais ni mesures de protection contre l'érosion des sols, elle est allée de crise en crise, toujours dépendante de l'aide financière de l'État. L'équilibre n'a été trouvé que quand sa culture a pu être associée avec celle du soja, ce qui a été fait bien plus dans le Paraná — de loin le premier producteur — que dans le Rio Grande do Sul, où la production a décliné. L'abandon de ces subventions avec la création du Mercosul a conduit au déclin sans doute irrémédiable de cette culture, balayée par la concurrence argentine.

En une génération, la physionomie du Sud a donc considérablement changé. Le mouvement est loin d'être achevé, et continue à modifier tous les jours la carte agricole de la région : l'agriculture et la modernisation de l'élevage progressent dans les prairies, la concentration et la pression démographique dans les vieilles colonies alimentent une émigration vers le Centre-Ouest et l'Amazonie. On y retrouve d'actives colonies de *gauchos* et de *catarinenses,* à la recherche de terres nouvelles, qui y participent au mouvement de conquête parti du Sudeste.

1.2 Le Sudeste, les marges et le creuset

La région administrative Sudeste est constituée par les États de São Paulo, Rio de Janeiro, Minas Gerais et Espirito Santo. En réalité l'Espirito Santo et le nord du Minas Gerais, certaines parties de l'État de Rio de Janeiro, peu peuplées et peu dynamiques, constituent les marges de la région agricole la plus développée du pays. En revanche le nord du Paraná, le sud du Mato Grosso do Sul et du Goiás, conquis naguère par l'avancée pionnière partie de São Paulo et du Minas Gerais, en font partie intégrante. On doit en fait distinguer un Sudeste traditionnel d'un Sudeste moderne.

Le Sudeste traditionnel est le produit d'une série de cycles agricoles avortés, dont les cicatrices juxtaposées marquent le paysage. Les plaines côtières et les basses vallées de l'État de l'Espirito Santo ont eu leur heure de gloire du temps du cycle du sucre, la vallée du Paraiba do Sul a été une des premières régions caféières avant que la vague ne déferle sur les plateaux de São Paulo. Dans les deux cas, le succès d'autres régions et, localement, l'épuisement des sols maltraités, a signifié le déclin des cultures commerciales et le retour à l'agriculture de subsistance et à l'élevage extensif. Tout au plus certaines fazendas ont-elles pu se reconvertir en fazenda-hotel pour accueillir des touristes de Rio et de São Paulo dans les anciennes maisons de maître des barons du sucre. Des obstacles naturels expliquent également la faible occupation agricole de certaines zones : le nord du Minas est de plus en plus sec à mesure qu'on s'approche du polygone de la sécheresse et la Serra do Mar présente des pentes trop fortes pour qu'on puisse les cultiver, elle reste en grande partie couverte de forêts.

La production de ces régions marginales n'est pas négligeable, tant pour les cultures vivrières que pour quelques cultures commerciales (bananes, oranges, sucre, café) mais elle fait pâle figure à côté de celle de la région centrale, le véritable cœur de l'agriculture brésilienne. Centrée sur l'État de São Paulo, celle-ci inclut des parties d'autres États qui en réalité sont des dépendances (nord du Paraná, zone du *triângulo* du Minas Gerais), et son influence s'étend sur les zones récemment conquises, au Nord et à l'Ouest.

Son succès provient de ce qu'ici les « cycles » se sont relayés, enchaînés, et que les agriculteurs y sont restés ouverts aux innovations et aux sollicitations du marché. La base de tout est le café, qui a permis d'accumuler les capitaux, d'attirer des colons — nationaux et étrangers — entreprenants et durs à la tâche, a suscité la construction des chemins de fer et des routes indispensables à l'écoulement de la production. Le déclin du café, son déplacement vers l'Ouest n'ont pas marqué, comme ailleurs, le début de la décadence pour les zones qu'il abandonnait : le coton lui a succédé, puis le sucre, puis d'autres cultures plus diversifiées. La remise en état des sols fatigués par le café, grâce à l'emploi d'engrais, à l'aménagement des pentes, a permis de continuer à utiliser des terres de bonne qualité, et surtout de profiter des infrastructures mises en place, de la proximité du principal foyer d'innovation technique, de la plus importante source de financement et du premier marché consommateur du pays.

Grâce à cette proximité, à cette stimulation, l'agriculture régionale est la plus mécanisée et la plus technifiée du pays : elle utilise beaucoup plus tous les *inputs* modernes (engrais composés, phytosanitaires, semences sélectionnées), tire parti des recherches des centres techniques publics, dont l'attention est d'ailleurs tournée pour l'essentiel vers elle et les produits qu'elle choisit de privilégier.

La capacité à saisir les nouvelles occasions est sans doute le trait le plus remarquable de cette région et de ses entrepreneurs. Après les gelées de 1963 en Floride, la production d'oranges, jusque-là assez secondaire, y a progressé très rapidement et près de 85 % de la production nationale proviennent désormais de l'État de São Paulo, entre Campinas et Ribeirão Preto, et le Brésil est devenu le premier exportateur mondial d'oranges, sous diverses formes (jus concentré ou surgelé). Le cas du soja est tout aussi spectaculaire : à peu près inconnu au Brésil jusqu'aux années 1950 il est devenu depuis 1975 une de ses principales cultures d'exportation, le plaçant au second rang mondial après les États-Unis. Située à l'origine surtout dans le Rio Grande do Sul, la zone de production s'est d'abord déplacée vers le Nord, dans le Paraná (en association avec le blé), et s'étend rapidement dans les zones pionnières des *cerrados* du Mato Grosso do Sul, du Goiás, de la vallée du São Francisco, atteignant même les confins de l'Amazonie.

Cette capacité de réponse rapide rend difficile toute description des zones spécialisées dans telle ou telle culture : comme celles des *belts* qui caractérisaient naguère l'agriculture américaine, les combinaisons de cultures différentes dans diverses parties de la région ont changé au cours des dix dernières années et changeront encore. Tout au plus peut-on distinguer les régions proches des centres urbains de celles qui en sont plus éloignées, et les plus anciennement occupées des plus récentes. La proximité des agglomérations de Belo Horizonte, de Rio de Janeiro et surtout de São Paulo a suscité la constitution de zones de production maraîchère. Mécanisées, intensifiées, très bien organisées pour obtenir les meilleurs prix, elles sont contrôlées pour plus des trois quarts par des immigrants japonais, regroupés en coopératives puissantes qui possèdent leurs propres industries d'engrais, leurs conserveries, des antennes dans tout le pays. Une auréole plus large est constituée par le « bassin laitier » qui entoure les trois principales villes, et qui constitue l'essentiel de la production laitière du Sudeste : dix mésorégions (sur 135) produisent à elles seules plus du tiers du lait brésilien. Et São Paulo, qui met sur le marché 16 % du raisin brésilien, en tire 67 % des revenus produits.

Sur les plateaux de l'intérieur, les cultures commerciales l'emportent : café, sucre, oranges, coton, arachides, soja s'y combinent en associations complexes. Mais les cultures vivrières (riz, haricots, maïs, manioc) n'en sont pas absentes, pas plus que l'élevage (aviculture, porcs, embouche des bovins). C'est ici la région agricole la plus complexe du pays, la plus dynamique aussi, celle dont la géographie agricole est la plus mouvante : l'arachide s'y développe, la région naguère caféière de Maringá se consacre de plus en plus au blé et au soja, et São Paulo produit désormais une vaste gamme de denrées tropicales et tempérées, des pêches au sorgho (fig. 41).

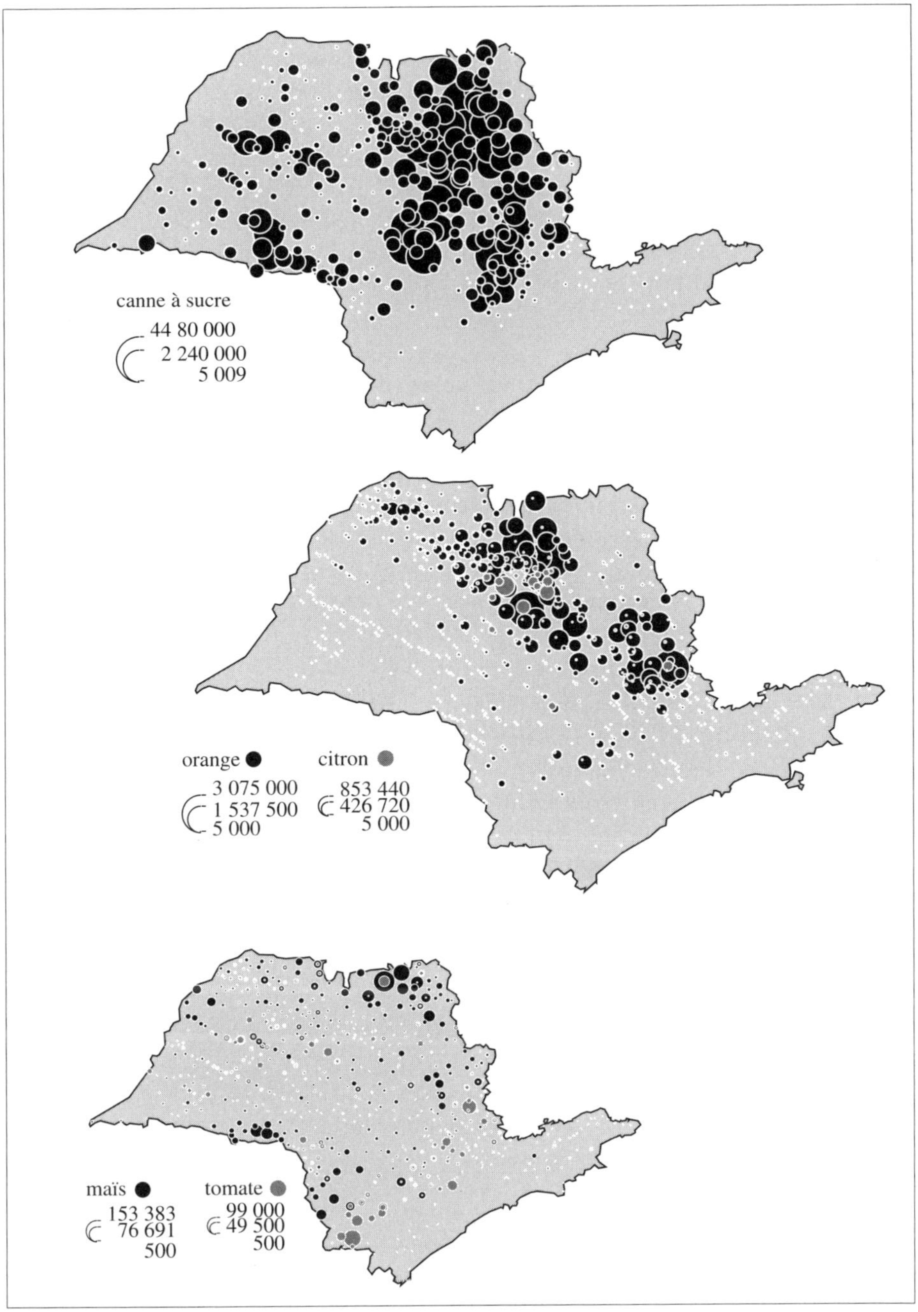

Figure 41 Agriculture de São Paulo

Enfin aux marges récemment conquises correspondent des combinaisons plus simples, mais pas nécessairement plus stables : le Goiás a été occupé par la culture mécanisée du riz, le Mato Grosso principalement par l'élevage, mais dans le Goiás les zones pionnières des années 1960 perdent maintenant de la population, l'exode rural étant alimenté par la concentration des exploitations et la mécanisation croissante, alors que la conquête des *cerrados* par la grande culture mécanisée gagne dans les deux États de Mato Grosso et Mato Grosso do Sul, le nord du Minas Gerais, et pénètre dans l'État de Bahia.

La dynamique pionnière issue de São Paulo, après avoir débordé les limites du Sudeste vers le Sud, est donc en train de progresser vers le Nord, touchant une bonne partie du Centre-Ouest, et même des zones — limitées — du Nordeste et de l'Amazonie. Cœur agricole du pays, le Sudeste-Sud étend maintenant sa zone de production et de commercialisation à tout le territoire national, une évolution constatée depuis longtemps dans le domaine industriel.

2 LE CŒUR INDUSTRIEL

Le Sud — au sens large, et plus précisément la région Sudeste — concentre l'essentiel de l'activité industrielle brésilienne : 78 % des entreprises industrielles en 1996, 80 % du PIB industriel, toutes les industries lourdes, les industries de pointe, le tissu le plus serré d'entreprises petites, moyennes et grandes, s'épaulant mutuellement et stimulées par la concurrence. Les causes de cette hégémonie, et les tentatives qui ont été esquissées pour rééquilibrer la répartition des industries seront abordées dans une perspective nationale (chap. 10), pour le moment il s'agit seulement de montrer qu'à l'échelle régionale la concentration est également forte, et que ce son excès même a déjà conduit à une première décongestion.

La région métropolitaine de São Paulo, dite aussi « grand São Paulo », est encore, et de loin, le premier centre industriel (tableau 15). Centre commercial, nœud de communication, centre d'innovation technique, lieu de résidence des entrepreneurs les plus actifs, de la main-d'œuvre qualifiée, du plus grand nombre des consommateurs, la ville a longtemps constitué la meilleure localisation industrielle possible.

Tableau 15 Industrie de São Paulo

	Entreprises	Entreprises > 100 salariés	Entreprises industrielles	Entreprises industrielles > 100 salariés
Brésil	2 799 766	30 317	323 827	9 509
Commune de São Paulo	315 583	3 895	40 180	1 351
% du total national	11	13	12	14
Région métropolitaine SP de São Paulo	431 761	5 916	54 946	2 506
% du total national	15	20	17	26
État de São Paulo	890 464	10 216	108 353	4 303
% du total national	32	34	33	45

La rapide congestion du centre et les facilités d'accès au port de Santos ont conduit les nouvelles industries, dès les années 20 et surtout lors du décollage industriel des années 50, à s'installer au sud-est de la ville, dans ce qui est connu comme « le triangle de l'ABC » (Santo André, São Bernado do Campo, São Caetano do Sul), où sont en particulier localisées les industries automobiles et toute une série d'établissements plus modernes et de plus grande taille que ceux du centre (métallurgie, chimie, matériel électrique, etc.).

À l'intérieur de l'État de São Paulo on peut distinguer deux axes au long desquels s'étend l'emprise industrielle, par la déconcentration d'établissements existants ou l'implantation de nouveaux, l'un vers la mer, l'autre vers l'hinterland agricole, avec des spécialisations assez différentes (fig. 75).

Vers Santos, principal port brésilien, se développent les industries qui traitent et transforment les marchandises exportées ou importées, en particulier les industries agro-alimentaires (trituration, meunerie, conserveries, etc.). À Cubatão, site de la première grande centrale hydroélectrique utilisant la dénivellation de la Serra do Mar, et de la grande raffinerie de pétrole Presidente Bernades, se sont localisées des industries pétrochimiques et des aciéries, consommatrices d'hydrocarbures, d'énergie et d'eau.

Vers Campinas, vers Ribeirão Preto, et secondairement vers Sorocaba, toute une série de villes moyennes desservies par les chemins de fer du café sont en train de se transformer en chapelets de centres industriels. Tournées à l'origine vers le traitement des produits agricoles et la fourniture du matériel requis par les *fazendas,* elles ont vu leur gamme de production se diversifier avec l'implantation de firmes filiales ou sous-traitantes des industries de São Paulo.

La vallée du Paraiba do Sul, qui met en communication facile São Paulo et Rio de Janeiro, est la seule qui justifie l'idée d'un « triangle industriel » brésilien, dont les sommets seraient les deux villes citées et Belo Horizonte : en dehors de cet axe on ne trouve que des foyers isolés, de taille décroissante et très spécialisés.

La partie occidentale de la vallée, la plus proche de São Paulo, est celle qui se développe le plus rapidement, bénéficiant de la proximité de la capitale et de bonnes relations avec elle. L'exemple le plus frappant de cette croissance est São José dos Campos, le centre de l'industrie aéronautique et aérospatiale brésilienne. Des firmes d'aviation, dont la compagnie Embraer, récemment privatisée, le centre d'études spatiales, des centres de recherches (propulsion de fusées, recherche spatiale) y constituent un foyer d'innovation industrielle, technique et scientifique qui a attiré des firmes produisant des fibres synthétiques, du matériel de télécommunications, des produits pharmaceutiques, etc. En revanche la partie orientale de la vallée n'a pas le même dynamisme et l'on n'y trouve guère que le complexe sidérurgique de Volta Redonda, le plus ancien du pays, une situation qui annonce les difficultés des industries de Rio de Janeiro.

2.1 Le foyer *carioca*

Rio de Janeiro souffre encore d'avoir perdu son statut de capitale, même sur le plan industriel. Le foyer *carioca* comprend surtout des héritages et, sauf dans un ou deux domaines, n'a pas le dynamisme de celui de São Paulo.

Ayant perdu successivement son rang de première ville brésilienne, de premier port et de capitale, Rio de Janeiro a vu son rôle industriel décliner : alors qu'en 1920 le petit District fédéral (la ville de Rio) regroupait 20 % des emplois industriels brésiliens, l'État de Rio d'aujourd'hui (la ville plus l'ancien État de Rio de Janeiro) n'en comptait en 1985 que 9,7 %. Le rôle portuaire a été réduit par la création de deux terminaux d'exportation sur l'océan, dans la baie de Sepetiba et à Vitoria, et même sur ses points forts, l'édition et la confection haut de gamme — qui découlent de son rôle de capitale de la culture et de la mode — Rio est de plus en plus concurrencé par São Paulo, qui progresse aussi sur ce terrain. Le seul domaine protégé, pour des raisons géographiques évidentes, est celui de la construction navale, dont Rio reste le centre principal, avec cinq grands chantiers, dans la baie même ou sur l'océan. Les industries les plus importantes sont situées dans la « zone nord » de la ville, qui s'étale dans la plaine alluviale au nord-ouest de la baie, à Nova Iguaçu et São Joao de Meriti, ou à Duque de Caxias, site de la plus importante raffinerie de pétrole du pays.

Ce moindre dynamisme — par comparaison avec les autres centres du Sudeste — contraste avec l'évolution des deux derniers pôles, celui du Minas et du Rio Grande do Sul, de taille moindre mais qui semblent pouvoir réussir leur diversification.

2.2 Les foyers *mineiro* et *gaucho*

Le Minas Gerais reste le premier État minier du pays, et son industrie, malgré un début de diversification, est encore dominée par la métallurgie. Ses énormes réserves de minerai de fer à haute teneur, le charbon de bois tiré des forêts voisines ou des immenses reboisements qui les ont remplacées, ses ressources hydroélectriques en ont fait le plus ancien centre sidérurgique du pays. Les axes de transports construits pour exporter minerais et produits métallurgiques semi-finis ont permis d'importer le charbon nécessaire à la poursuite de l'essor, et ouvert sources d'approvisionnement et débouchés pour de nouvelles industries. Dans la planification urbaine de la capitale, Belo Horizonte, avait été inclus un district industriel, à Contagem, vite saturé, et depuis une quinzaine d'années on assiste à une diffusion de l'industrie, à la fois à proximité de Belo Horizonte et dans l'intérieur, où toute une série de zones industrielles ont été aménagées. L'action énergique des administrateurs et politiciens *mineiros* a abouti à quelques succès spectaculaires : la raffinerie de la Petrobras de Betim, la première usine brésilienne d'hélicoptères d'Itajuba, et surtout l'usine Fiat de Betim. Dans ce dernier cas, il a fallu vaincre la résistance des constructeurs allemands et américains déjà installés, qui se partageaient depuis trente ans le marché, bien à l'abri derrière les barrières douanières, et celle du lobby pauliste, qui voulait garder l'exclusivité de la construction automobile. L'opération n'a été possible que parce que la Fiat tenait beaucoup à entrer sur ce marché, et parce que le gouvernement du Minas Gerais souhaitait vivement implanter ce type d'industrie, à cause de ses effets multiplicateurs.

Dans le Sud, le problème était inverse, il s'agissait d'adjoindre à une industrie diversifiée et relativement dynamique les secteurs de base sans lesquels il n'est pas de « décollage » possible.

La colonisation européenne s'était accompagnée de la mise en place de petites industries (alimentaires, textiles, du cuir) en rapport avec la production agricole des colonies et les besoins d'une population habituée à l'usage de produits manufacturés. Sur cette base s'est développée une série d'industries qui approvisionnent le marché national (bonneterie et tissus de laine, brasseries, meubles), et parfois réalisent une part importante des exportations nationales, comme les industries de la chaussure des petites villes voisines de Porto Alegre (Novo Hamburgo, São Leopoldo, etc.). Mais ces spécialisations, qui suffisaient à faire du Rio Grande do Sul jusqu'aux années 1960 le troisième centre industriel du pays, après São Paulo et Rio, ne peuvent constituer une base industrielle suffisante, et ici aussi les lobbies régionaux ont fait pression pour obtenir quelques grandes implantations, pression facilitée par le grand nombre de gauchos dans la haute hiérarchie militaire, et donc à la tête de l'État, sous le régime militaire.

Porto Alegre étant handicapé par son site de fond d'estuaire, tout au fond de la Lagoa dos Patos (la « lagune des canards », coupée de l'océan par une flèche de plus de 250 km), l'accent a été mis sur Rio Grande, au débouché de la lagune, où se développent des industries portuaires de traitement des exportations agricoles, et qui a été choisi pour implanter le troisième « pôle pétrochimique » brésilien.

Même à l'échelle régionale la disproportion est donc grande entre un centre où se posent des problèmes de congestion et de déconcentration (São Paulo), de reconversion (Rio), et une périphérie qui doit lutter pour compléter sa gamme industrielle, une distinction que l'on retrouve à l'échelle nationale. L'industrie est pour l'essentiel concentrée en pôles, dont les particularités apparaissent nettement à ce niveau d'observation et dont l'histoire et les perspectives diffèrent sensiblement. C'est aussi le cas des métropoles urbaines, auxquelles leur destin est indissolublement associé.

3 LE CŒUR URBAIN

Les grandes villes du Sudeste sont le centre du centre : foyer de l'innovation technique et marché principal pour les campagnes qu'elles contrôlent, site privilégié des implantations industrielles, théâtre de la croissance explosive d'un secteur tertiaire proliférant (chap. 11), elles ont connu depuis trente ans une croissance très rapide. Mais si l'on resserre encore le cadre de l'analyse, on retrouve même dans leur structure interne les inégalités qui caractérisent la nation et la région.

On pourrait faire la démonstration pour toutes les villes, Belo Horizonte ou Porto Alegre, ou même des villes plus petites. Mais les deux métropoles principales, São Paulo et Rio de Janeiro, se détachent tellement des autres villes brésiliennes (dossier p. 130) qu'elles méritent une analyse plus détaillée, d'autant que dans l'une les rapports du site et du zonage social sont tout à fait particuliers, tandis que dans l'autre ce sont les problèmes que pose la gestion d'une croissance anarchique qui introduisent la différenciation spatiale.

Comment d'ailleurs ne pas prêter quelque attention à deux villes qui, alors qu'elles n'apparaissent pas sur la liste des quinze premières agglomérations mondiales en 1950, y occupaient le 6ᵉ et le 12ᵉ rang en 1975. Elles occuperont très probablement en l'an 2000 respectivement le 3ᵉ et le 20ᵉ rang : São Paulo aurait alors, selon l'ONU, 17,8 millions d'habitants, et viendrait après Bombay (18 millions) et avant Shanghai (17) et Rio de Janeiro compterait 10,2 millions d'habitants et se classerait entre Osaka (10,6) et Daca (10).

Il ne faudrait toutefois pas oublier, bien que sa taille soit bien plus modeste, la capitale du pays, une des tentatives de création urbaine les plus originales au monde.

3.1 Brasília

Quand sa construction fut décidée, sur un site désert au cœur du pays, Brasília avait surtout la signification d'un geste symbolique, la concrétisation de la « marche vers l'Ouest ». Son influence réelle sur le développement régional du pays est indéniable, elle apparaît sur la carte des densités de peuplement (fig. 18), sur celle des réseaux de transport (fig. 58 et 59), qui se sont largement réorganisés autour de la nouvelle capitale. Mais du point de vue strictement urbain le bilan que l'on peut faire trente ans après est plus délicat à établir.

La croissance du nombre des habitants est un premier fait, incontestable : un peu moins de 140 000 habitants en 1960, 537 000 en 1970, 1 817 000 en 1996 vivaient dans le District fédéral. Deuxième constatation, Brasília est bien le centre de commandement du pays, sa capitale politique et administrative. Le gouvernement, le Parlement, les ministères, les grandes administrations et les banques publiques, tout l'appareil d'État y est installé, ainsi que tous ceux qui doivent vivre à son contact : ambassades, représentants des firmes qui en dépendent, *lobbies* et groupes de pression en tout genre. Tout cela suffit à peupler les zones résidentielles, à animer les quartiers de bureaux, à constituer la clientèle des commerces et des prestataires de services, à remplir écoles, collèges et universités.

Pourtant l'impression d'irréalité, d'île coupée du monde, que donne Brasília à beaucoup de visiteurs n'est pas sans fondement. Ses aliments viennent de loin ainsi que tous les produits manufacturés qu'elle consomme : pour garder la ville propre — et peut-être éviter tout risque de trouble social — on en a pratiquement banni l'industrie, et pour ses besoins les plus simples Brasília dépend du cordon ombilical des routes, qui la relient, à travers les *cerrados* déserts, au monde extérieur. Sans activités productives, sans quartiers populaires — rejetés à la périphérie — sans aucun endroit où l'on puisse flâner à pied (en dehors des centres commerciaux), le *Plano Piloto*, la ville tracée par l'urbaniste Costa et l'architecte Niemeyer, est le fruit d'une utopie urbaine, un espace où l'on ne peut que travailler, circuler en voiture, ou se replier chez soi, ou chez ses amis. Favorable au travail, à la méditation ou à l'intrigue, la ville décourage le contact humain, et a longtemps vécu coupée de la réalité du pays.

Le microcosme politique du régime militaire y vivait à l'aise en vase clos, avec ses technocrates et ses fonctionnaires, et c'était une magnifique vitrine du « miracle brésilien ». Les échos du changement politique y sont longtemps parvenus atténués, mais ils ont fini par s'y faire sentir, les manifestations (de sans-terre, d'agriculteurs nantis, de syndicalistes, etc.) s'y succèdent (photo 8) et le Parlement, placé symboliquement au centre de la Place des Trois Pouvoirs, a retrouvé de son importance : Brasília s'est rapprochée peu à peu du Brésil.

Photo 8 Brasília
Au premier plan, les *superquadras*, groupes d'immeubles bas (trois ou six étages) dotés de commerces de proximité (en bas à droite). Les arbres, en quarante ans, ont eu le temps de pousser. Au fond, au bord du lac, les quartiers de villas des classes aisées, dont les plus vastes occupent la pointe de la « péninsule des ministres » (cliché H. Théry).

Une des marques de ce retour à la norme est malheureusement l'apparition d'une nette différenciation sociale de l'espace à l'intérieur du District fédéral. Les deux tiers de son territoire (5 782 km^2) sont occupés par des terres agricoles, mais il compte moins de 40 000 ruraux et 97 % de la population vit dans les centres urbains. Tous ne vivent pas dans le *Plano Piloto*, toute une série de « villes satellites » l'entourent (fig. 42 et 43), dont la population totale représente désormais 80 % de celle de l'agglomération.

Certaines existaient avant Brasília, d'autres ont pour origine les campements des constructeurs, toutes ont crû de façon spontanée, sans les contraintes ni les avantages de la planification. Situées hors de la cuvette où a été construite le *Plano Piloto* — à l'origine au-delà de l'horizon, afin de ne pas gâcher le paysage — elles regroupent ceux que leurs revenus excluent du centre, mais qui font fonctionner tous les services indispensables à la vie de la capitale.

Une première série d'extensions a été construite aux marges de la ville planifiée par Niemeyer et Costa. On y a développé des zones d'habitat individuel de bonne qualité, voire luxueux (notamment dans les deux péninsules créées par les bras du lac Paranoá), et des quartiers d'habitat collectifs du même modèle que les *superquadras* du Plan pilote, comme le quartier Sudoeste.

Au-delà, les villes satellites présentent une nette division sociale. Les plus proches, situées entre 6 et 15 kilomètres du Plan pilote, comme Guará et Núcleo

Figure 42 Plan de Brasília

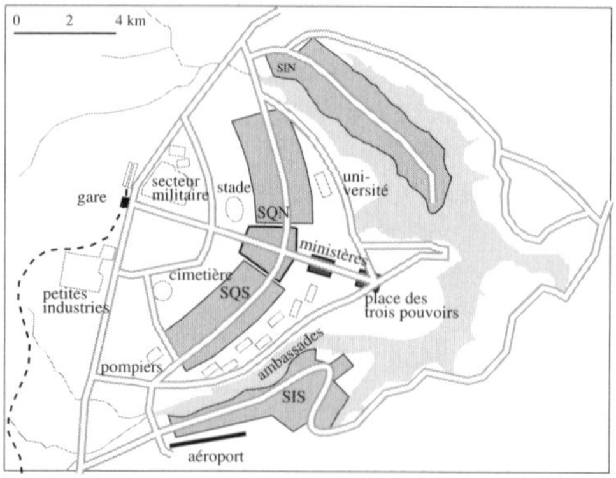

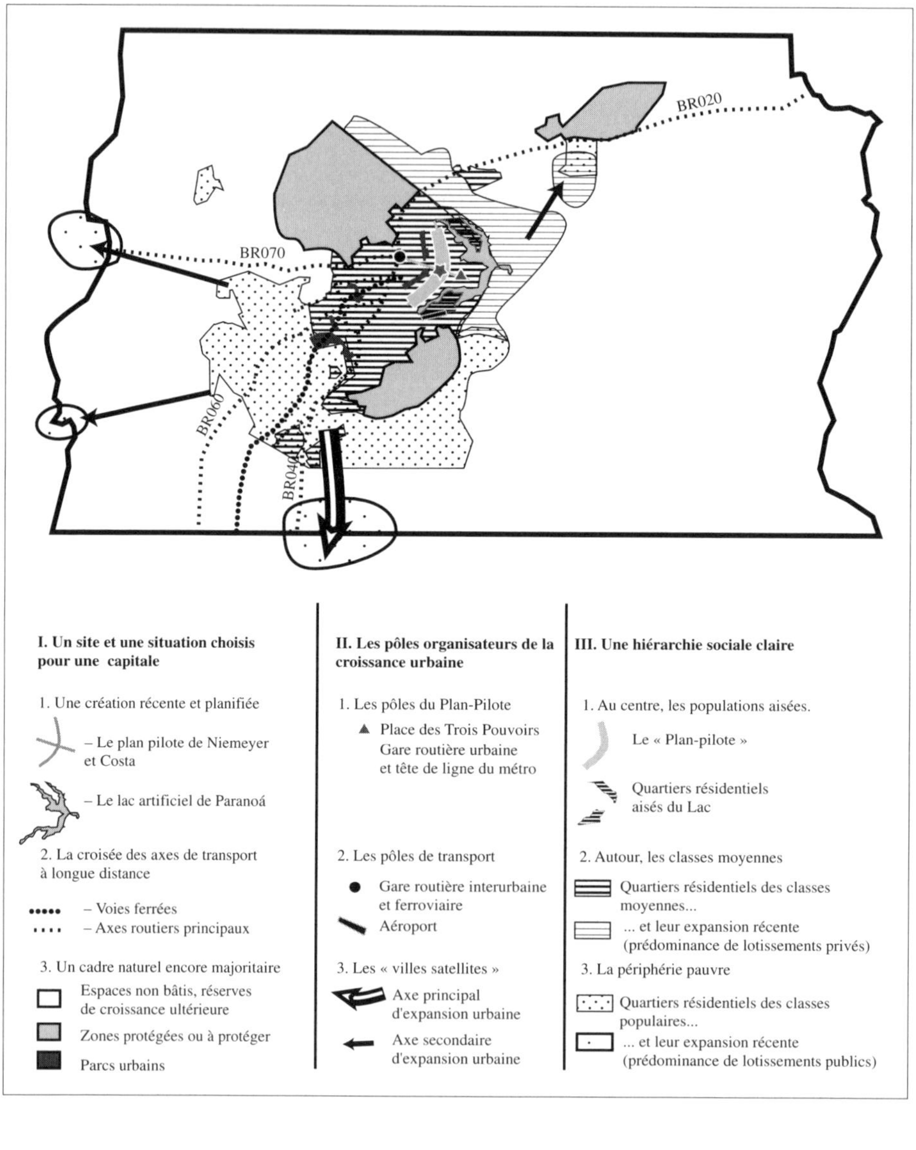

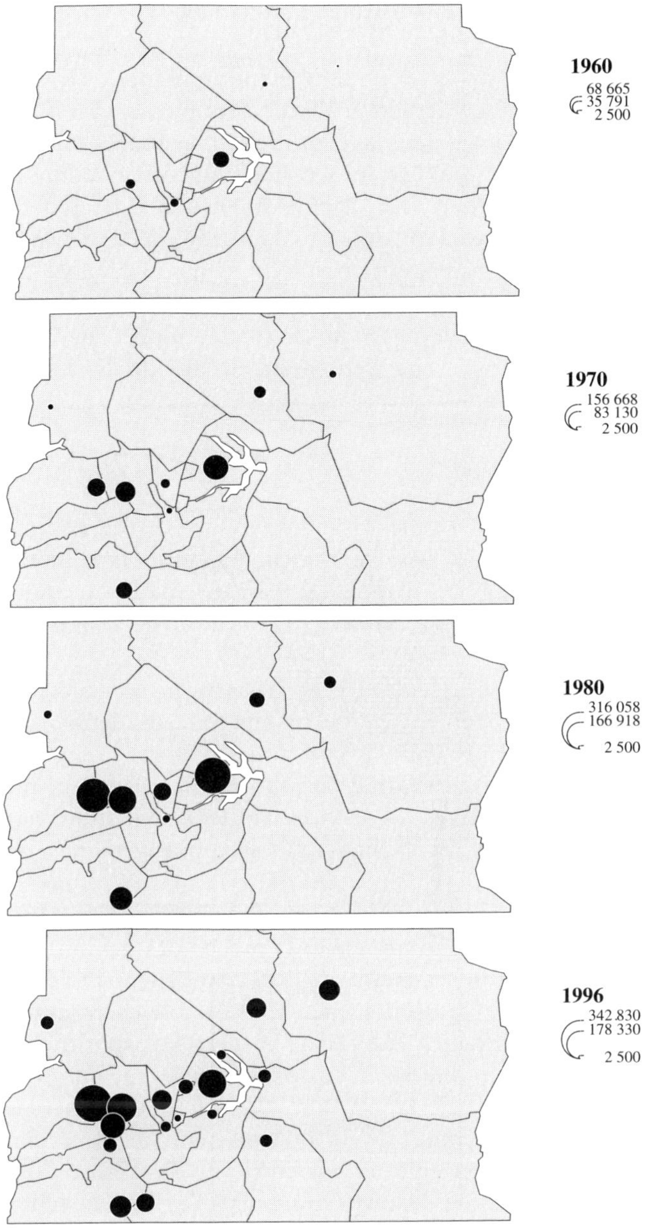

Sources : IBGE et Codeplan.

Figure 43 Croissance de Brasília

Bandeirante, constituent les cités-dortoir du Plan pilote (qui concentre encore 70 % des emplois mais ne peut loger toute la population active), mais elles ont désormais un commerce et des services actifs. Dans les plus éloignées logent les plus pauvres des employés et une masse de migrants attirés par le mirage de la ville et des distributions de lots urbains gratuits faites par un gouverneur populiste au début des années 1990.

On peut aujourd'hui observer un double mouvement de croissance, les quartiers pauvres s'étendant vers le Sud et l'Ouest, les plus cossus vers le Nord. Les premiers prennent principalement la forme de lotissements sommaires, organisés ou tolérés par les pouvoirs publics, les seconds sous forme de lotissements privés enclos de murs. Enfin, au-delà du rectangle du District fédéral, dans un rayon de 50 à 100 kilomètres autour du Plan pilote, la région de l'*Entorno* (12 municipalités de l'État de Goiás et une petite partie du Minas Gerais) vit de plus en plus nettement dans l'orbite de Brasília.

Capitale du pays, poste avancé du Brésil développé au cœur du Centre-Ouest, Brasília pèse moins que l'ensemble urbain du Sudeste-Sud, qui est dominé par Rio et São Paulo.

3.2 Rio de Janeiro

Le site de Rio de Janeiro, sa baie dominée par le célèbre Pain de Sucre et le Corcovado, surmonté d'un Christ monumental, est connu dans le monde entier. La juxtaposition de la mer, des plages, des *morros* dénudés ou couverts de forêts, entre lesquels s'insinue la ville, justifie son surnom de *cidade maravilhosa,* la « ville merveilleuse ».

Cependant ce cadre spectaculaire n'est pas sans inconvénients (photo 9) : il se prête mal au développement d'une grande ville moderne, et les obstacles physiques à la croissance urbaine ont sans doute renforcé la ségrégation, de part et d'autre du centre, entre une zone Sud formée de résidences pour les classes moyennes et supérieures, avec les services qui leur sont destinés, et une zone Nord, industrielle et prolétaire, beaucoup moins photogénique.

De centre historique, de la ville coloniale et impériale, n'ont guère subsisté que quelques églises et palais, et même des monuments de prestige construits sous la *Republica Velha* sont tombés sous la pioche des démolisseurs, comme le vieux Sénat. Du vieux Rio, et même du Rio néo-haussmannien, il ne subsiste qu'une place ici, une rue là, où l'on peut retrouver le charme des estampes de Debret ou des photographies jaunies de la grande exposition de 1908. La frénésie affairiste et immobilière a partout ailleurs fait surgir des tours de bureaux qui font du cœur de la ville une *City* où se pressent dans la journée 800 000 personnes, dont moins de 50 000 résident sur place. Flanqué par un quartier portuaire peu modernisé et entremêlé de *favelas,* ce centre n'est plus depuis longtemps la zone la plus attractive de la ville, ce dont témoigne la décadence des zones résidentielles les plus proches, concurrencées par le prestige des quartiers qui s'échelonnent au long des plages ouvertes sur l'océan.

Les difficultés d'accès au littoral ont été surmontées par le percement des tunnels, qui ont mis les plages, où naguère on ne trouvait que quelques belles maisons de villégiature, à quelques minutes du centre. Un climat plus agréable — grâce aux brises marines — et la passion pour la plage, commune à toutes les classes sociales brésiliennes, ont déclenché un mouvement d'urbanisation rapide du littoral. Copacabana a été le premier quartier occupé, mais ce n'est plus le

Photo 9 Le site de Rio de Janeiro
La ville se glisse entre la mer et les mornes tropicaux dont le Pain de Sucre n'est que le plus connu. Le site est magnifique, mais bien peu commode pour loger une ville moderne (cliché H. Théry).

quartier chic du milieu du siècle, la demande des classes moyennes a fait pousser immeuble après immeuble de minuscules appartements, qui ont donné au quartier la plus forte densité de toute la ville (plus de 30 000 habitants/km^2). C'est également un des quartiers les mieux équipés en commerces et services, salles de spectacles et hôtels, car le prestige touristique du nom a survécu à sa perte de prestige auprès des résidents brésiliens. Ceux-ci ont engagé un gigantesque jeu de saute-mouton immobilier, les plus riches reportant plus loin leurs somptueuses villas à mesure que les moins riches viennent s'installer à proximité. Ipanema, Leblon, les abords de la lagune Lagoa de Freitas, ont été ainsi successivement occupés puis le mouvement a continué vers Barra da Tijuca, au prix de la construction d'une voie rapide à pistes superposées pour franchir les passages où les *morros* rocheux tombent directement dans la mer. Les problèmes de liaison avec le centre

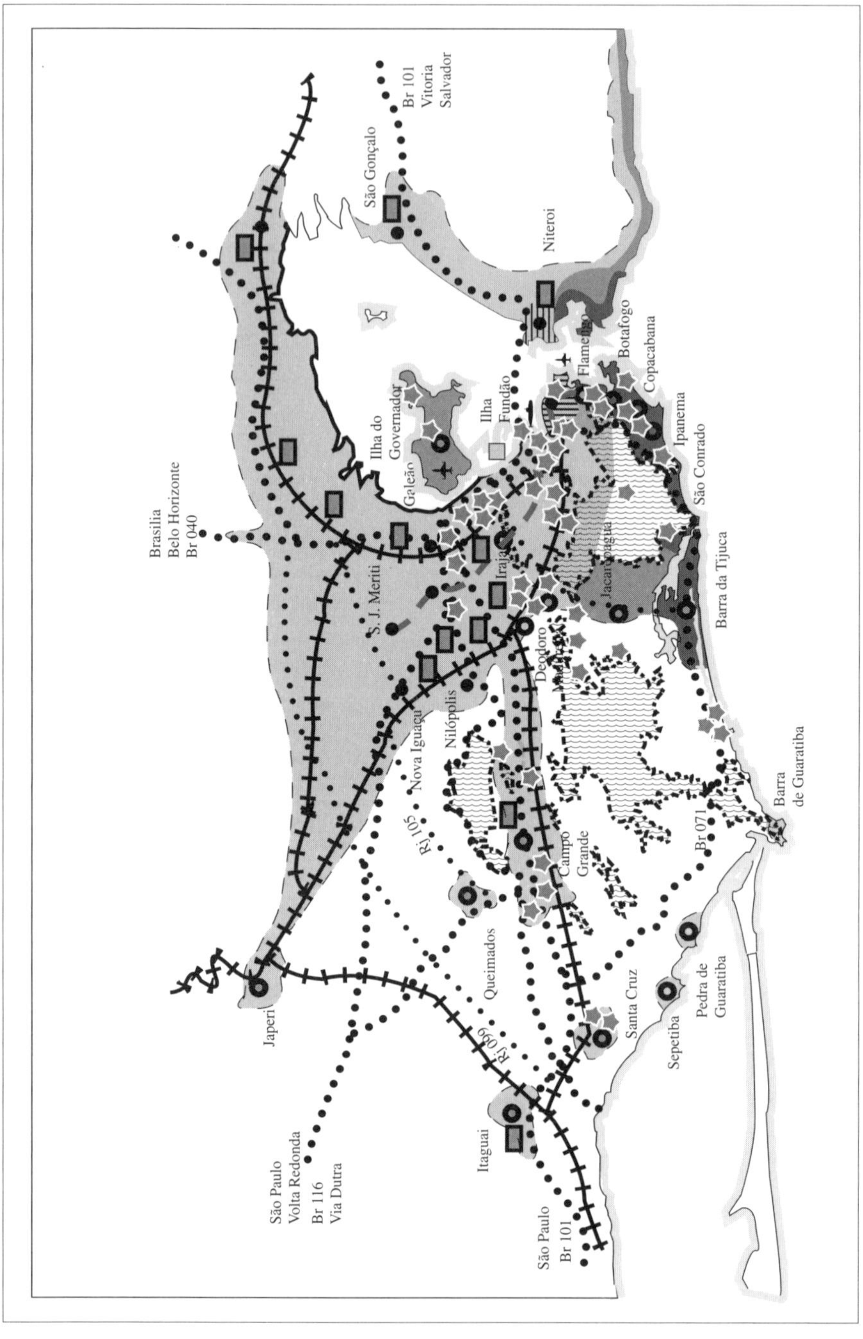
Brasilia
Belo Horizonte
Br 040
São Gonçalo
Br 101
Vitoria
Salvador
Niteroi
Ilha do Governador
Galeão
Ilha Fundão
Flamengo
Botafogo
Copacabana
Ipanema
São Conrado
Barra da Tijuca
Irajá
S. J. Meriti
Deodoro
Nilópolis
Nova Iguaçu
Rj 105
Campo Grande
Br 071
Barra de Guaratiba
Queimados
Japeri
Santa Cruz
Sepetiba
Pedra de Guaratiba
Itaguai
São Paulo
Volta Redonda
Br 116
Via Dutra
São Paulo
Br 101

I. Les conditions de l'expansion urbaine

1. Mer, montagnes, forêts : un site magnifique mais difficile.

a. Les coupures introduites par l'eau

- Le trait de côte, entre baies et caps
- Lacs et lagunes : une côte « à Lido »

b. Les morros : cloisonnement et points de vue

- Principaux reliefs

c. La forêt urbaine la plus vaste du monde

2. Une situation littorale extravertie

- Voies ferrées
- Routes nationales (Br)
- Axes régionaux (R_J)

3. Les limites de la métropole

- Limite de la zone urbanisée

d'après Bruno/ Lézy

II. Les pôles structurants de la métropole

1. Centres urbains

- Municipalités et centres secondaires régionaux
- Nouvelles centralités régionales
- Centres secondaires municipaux
- 2 lignes de métro soulignent la centralité plus qu'elles ne la diffusent
- Principales favelas (sites retenus par le programme de réhabilitation « favela-bairro »)

2. Fonctions secondaires

- Principales zones industrielles

3. Fonctions tertiaires excentrées

- Aéroports
- Port
- Université (UFRJ)

III. Richesse de façade et pauvreté intérieure

1. Les CBD en cours de réhabilitation

- Rio de Janeiro
- Niterói

2. Un clivage social très violent

- Quartiers aisés
- Classes moyennes
- Quartiers populaires et industriels

3. Espace non bâti

Figure 44 Plan de Rio de Janeiro

Photo 10 Avenida Paulista
Les derniers des palais construits au début du siècle pour les barons du café sont dominés par les immeubles de bureau. Le hamburger s'est imposé ici comme ailleurs, mais du moins est-il garni de roast beef, pas de viande hachée de troisième catégorie (cliché H. Théry).

sont devenus de plus en plus aigus, les heures de pointe de la ruée vers le centre ou les plages tournant au cauchemar. Une série de nouveaux tunnels ont dû être percés, et pour certains résidents des quartiers plus excentrés comme Jacarepagua, il devient plus commode de contourner le massif de Tijuca par le nord.

La dernière tendance à la mode, pour être bien sûr d'être « entre soi », est de résider dans des quartiers clos de murs, les *condominios fechados*, gardés par une milice privée qui filtre les visiteurs indésirables. Partie des États-Unis, cette mode a eu d'autant plus de succès qu'elle est un bon moyen de se protéger de la délinquance croissante, ou ressentie comme telle. La même tendance à s'enfermer, à se protéger, à être entre soi explique le succès des *shopping centers*, dont celui de Barra da Tijuca, le plus grand d'Amérique latine. À l'abri de la pluie, du soleil et des agressions on peut, sous un même toit et dans une atmosphère à la fois climatisée et raffinée, y faire ses courses, aller au cinéma ou au restaurant sur la « place de l'alimentation » où voisinent diverses sortes de *fast food*, et surtout rencontrer ses amis et connaissances. Pour les adolescents c'est devenu l'équivalent de la place où leurs parents allaient se promener à la fraîche et s'observer, de groupe à groupe. Pour les parents c'est le but de sortie familiale par excellence, celui que les jeunes enfants réclament et qui permet de se débarrasser par la même occasion de la corvée de *supermercado*.

La tendance est si forte que les *shopping centers* sont devenus le point d'ancrage majeur des quartiers périphériques aisés : non seulement les commerces s'y agrègent, tandis que ceux du centre périclitent et doivent viser des clientèles plus populaires, mais ils attirent dans leur voisinage les services rares offerts à la même clientèle aisée (médecins, académies de gymnastique, cours de langue) et de plus en plus les nouveaux immeubles de bureaux et les nouveaux quartiers fermés : c'est toute une ville et toute une vie nouvelle qui s'oganise ainsi, fermée sur elle-même, en marge de la ville ancienne. Il y a là l'amorce d'une ségrégation dangereuse, une menace de rupture pour l'avenir.

La zone Sud, de plus en plus allongée entre mer et montagne, devient donc de plus en plus coûteuse à gérer, à desservir, mais elle bénéficie de toute l'attention possible car c'est là que sont concentrés la fortune, l'influence, le prestige et le pouvoir de décision. La zone Nord en revanche, si elle a l'avantage de pouvoir s'étendre sur une plaine alluviale qui, une fois drainée, est aisément constructible, n'a pas fait l'objet des mêmes soins; c'est un magma de quartiers mal dessinés, où industries — parfois très polluantes comme les raffineries de pétrole — entrepôts et installations portuaires, quartiers populaires et *favelas* s'entremêlent. C'est l'autre Rio, qui n'apparaît jamais sur les dépliants publicitaires, où aucun touriste ne va jamais, même plus pour le traverser en arrivant de l'aéroport international Antonio-Carlos-Jobim (du nom d'un grand compositeur de *bossa nova*), dans l'île du Gouverneur, depuis la construction de la *linha vermelha* (la « ligne rouge ») qui y donne accès directement en longeant le bord de la baie. Sous-équipés, mal desservis par un réseau ferré vieillissant et des flottes de bus en plus ou moins mauvais état, ces quartiers n'ont même pas eu la chance d'être retenus comme destination des premières lignes du métro de Rio, qui relie le centre à Botafogo et à Copacabana : comme le superbe pont de quatorze kilomètres qui enjambe la baie, et le réseau de voies rapides surélevées qui parcourent le centre, tous les grands ouvrages d'art qui démontrent le savoir-faire des ingénieurs brésiliens, le métro n'a visiblement pas été conçu en fonction des besoins du plus grand nombre, mais pour la commodité du Rio influent et cossu, du « tout Rio » qui compte.

La structure de la ville oppose donc très visiblement deux mondes, aux niveaux de revenus et d'urbanisme bien différents, qui n'ont en commun que la présence des *favelas,* ces bidonvilles dont la persistance indique assez qu'ils remplissent une fonction bien précise, et qui ont plus évolué que ne le croient les amateurs de folklore facile.

Leur présence correspond en effet à un besoin précis, trouver un logement à un prix acceptable, et où le trouver si ce n'est sur les terrains inconstructibles des pentes raides des *morros*, sur les terrains inondables ou inondés des rives de la baie? Dans les premiers temps, les immigrants y construisaient eux-mêmes des baraques précaires, améliorées à mesure que leur situation elle-même s'améliorait. Mais il ne s'agit pas du tout d'un stade transitoire comme on a pu le croire un moment, et toutes les tentatives de transplantation vers des maisons mieux construites et mieux équipées ont échoué : pour les habitants des *favelas* la proximité de la ville est vitale, ils y trouvent les moyens de subsistance en rendant toute sorte de services, domestiques et autres, aux habitants des quartiers aisés. Elles sont peu à peu devenues de véritables villes dans la ville, certaines ont plus de 200 000 habitants, un réseau commercial et une organisation sociale très particulière, et les processus d'amélioration progressive de l'habitat et de l'urbanisme commencent à attirer l'attention des architectes et des planificateurs. Sans aller jusqu'à chanter, comme certains, le charme de la vie dans les *favelas* — elle y reste dure, même si elle y est plus conviviale —, force est de constater qu'elles existent, durent, constituent une nouvelle forme urbaine viable et à tout prendre pas plus inacceptable que les sinistres lotissements planifiés proposés en échange et érigés en modèle. Les risques liés au site demeurent pourtant importants, comme le montrent régulièrement les inondations et les éboulements qui détruisent à chaque fois plusieurs dizaines de logements, et qui tuent souvent.

Les *favelas* font partie de l'image de marque de Rio, parce qu'elles y sont bien visibles. On a longtemps dit que l'originalité de São Paulo par rapport aux autres villes brésiliennes était de ne pas en avoir : il faut réviser cette idée, et même dans le saint des saints du Brésil moderne des disparités importantes existent, alors même que le site ne le justifie pas.

3.3 São Paulo

La petite mission fondée par les Jésuites en 1554 sur le revers du plateau est devenue, au terme d'une croissance tardive mais rapide (tableau 16), la première agglomération du continent. Capitale du café, site des premières grandes implantations industrielles, la ville est devenue le cœur économique du pays, son premier centre industriel, commercial, tertiaire, tend à devenir sa capitale culturelle et intellectuelle, l'université de São Paulo (l'USP), est la plus prestigieuse du pays.

Tableau 16 Population de São Paulo

Années	Municipio de São Paulo	Banlieue	Région métropolitaine de São Paulo
1872	28 000		
1900	240 000		
1920	579 033		
1940	1 277 385		
1960	3 709 274	811 129	4 520 403
1970	5 924 612	2 215 093	8 139 705
1980	8 963 298	3 615 650	12 578 948
1991	9 626 894	5 773 682	15 400 576
1996	9 839 436	6 733 659	16 573 095

À cette conquête des fonctions les plus importantes de productions et de commandement a toutefois correspondu une croissance urbaine anarchique et dévoreuse d'espace : couvrant plus de 8 000 km², la ville gagne 60 km² (la superficie de Brest ou du Havre) par an et malgré le ralentissement de la dernière décennie le fait le plus frappant est cette extension du bâti. Mais bien que non planifiée, elle ne s'est pas faite au hasard, et l'on peut distinguer dans ce domaine aussi des contrastes marqués entre les différentes parties de la ville (fig. 45).

Le centre de São Paulo est un des paysages urbains les plus étonnants du pays. La forêt de tours dont il s'est hérissé, l'entrelacs des voies rapides et des ponts jetés au-dessus des affluents du Tiête, la circulation automobile — et les embouteillages — font douter qu'on soit toujours au Brésil. Mais à vrai dire l'allure générale et le fonctionnement de ce centre des affaires n'offrent pas une très grande originalité par rapport au centre des affaires de n'importe quelle ville nord-américaine, pas plus que les banlieues résidentielles des classes supérieures, qui sont seulement plus vertes, et composées de villas plus somptueuses et entretenues par des domestiques plus nombreux. Ici aussi le centre historique est en perte de vitesse, au profit du Sud-Ouest, les « 15 minutes de cadran » où se développent un deuxième centre, au long de l'avenue Paulista (photo 10), et déjà un troisième vers le rio Pinheiros, autour des nouveaux *shopping centers* et de l'avenue Faria Lima.

En revanche les mécanismes de la croissance urbaine y sont plus originaux, et expliquent l'extension et la nature de ces quartiers périphériques interminables qui constituent, en superficie, la plus grande part de São Paulo.

Le plus important est la spéculation foncière, qui explique l'extension de la ville bien au-delà des besoins réels : 42,3 % de l'espace urbain du *municipio* (la commune) de São Paulo sont constitués de terrains inoccupés, qui attendent une valorisation très probable puisque la hausse des prix des terrains est toujours supérieure à celle des prix, et même à celle des actions. Il en découle des surcoûts dans la construction des infrastructures, un allongement des temps de déplacement, aggravé par la déficience des transports en commun.

Une très nette zonation sociale apparaît également, qui résulte du comportement différent de groupes sociaux aux revenus très divers, en fonction desquels travaillent marchands de terre et promoteurs. On a pu distinguer une zone centrale, où sont concentrés les ménages à revenus élevés (plus de 50 % de la population y a un revenu supérieur à 10 salaires minimum), des quartiers intermédiaires (entre 5 et 10 salaires minimum) et une énorme périphérie où les trois quarts des familles disposent de moins de cinq salaires minimum, et entre un tiers et la moitié moins de trois.

Étudiant cette périphérie, qui représente la plus grande partie de la ville, C. Sachs a montré qu'elle aussi était diverse et que ses mécanismes de croissance étaient en train de changer. Alors qu'aux débuts de l'industrialisation — jusqu'aux années 1930 — les industriels tentaient de fixer leurs employés dans des cités ouvrières proches de l'usine, l'afflux des migrants rendit bientôt ces prévenances inutiles, et la sous-location accrut la densité d'occupation des vieux quartiers. Puis, dans les années 1950, les migrants commencèrent à faire de la possession d'une maison la marque de leur enracinement définitif, et l'autoconstruction (la construction de la maison par son propriétaire) à la périphérie de la

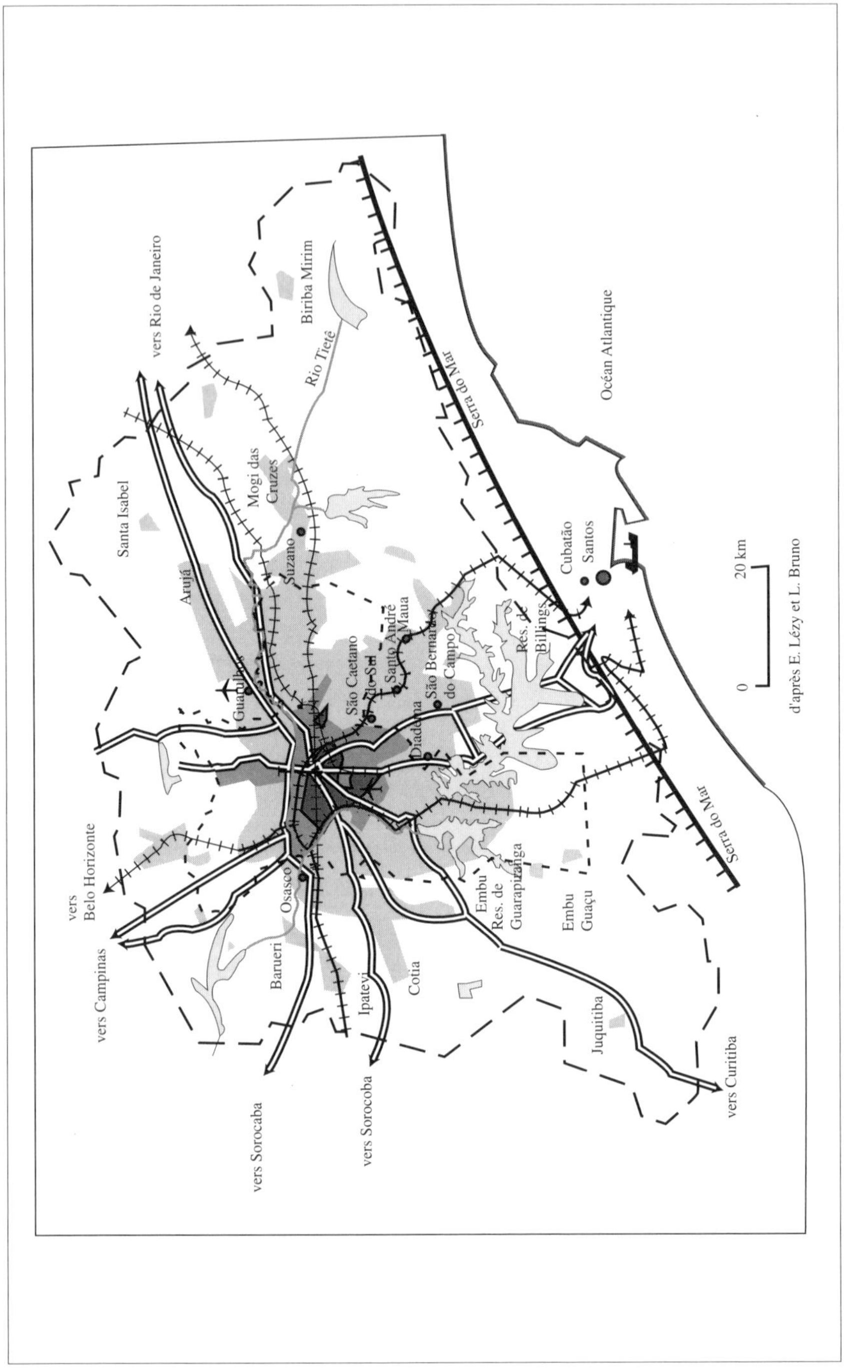
vers Rio de Janeiro
Biriba Mirim
Rio Tietê
Océan Atlantique
Serra do Mar
Santa Isabel
Mogi das Cruzes
Arujá
Suzano
Cubatão
Santos
20 km
0
d'après E. Lézy et L. Bruno
São Caetano do Sul
Santo André
Maua
São Bernardo do Campo
Res. de Billings
Guarulhos
Diadema
vers Belo Horizonte
vers Campinas
Osasco
Barueri
Embu
Res. de Guarapiranga
Embu Guaçu
Serra do Mar
Cotia
Ipatevi
Juquitiba
vers Sorocaba
vers Sorocoba
vers Curitiba

I. Un site quelconque, une situation exceptionnelle

1. Un site à l'intérieur des terres.

– a. La côte : un horizon économique

Le littoral

– b. De l'autre côté de la Serra do Mar

L'abrupt de la Serra

– c. Lacs et rivières articulent la circulation sur la plaine

Rivières

Lacs

2. Une situation privilégiée, entre la côte et l'intérieur

Les routes nationales

Deux aéroports relient la ville au pays et au reste du monde

Le port de Santos: le débouché maritime

Un réseau ferroviaire unique au Brésil

II. La concentration des lieux de pouvoir

1. Au centre, les pôles principaux

Le centre

2. Les pôles urbains secondaires

Les centres secondaires

3. Les favelas périphériques

Principales favelas

III. Une fracture sociale centre/périphérie

1. Les quartiers aisés

Quartiers résidentiels aisés

2. En arrière, classes moyennes et pauvres

Quartiers des classes moyennes

Quartiers résidentiels pauvres

3. Espaces non bâtis, réserves de croissance ultérieure

Figure 45 Plan de São Paulo
a. La structure

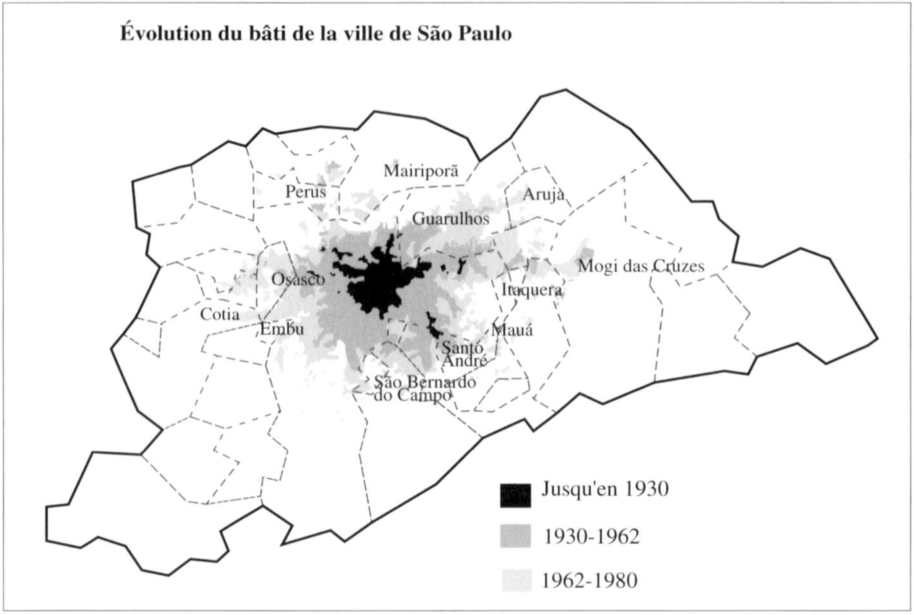

b. L'évolution

ville devint la forme principale de la croissance urbaine, représentant 70 à 80 % de la construction. Réalisée avec l'aide de la famille, des voisins, d'artisans employés « au noir », l'autoconstruction est un processus lent, progressif, réalisé à mesure des rentrées d'argent, pièce par pièce, mur par mur, bien adapté aux rentrées irrégulières du secteur informel.

Ce processus entraîne le développement de lotissements « clandestins », ainsi qualifiés parce qu'ils ne respectent pas les spécifications légales en matière de taille minimum, d'infrastructures et d'équipements, mais qui se font au vu et au su de tous, et sont périodiquement légalisés par des amnisties : dans le seul *municipio* de São Paulo, on en compte plus de 3 000, où vivent deux millions et demi de personnes.

Les infrastructures y sont très insuffisantes — dans le quartier le plus périphérique 28 % des domiciles seulement disposent d'eau courante, et 7 % sont reliés au réseau d'égouts, contre 88 % et 40 % dans l'ensemble de l'agglomération — mais du moins s'agit-il de formes urbaines plus stables et plus satisfaisantes que celles des *favelas* qui apparaissent maintenant un peu partout.

Entre 1972 et 1991 la part de la population vivant dans les *favelas* de la commune de São Paulo a été multipliée par 10, et entre 1,5 et 2 millions de personnes y vivent aujourd'hui. Situées au long des axes de communication, près des foyers industriels principaux, elles sont dépourvues de toute infrastructure. Leurs habitants sont « les pauvres parmi les pauvres », travailleurs manuels non qualifiés, indépendants des petits métiers de la misère. Il faut y ajouter près de 2 millions de personnes vivant dans les *cortiços*, les immeubles dégradés et surpeuplés du centre, anciens immeubles « nobles » partagés et repartagés entre de trop nombreuses familles pauvres. Se glissant presque jusqu'au centre, ces « bidonvilles interstitiels » juxtaposent très visiblement les « deux Brésils », poussant jusqu'à la caricature les contrastes sociaux.

Même jusqu'au cœur de la ville-cœur on trouve donc des disparités très frappantes, qui sont décidément le phénomène le plus remarquable de la région comme du pays, et que la moindre croissance économique n'atténue pas, bien au contraire. Tout au plus peut-on noter un ralentissement de l'afflux des immigrants qu'attiraient la demande de main-d'œuvre et le mirage de la prospérité. Beaucoup d'entre eux venaient du Nordeste, le négatif obscur des régions phares du Sud, la région problème du Brésil.

BIBLIOGRAPHIE

DAMAIS (J.-P.), « São Paulo 1985 : une "ville" à la poursuite de sa croissance », *Annales de Géographie*, n° 536, juillet-août 1987, p. 423-461.

MONBEIG (P.), Pionniers et planteurs de São Paulo, Armand Colin, Paris, 1952.

PÉBAYLE (R.), « Les gauchos du Brésil », Travaux et documents du Ceget, n° 31, Bordeaux, 1977.

SACHS (C.), « Pauvreté, ségrégation spatiale et habitat populaire à São Paulo », *Problèmes d'Amérique latine*, n° 61, p. 153-182, 1981.

DRUMMONI (D.), *Architectes des favelas*, Dunod, Paris, 1981.

BRUNO (L.), *Paris-Rio, le rôle de la culture dans la formation de l'espace urbain*, thèse soutenue à l'université Paris X-Nanterre, 30 janvier 1998.

Dossier

Les capitales brésiliennes

Le Brésil a plusieurs capitales. Outre les centres politique — Brasília — et économique — São Paulo — on y trouve deux anciennes capitales, Salvador de Bahia, qui n'a gardé du temps de sa splendeur que de beaux monuments, et Rio de Janeiro, qui conserve encore une certaine suprématie dans quelques domaines culturels et artistiques. Mais ont également droit à ce titre vingt-quatre autres villes, chefs-lieux des États constituant la République fédérative du Brésil.

Tableau 17 Les capitales

	1970	Rang	1980	Rang	1991	Rang	1996	Rang
São Paulo	5 924 612	1	8 493 217	1	9 626 894	1	9 839 436	1
Rio de Janeiro	4 251 918	2	5 090 723	2	5 473 909	2	5 551 538	2
Salvador	1 007 195	5	1 502 013	4	2 072 058	3	2 211 539	3
Belo Horizonte	1 235 030	3	1 780 839	3	2 017 127	4	2 091 448	4
Fortaleza	857 980	7	1 307 608	5	1 765 794	5	1 965 513	5
Brasília	537 492	11	1 176 908	7	1 598 415	6	1 821 946	6
Curitiba	609 026	10	1 024 980	10	1 313 094	7	1 476 253	7
Recife	1 060 701	4	1 203 887	6	1 296 995	8	1 346 045	8
Porto Alegre	885 545	6	1 125 478	8	1 263 239	10	1 288 879	9
Manaus	311 622	20	633 383	14	1 010 544	12	1 157 357	10
Belém	633 374	9	933 280	11	1 244 688	11	1 144 312	11
Goiânia	380 773	15	717 519	12	920 840	13	1 004 098	12
São Luís	265 486	23	449 433	20	695 199	17	780 833	17
Maceió	263 670	25	399 300	24	628 241	19	723 230	18
Natal	264 379	24	416 892	22	606 681	21	656 037	21
Teresina	220 487	30	377 771	27	598 411	22	655 473	22
Campo Grande	140 233	50	291 777	35	525 463	25	600 069	25
João Pessoa	221 546	29	329 945	30	497 306	26	549 363	26
Cuiabá	100 860	87	212 980	52	401 303	36	433 355	35
Aracaju	183 670	39	293 119	34	401 676	35	428 194	37
Porto Velho	84 048	115	133 882	98	286 471	50	294 334	56
Florianópolis	138 337	52	187 880	63	254 941	64	271 281	63
Vitória	133 019	54	207 736	53	258 243	62	265 874	68
Rio Branco	83 977	116	117 101	116	196 871	86	228 990	86
Macapá	86 097	111	137 452	92	179 252	94	220 962	90
Boa Vista	36 464	438	67 017	234	142 902	133	165 518	125
Palmas					24 261	1 118	86 116	246

Sept capitales figurent parmi les dix premières villes brésiliennes, dix parmi les vingt premières, seize parmi les trente premières : les capitales constituent une bonne image du réseau urbain national, bien réparti sur tout le territoire. Pour nombre d'entre elles la réalité urbaine n'est certes pas à la hauteur du titre, sa population ne classait en 1996 la plus petite, Palmas (capitale du nouvel État du Tocantins) qu'au 246e rang des communes brésiliennes (il est à noter qu'en 1991 elle était au 1 118e rang). Pourtant, malgré ces disparités, la comparaison des vingt-six capitales brésiliennes est instructive.

La figure 46 a été élaborée de façon à retracer leur croissance du premier recensement brésilien, en 1872, jusqu'au dernier comptage de population, en 1996. Elle fait apparaître plusieurs différences sensibles entre elles :

– certaines n'apparaissent que tardivement, ce qui se marque par l'absence des cercles clairs représentant la population aux premiers recensements : Belo

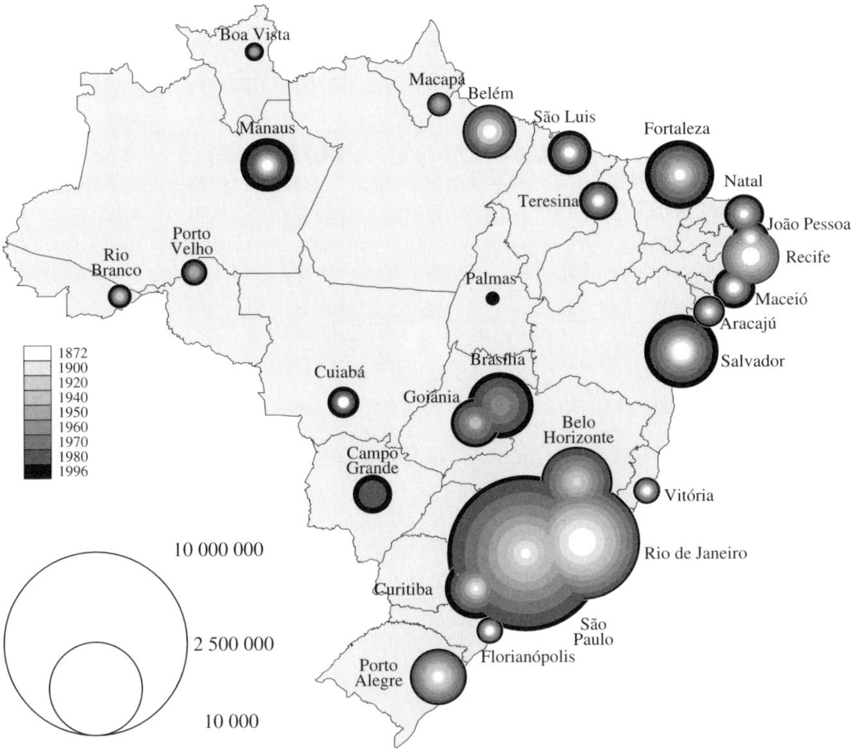

Figure 46 Croissance des capitales (1872-1996)

Horizonte n'a été fondée qu'en 1897 et Goiânia en 1930. Porto Velho, Boa Vista Rio Branco et Macapá ne deviennent capitales qu'à la création des territoires fédéraux, en 1943, Campo Grande qu'avec celle du Mato Grosso do Sul, en 1979 et Palmas a été fondée après la création du Tocantins, en 1988. Et naturellement Brasília, construite en 1960;

- parmi les plus anciennes s'opposent celles qui avaient au départ une certaine avance, et l'ont peu à peu perdue, comme Rio de Janeiro et Recife, et celles qui, partant du même niveau ou plus bas, ont connu une croissance beaucoup plus rapide. Parmi ces dernières Fortaleza, qui a vu sa population enfler récemment avec l'arrivée des *flagelados* fuyant la sécheresse et surtout São Paulo, qui ne comptait que 30 000 habitants en 1872 et est devenue aujourd'hui la principale ville du pays;
- quelques capitales ont pris progressivement un poids de capitale régionale, leur aire d'attraction dépassant les limites de leur État, comme Salvador ou Curitiba;
- d'autres capitales enfin ont connu une croissance régulière, celle de capitales régionales qui grandissent avec la région sur laquelle elles exercent leur attraction (dossier p. 254) : Manaus et Belém, ou encore Porto Alegre, sont dans ce cas.

Chapitre 6

La région problème, le Nordeste

LE NORDESTE est incontestablement la région problème du Brésil, la majorité des indicateurs socio-économiques (tableau 18) montrent qu'il est dans la plupart des domaines en dessous de la moyenne nationale, tenant souvent le dernier rang des régions brésiliennes, et il n'a pas même le dynamisme pionnier du Centre-Ouest et de l'Amazonie. L'attention est généralement focalisée sur un aspect particulier

Tableau 18 Situation du Nordeste

	Population 1996 (millions)	PIB agricole %	PIB industriel %	PIB Services %	Enfants au travail % / >14 ans
Maranhão	5	3	1	1	10
Piauí	3	1	0,3	0,5	12
Ceará	7	3	1	2	11
Rio Grande do Norte	3	1	1	1	8
Paraíba	3	1	0,4	1	12
Pernambuco	7	3	2	3	9
Alagoas	3	2	0,4	1	10
Sergipe	2	1	1	0,5	8
Bahia	13	8	5	4	8
Brésil	45	100	100	100	9

	Mortalité infantile (/1000 vivants)	Analphabé-tisme %	Plus de 11 ans d'école %	Approvision-nement en eau %	Raccordés à l'égout %
Maranhão	89	41	2	42	30
Piauí	65	41	3	91	47
Ceará	89	36	4	58	28
Rio Grande do Norte	91	35	5	65	48
Paraíba	98	41	6	76	40
Pernambuco	88	33	6	60	41
Alagoas	113	44	4	69	22
Sergipe	72	35	5	96	81
Bahia	64	35	3	69	37
Brésil	49	19	8	84	59

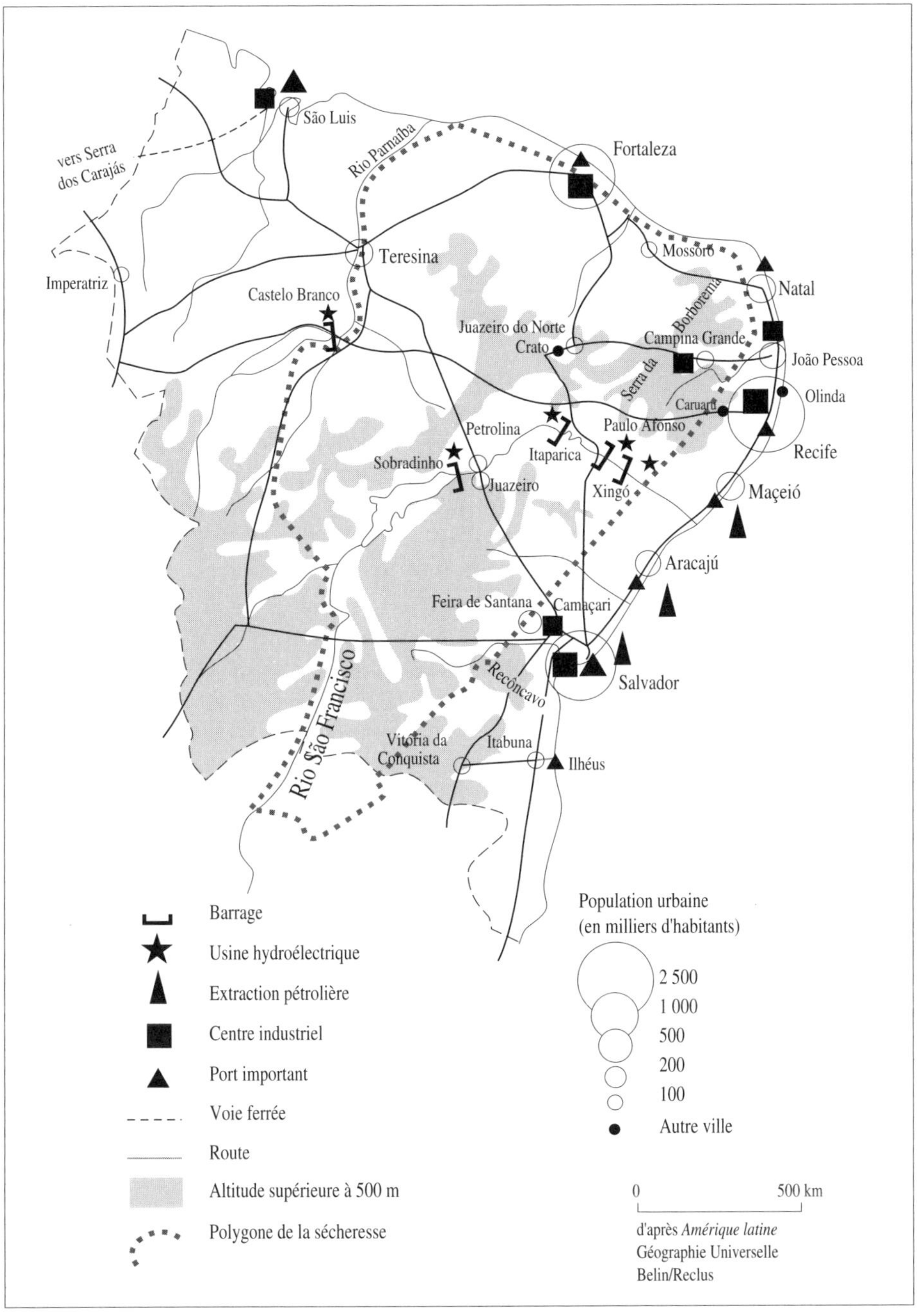

Figure 47 Le Nordeste

(et particulièrement grave) le drame du sertão : les grandes sécheresses catastrophiques, les *sêcas* attirent périodiquement l'attention et la compassion. Elles ne sont pourtant que le symptôme le plus visible d'une crise profonde.

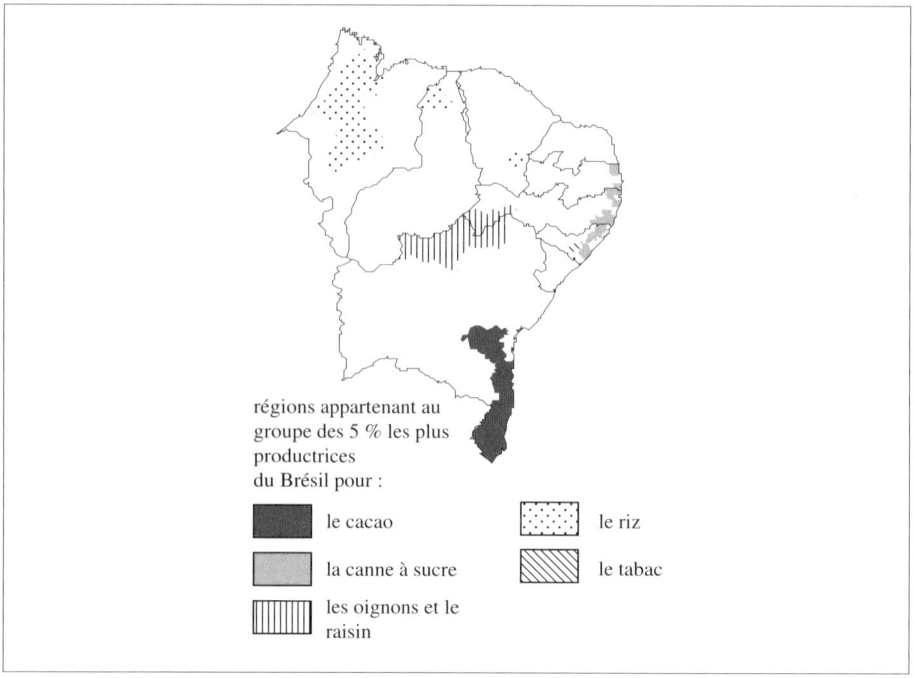

Figure 48 Agriculture du Nordeste

La région ne se réduit certes pas à ses difficultés, et surtout pas au manque d'eau. C'est aussi le creuset de la plus originale culture brésilienne, où se sont fondus le baroque portugais, les influences africaines et indiennes; elle recèle le plus riche patrimoine architectural, artistique et ethnologique du Brésil, a produit quelques-uns de ses plus grands artistes. Le drame des *flagelados* — les victimes de la sécheresse — émeut d'autant plus qu'il est spectaculaire et a été décrit par des œuvres fortes, comme le roman de Graciliano Ramos, *Vidas sêcas.* Le sertão et sa violence ont été connus à travers les œuvres d'Euclides da Cunha *(Os Sertões)* ou les films de Glauber Rocha. Cette région grandiose et hostile exerce une fascination profonde sur des auteurs dont beaucoup sont eux-mêmes nordestins, et fait un peu oublier le reste de la région, son originalité et la crise qu'elle vit aussi.

Formée à l'époque du sucre, la structure économique et spatiale de la région n'a pu s'adapter après son naufrage, elle est progressivement entrée dans la décadence et la soumission. Le diagnostic des maux réels dont elle souffrait a été tardif, et les remèdes appliqués longtemps inadaptés. Pourtant le Nordeste offre un exemple particulièrement intéressant de tentative d'aménagement régional, car c'est la plus ancienne de tout le pays, elle est passée par plusieurs phases distinctes et a connu des succès inégaux. Plutôt que d'étudier de près la géographie régionale du Nordeste infiniment complexe (chacune des grandes zones se subdivisant en de multiples sous-ensembles, aux nuances écologiques nombreuses, qui portent des systèmes agricoles souvent subtilement différents), il me semble plus important, en suivant B. Bret, de comprendre l'évolution des approches, de jauger le succès de ces essais successifs. Car une bonne partie du destin du pays se joue pourtant ici, puisque le Nordeste demeure, comme le présentait le titre de l'ouvrage toujours d'actualité de Josué de Castro, « une région explosive ».

1 UNE RÉGION ÉPAVE

Le Nordeste est la région la plus pauvre du Brésil, et par bien des aspects il évoque d'autres zones de misère : le sertão n'est pas sans parenté avec le Sahel, la situation des petits paysans de *l'agreste* ou de la zone de la canne à sucre évoque des situations comparables à Haïti. Le recensement de 1991 montrait que 27 % des Nordestins gagnaient moins d'un « salaire minimum » par mois (440 F environ) et 44 % moins de trois salaires, seuil au-dessous duquel une famille est officiellement considérée comme pauvre. Le taux d'analphabétisme était dans la région de près de 42 % (15 % dans le Sudeste).

Pour rendre plus concrète la misère que vivent certaines populations du Nordeste, la revue *Veja* a choisi, dans un reportage publié en août 1999, d'aller parler à la famille la plus pauvre de la commune la plus défavorisée, selon la recherche qui a abouti à la détermination de l'IDH municipal (chap. 3) : José Isidoro da Silva vit dans la zone rurale de São José da Tapera (Alagoas) avec sa

Photo 11 *Fogão de lenha*
Conçu pour brûler des branches brutes, ce fourneau est tout entier construit en argile, à l'exception des plaques de cuisson. Il est donc peu coûteux à construire dans les zones pauvres où le métal est cher. Mais le Brésil moderne est déjà présent dans cette pauvre cuisine, le corps gras pour la cuisson est désormais de l'huile de soja (cliché H. Théry).

femme et ses dix enfants. La dernière fois qu'il a gagné quelque argent remonte à deux ans, quand il avait gagné 15 reais (environ 50 francs) pour un mois de travail. Le seul appareil électrique de sa maison, une baraque de bois et au sol de terre battue, sans eau courante ni électricité, est une radio qui lui a été donnée, inutile puisqu'il ne peut remplacer les piles. Analphabète il nourrit ses enfants grâce à des petits travaux occasionnels, payés en nature, trois jours de travail pour un sac de sucre ou de farine de manioc. Les repas consistent généralement en une bouillie de manioc à l'eau, servie à tour de rôle dans une des trois assiettes de la maison. Dans cette commune, neuf habitants sur dix vivent avec moins de 30 reais par mois.

Comment expliquer la présence de cette immense « poche de pauvreté » dans un pays où d'autres régions rappellent les métropoles nord-américaines ou les campagnes européennes? Comment en est-on arrivé là alors que le Nordeste a été le foyer du premier grand cycle économique du pays, et connut alors une prospérité sur laquelle reposait la richesse de la colonie — et une bonne part de celle du Portugal?

Il semble que le Nordeste ne se soit précisément jamais remis de la décadence du système économique et social mis en place à cette époque. Autour de la production de sucre et des activités auxiliaires (cultures vivrières, élevage) s'était édifié un complexe économique et territorial (chap. 2), une société particulière, esclavagiste, inégalitaire, dominée par le commerce international du sucre. Quand dans la seconde moitié du 16e siècle les prix chutèrent de moitié — les nations d'Europe du Nord ayant développé leurs propres plantations aux Antilles pour se dégager du monopole brésilien — la production, désorganisée, baissa également de moitié et la région perdit d'un coup les trois quarts de son revenu. De cette crise le Brésil émergea grâce à la découverte de l'or du Minas, mais le Nordeste ne s'en porta pas mieux pour autant, les mines d'or contribuant même à désorganiser les plantations en faisant monter le prix des esclaves, sur qui tout le système reposait.

La rigidité du système de production de la canne, la lourdeur des investissements consentis et la domination sans partage des maîtres des moulins à sucre sur une masse d'esclaves et de dépendants ont empêché toute reconversion de la région de la canne. Dans le sertão le poids économique et politique des grands éleveurs leur a permis de continuer à accaparer la majeure partie des terres. Même relégués au second plan de l'économie nationale les notables du Nordeste ont pu garder le contrôle étroit de la région, faute de contrepoids. Les structures économiques et sociales mises en place à l'apogée du cycle du sucre ont donc survécu et contribué à empêcher une reconversion de plus en plus nécessaire à mesure que la population augmentait.

1.1 Après le sucre

Aucun des « cycles » ultérieurs n'est ensuite venu beaucoup modifier cette situation, bien que deux épisodes aient contribué à diversifier la base économique régionale. Le développement de l'industrie cotonnière en Grande-Bretagne au début du 19e siècle, l'ouverture des ports brésiliens en 1808 — qui permit aux Anglais, inspirateurs de la mesure, d'accéder aux ressources jusque-là réservées au Portugal — l'effacement de la concurrence nord-américaine pendant la guerre de Sécession ont favorisé le développement dans le sertão de plantations nouvelles, incluses dans les *fazendas* d'élevage ou dans les petites propriétés paysannes, donnant ainsi un revenu monétaire bienvenu. La culture du coton permit une occupation plus dense de la zone semi-aride, encouragée par une longue rémission dans la série des *sêcas*. Cette brève embellie rendit d'autant plus dramatique la grande sécheresse de 1877-1879.

Une partie des *sertanejos* se replia alors dans l'Agreste, dans les *brejos*, ces oasis du sertão, contribuant à augmenter la densité de population et l'intensité de l'utilisation de ces îlots de cultures vivrières dont dépendait — et dépend encore largement — l'alimentation de la région. Au début du 19e siècle le développement des plantations de cacao, dans le sud de l'État de Bahia, autour d'llheus et d'ltabuna, organisa une petite région de quasi-monoculture, aujourd'hui encore une des premières au monde, mais n'eut qu'un effet limité, passée la phase pionnière de colonisation, sur l'ensemble de la région.

Le déclin relatif se poursuivit donc, sur tous les plans. Sur celui de la démographie le Nordeste cessa d'être la première région brésilienne vers 1880, parce qu'il ne bénéficiait pas comme le Sud de mouvement de colonisation européenne et commença très tôt à alimenter un mouvement d'émigration vers les centres dynamiques du pays, zone du café puis des grandes industries.

Sur le plan économique également le Nordeste a pris de plus en plus de retard. Même pour la production du sucre, sa principale activité traditionnelle, la région n'a dû qu'au système de quotas imposés par l'État de ne pas avoir été emportée par la concurrence des plantations du Sudeste, bien plus modernes et efficaces. Et quand l'industrialisation commença à prendre une certaine ampleur, dans les années 1950, le Nordeste en fit largement les frais.

Photo 12 *Vaqueiros* du sertão
La zone semi-aride du sertão est principalement consacrée à l'élevage extensif. Le vachers à cheval, équivalent brésilien des *cow-boys*, rassemblent le bétail pour le marquer au fer rouge (cliché H. Théry).

1.2 La dépendance

Une amorce d'industrialisation avait pourtant eu lieu dans la région, en particulier autour de l'industrie textile fondée sur les ressources locales en coton et en main-d'œuvre. Mais la suite du développement industriel s'est localisée essentiellement à São Paulo (chap. 10) et les mesures protectionnistes adoptées pour protéger l'industrie nationale naissante ont conduit à ce que Celso Furtado a appelé l'« effet triangulaire ».

Alors que le Nordeste avait une économie surtout agro-exportatrice et que les devises obtenues servaient à acheter des biens de consommation étrangers, la manipulation des taux de change et l'instauration de barrières douanières à l'importation ont eu pour effet de rendre l'exportation plus difficile et d'obliger les consommateurs à acquérir les produits des industries nationales, même s'ils étaient plus chers et de moindre qualité. Grâce à cette clientèle captive les industries du Sudeste ont pu se développer, acquérant à l'étranger les biens d'équipement nécessaires en utilisant les devises produites par les exportations agricoles.

Il s'établissait donc un lien de dépendance entre le Nordeste et le Sudeste, qui renforça le déséquilibre existant. Il faut ajouter que nombre de détenteurs de capitaux nordestins ont préféré les investir ou les prêter dans les régions dynamiques du Sud, au lieu de tenter de relancer l'économie régionale, aggravant ainsi l'hémorragie d'hommes et d'argent qui affaiblissait la région appauvrie au bénéfice de celle qui devenait de plus en plus riche.

De centre de la nation, le Nordeste est devenu de plus en plus une région subordonnée, un poids mort, un réservoir de main-d'œuvre bon marché fuyant la sécheresse et la misère. Et c'est précisément l'exode des *retirantes*, des paysans fuyant le sertão qui a attiré l'attention des gouvernants sur les difficultés du Nordeste, au point que l'on a longtemps assimilé et réduit les unes à l'autre, jusqu'à ce qu'il apparaisse à l'évidence que le problème était plus vaste.

2 LA « POLITIQUE HYDRAULIQUE » ET SON ÉCHEC

Le sertão n'est pas une zone vraiment aride, mais l'irrégularité des précipitations y provoque périodiquement de véritables catastrophes. À regarder le total des précipitations, on constate en effet que, si le Nordeste intérieur est la région la moins arrosée du pays (fig. 6), le total annuel n'est inférieur à 500 mm que dans quelques zones. Mais ces précipitations consistent généralement en grosses averses, concentrées sur quelques mois ou quelques semaines, et l'eau qui n'est pas recueillie est vite évaporée ou évacuée par un réseau de ruisseaux temporaires. À l'irrégularité annuelle — celle de la date de début des pluies — s'ajoute une irrégularité pluriannuelle, les précipitations variant beaucoup d'une année à l'autre, et il arrive qu'une année ou plusieurs années consécutives soient presque totalement sèches. La végétation naturelle est adaptée à ces variations, et une averse suffit à faire fleurir la *caatinga*, alors que les plantes vivrières meurent : on parle alors de « sécheresse verte », une situation où les paysans sont souvent chassés, par la disette, d'un paysage verdoyant peu propre à émouvoir autorités ou organisations charitables.

2.1 Les *sêcas*

Les causes de ces sécheresses sont encore assez mal connues, probablement liées à des phénomènes de circulation de la haute atmosphère et la situation du Nordeste par rapport aux hautes pressions atlantiques, dont le déplacement peut bloquer l'arrivée des masses d'air humides, réduisant ou supprimant la saison des pluies. Sur le littoral, des remontées d'air froid depuis les zones tempérées provoquent souvent des pluies hors saison, ce qui compense les irrégularités, étale les précipitations au long de l'année et permet des cultures exigeantes en eau, comme la canne à sucre. Mais l'intérieur n'en bénéficie pas et les seuls points où l'alimentation en eau est à peu près assurée sont les *brejos* (ces oasis d'altitude qui interceptent le peu d'humidité des alizés), les zones de piedmont bien pourvues en sources et les berges de fleuves allogènes permanents comme le São Francisco : toute activité humaine dans le sertão est donc soumise à la menace d'un retour de la sécheresse.

La périodicité de ces crises climatiques a été beaucoup étudiée, sans grands résultats. Les rythmes observés au 18e et au 19e siècle ne se prolongent pas au 20e, et les dictons et pratiques populaires (observer les douze premiers jours de l'année ou le comportement de douze pierres de sel exposées à la rosée dans la nuit de la Santa Luzia, pour en inférer les mois pluvieux et secs) ne sont pas pour le moment moins fiables que les calculs à long terme.

En revanche, l'effet de ces sécheresses est indiscutablement catastrophique et aggravé par l'augmentation de la population. Lors de la *sêca* de 1958, dans le Ceará, un des États les plus atteints, 82 % de la récolte de riz, 83 % de celle du maïs et 86 % des haricots — les cultures vivrières de base — avaient été perdus. Aux décès directement attribuables à la faim il faut ajouter ceux dus aux maladies de carences ou à des maladies épidémiques favorisées par l'affaiblissement; la perte des récoltes et le manque d'eau lancent sur les routes des milliers de sinistrés qui cherchent à gagner les grandes villes littorales et parfois pillent les entrepôts ou les magasins.

Ces scènes dramatiques, d'autant plus insupportables que les *flagelados,* les sinistrés, viennent jusque devant les palais officiels réclamer de quoi ne pas mourir de faim, ont été à plusieurs reprises le point de départ d'une prise de conscience, de la part des autorités brésiliennes, du fait qu'il fallait faire quelque chose pour le Nordeste. On peut faire remonter les premières tentatives à la sécheresse de 1877-1879, qui tua près de 120 000 personnes (et presque tout le bétail) dans le seul Ceará et lança les Cearenses vers l'Amazonie, en plein boom du caoutchouc, ou vers les plantations de café de São Paulo.

2.2 La « politique des *açudes* »

Identifiant les difficultés du sertão avec le manque d'eau et de vivres lors des périodes critiques, les derniers gouvernements impériaux et ceux de la « Vieille République » insistèrent sur la construction de barrages, le forage de puits et l'ouverture de routes et de chemins de fer. En 1909 fut créée l'Inspection des travaux contre la sécheresse (IOCS) qui, devenue l'IFOCS puis le DNOCS, entreprit des études et de grands travaux pour le stockage de l'eau dans des retenues, les açudes.

En 1936 fut délimité un périmètre de 620 000 km², le « polígono das sêcas », définissant l'aire où l'aide du gouvernement fédéral pouvait être dispensée, un enjeu qui explique ses agrandissements successifs en 1946 et en 1951 : il s'étend aujourd'hui sur 936 993 km². La loi prévoyait d'affecter, à l'intérieur de cette zone, une part préfixée du budget fédéral (2 % en 1900, 4 % en 1934, 3 % après 1946).

Malgré certains résultats concrets, mesurés en nombre de barrages construits ou en quantité d'eau stockée, cette politique a été un échec. Échec sur le plan technique, car la topographie a souvent amené à créer des retenues très étendues, ce qui favorisait l'évaporation, et peu profondes, vite comblées par la sédimentation. Les conditions de construction ont souvent été très mauvaises : les crédits n'étant libérés qu'une fois la sécheresse déclarée, les travaux commençaient trop tard, ne servaient guère qu'à occuper les sinistrés en échange d'un maigre salaire, et étaient abandonnés au retour des pluies.

L'aide publique avait donc surtout un caractère d'assistance, en période de catastrophe, dont l'utilité était fortement diminuée par le renchérissement des vivres et de nombreuses malversations. Alors que certains s'enrichissaient (on les appelait les « industriels de la sécheresse »), la masse de la population ne tirait guère profit des quelques réalisations menées à bien. Le pouvoir local des grands éleveurs était tel que les açudes servaient essentiellement à abreuver leur bétail : en 1958 moins de 6 000 ha étaient irrigués dans le Nordeste. À l'épreuve de la sécheresse et de la nécessité de partager l'eau, il était apparu que la force principale était l'élevage, plus résistant et surtout pratiqué par les puissants notables régionaux, au détriment de l'agriculture vivrière de la petite paysannerie.

Comme cette dernière employait une masse de population plus importante, et en voie d'accroissement plus rapide, l'effet des sécheresses fut à chaque fois plus grave, ce qui finit par faire penser que la voie suivie n'était pas la bonne.

2.3 La remise en question

Les sécheresses de 1951-1953 avaient déjà amené à considérer que le problème du Nordeste n'était pas seulement celui de l'eau, et favorisé la création de la Banque du Nordeste du Brésil (BNB), dans le cadre plus vaste d'une mise en place d'un appareil de planification économique. Celle de 1958, plus grave encore, fut à l'origine de la création d'un « groupe de travail pour le développement du Nordeste », présidé par l'économiste Celso Furtado. Ce groupe constitua l'embryon de la future Surintendance de développement du Nordeste (Sudene), qu'il dirigea également et qui changea tout à fait la perspective d'action gouvernementale.

Considérant en effet que la région n'était pas pauvre à cause de son climat, mais incapable d'en supporter les effets parce qu'elle était pauvre, le groupe de travail proposait de considérer la région dans son ensemble — donc de ne pas se limiter au sertão — et de s'attaquer au sous-développement de l'ensemble en changeant les bases économiques de toutes les zones.

Les moyens choisis étaient divers. D'abord — avec la conviction que l'on avait alors que l'industrie était la solution — on proposait de tenter d'industrialiser le Nordeste, ce qui supposait que l'État mette en place les grandes infrastructures (énergie, transports) et les industries de base. Il fallait ensuite intensifier et transformer l'agriculture du littoral, au besoin en remettant en question la prédominance de la canne à sucre et en redistribuant les terres. La lutte contre la sécheresse devenait alors un objectif parmi d'autres, et l'on visait surtout à améliorer l'irrigation et à diminuer la pression démographique en favorisant la colonisation de la « pré-Amazonie » du Maranhão, bien arrosée et sous-peuplée.

C'est sur ces principes que s'est engagée la politique de la Sudene, d'abord novatrice et originale, avant que les désillusions et les changements de cap ne fassent douter de la possibilité de trouver un jour une issue, sauf à bouleverser les structures profondes de la région.

3 TRENTE ANS DE POLITIQUES DU DÉVELOPPEMENT

On peut distinguer plusieurs phases dans l'évolution de la politique de développement du Nordeste, et il est significatif qu'on puisse les dater par référence aux grandes sécheresses : née de la *sêca* de 1958, elle subit un important changement avec celle de 1970, et les proportions des dernières catastrophes conduisent à se demander quel est le bilan de ce quart de siècle.

3.1 Les années 1960

Dans sa première période la politique de la Sudene, alors très originale au Brésil, reposait sur deux types d'actions, directes et indirectes. Les premières étaient organisées par des plans directeurs, biennaux, fondus à partir de 1972 dans la planification nationale. Le premier (1961-1963) consacrait près de trois quarts des crédits aux infrastructures (routes, énergie) et 20 % à l'action sociale (santé, éducation, logement). Le deuxième, le troisième et le quatrième s'engageaient plus dans l'action sectorielle, une fois les infrastructures construites; surtout, leur financement, à partir du troisième, faisait intervenir, à côté de l'État fédéral (33,6 %) les États du Nordeste (12,6 %), les *municipios* (3,8 %), le secteur privé (35,7 %) et les organisations internationales (14,3 %).

Le financement était en effet le point faible de l'action de la Sudene : elle ne gérait qu'une partie des ressources allouées, et n'avait guère de moyens de pression sur les ministères techniques. De plus les budgets annuels réels ont presque toujours été bien inférieurs à ceux affichés par les plans : 25,4 % des prévisions en 1963, 43,7 % en 1968 par exemple.

L'action indirecte était donc le levier le plus puissant. Comme on considérait qu'un des problèmes essentiels du Nordeste était la faible rentabilité des investissements — ce qui décourageait les initiatives — on avait conçu, à côté de l'action directe dont le résultat devait être de créer les bases économiques indispensables, une politique incitatrice destinée à réduire la part de l'investissement à la charge des entrepreneurs, de façon à en améliorer la rentabilité. Le système mis en place, dit « 34/18 » (car défini par l'article 34 de la loi du 14.12.61 et l'article 18 de la loi du 27.06.63), consistait à permettre d'utiliser jusqu'à 50 % des sommes dues au titre de l'impôt sur le revenu de toute personne juridique. Bloquées sur un compte de la Banque du Nordeste, pour être investies dans un projet approuvé par la Sudene, ces sommes pouvaient en représenter jusqu'à 50 %. Il était également possible de consacrer 75 % de sa contribution fiscale au *Fidene*, un fonds d'investissement géré par la Sudene, qu'elle utilisait pour financer les industries de base.

Ce système fut modifié par la suite, il a été étendu aux entreprises étrangères et à des investissements non industriels, la part de l'investissement représentée par les « stimulants fiscaux » *(incentivos fiscais)* modulée, selon l'intérêt qu'il présentait, de 30 à 70 %, ce qui devait permettre à la Sudene de choisir des projets qu'elle jugeait plus susceptibles d'aider au décollage économique régional, dans certaines branches industrielles et certaines régions.

Comme la Banque du Nordeste pouvait par ailleurs financer jusqu'à 50 % des projets les plus prometteurs, le calcul des fonds propres se faisait alors sur la moitié restante, et dans certains cas l'apport réel était donc d'à peine plus de 10 %, sans compter les avantages consentis par les États et *municipios :* exemptions d'impôts locaux, terrains viabilisés à bas prix, etc. Il était donc possible d'investir aux moindres coûts dans le Nordeste : quels en ont été les effets ?

Le secteur industriel s'est fortement développé, bien qu'à un rythme un peu inférieur à celui du pays dans son ensemble. Mais il est vite apparu un dualisme marqué entre les nouvelles industries et les anciennes, dont la crise a souvent été aggravée par la concurrence d'unités modernes. Or ces dernières sont la plupart du temps fortement automatisées : comme les incitations fiscales rendent le facteur capital peu coûteux, les entrepreneurs ont généralement choisi les solutions techniques les plus avancées, et les moins demandeuses de main-d'œuvre, si bien que l'industrie, loin de créer de plus en plus d'emplois, en a au contraire créé de moins en moins. De surcroît cette industrie moderne est à la fois plus concentrée et plus dépendante que l'ancienne : les localisations choisies ont été pour l'essentiel les grandes villes et leurs nouveaux parcs industriels, Salvador et Recife principalement, et les principaux investisseurs — puisque c'étaient les plus gros contribuables — ont été des firmes du Sud, souvent elles-mêmes filiales de firmes étrangères (qui ont pu ainsi s'implanter à des coûts minimes dans le Nordeste).

Le bilan industriel s'avéra donc assez décevant. Les infrastructures avaient beaucoup progressé (kilométrage de routes multiplié par trois, routes asphaltées par dix, constitution d'un réseau à mailles larges, mais cohérent, disponibilité d'énergie multipliée par trois), mais c'est le secteur agricole qui, une fois encore, constituait la clé, et la situation y restait préoccupante.

L'agriculture n'était pas prioritaire dans l'action de la Sudene. Et surtout elle n'avait pu qu'inciter, démontrer, sans toucher à aucun des facteurs de blocage, en particulier aux structures agraires, sujet tabou après le coup d'État de 1964. La concentration de la propriété se poursuivit donc, et comme la conquête de terres nouvelles (+ 17 % entre 1960 et 1970) n'a pas suivi la croissance démographique, l'émiettement des *minifundios* s'est aggravé, et les tensions ont continué à s'accumuler. Et la *sêca* de 1970 s'est chargée de démontrer que rien n'était réglé dans le sertão.

3.2 Les années 1970, 1980 et 1990

En 1970 on vit se reproduire les scènes du passé, et on tenta les mêmes remèdes inefficaces : les principales récoltes ayant été perdues à plus de 40 % en moyenne, il fallut employer les sinistrés dans les « fronts de travail », à construire dans les ruisseaux à sec des barrages abandonnés aux premières pluies. L'originalité fut que cette fois on tenta de résoudre les problèmes du Nordeste au plan national, en étendant le cadre de travail — et en diminuant les ressources.

L'élément le plus important, annoncé par le président Medici le 6 juin 1970, après une visite des régions les plus affectées, fut le Projet d'intégration nationale (PIN), dont la pièce centrale était la route transamazonienne : l'émigration vers l'Amazonie était présentée comme la solution aux difficultés climatiques et au « manque de terres » lié aux structures foncières. La réponse aux problèmes du Nordeste était donc à chercher en dehors de la région.

Du même coup la Sudene était dépossédée d'une bonne part de ses pouvoirs, et de ses ressources : 30 % des fonds 34/18 étaient attribués au PIN. L'extension du mécanisme des stimulants fiscaux à l'Amazonie contribua également à diminuer les fonds disponibles, ainsi que le lancement du programme Proterra (1971), destiné à relancer l'économie rurale dans le Nordeste et le Nord (dont un quart seulement consacré à la redistribution de terres, et qui ne fut pas utilisé), ou le programme Provale (1972), dans la vallée du São Francisco.

Simultanément, l'orientation de l'action de développement était revue, à la lumière de la théorie des « pôles de développement ». Constatant que la croissance, agricole et industrielle, se produisait pour l'essentiel en quelques points, et croyant pouvoir utiliser les théories dérivées de la pensée de F. Perroux, les responsables politiques décidèrent de concentrer leurs investissements sur ces « pôles » dynamiques.

Cela se traduisit, en matière industrielle, par la priorité donnée au « pôle pétrochimique » de Camaçari, près de Salvador, et aux projets de zone industrialo-portuaire de Suape (près de Recife), de complexe sidérurgique d'Itaqui (près de São Luis do Maranhão). Pour l'agriculture on décida d'appuyer la croissance des vallées et montagnes humides (les *brejos* du sertão), d'aider l'agriculture sèche, d'encourager la colonisation et la conquête des plateaux côtiers, ce qui au total couvre d'ailleurs une bonne part du Nordeste.

Inspiré du plan Poloamazonia, mis en place pour réorienter la politique amazonienne, ce plan Polonordeste (1974) visait donc à rationaliser les choix budgétaires et géographiques. Mais outre le fait qu'on peut en critiquer aussi bien les fondements que les choix régionaux, on doit constater qu'il n'est désormais plus qu'un aspect d'une action multiforme, diffuse, et pas toujours coordonnée.

On a ainsi assisté à une prolifération de plans, projets et organismes, à compétences sectorielles et géographiques enchevêtrées, au milieu de laquelle il est difficile de distinguer s'il existe un axe central. Pour le seul sertão et rien que dans les années 1980, on a pu relever, outre les aspects du programme Polonordeste qui le concernent, le *projeto sertanejo* d'appui et d'incitation à la diversification à la petite agriculture, avec l'appui de la Banque mondiale; les programmes d'irrigation de la Codevasf (dans la vallée du São Francisco) et du DNOCS; le programme *Asa Branca* de développement des ressources hydrauliques; l'action de la Ceplac dans la zone du cacao; les programmes de développement des villes moyennes; les programmes propres de chacun des États. Sans parler des actions sectorielles des ministères techniques (Agriculture, Transports, Mines et Énergie, etc.). On peut analyser à perte de vue les spécificités et les effets de chacune de ces actions, mais force est de constater qu'il n'existe plus pour le Nordeste un « grand dessein », une « ardente obligation » qui orienterait l'action d'ensemble.

Y en aurait-il une que l'on pourrait d'ailleurs se demander s'il est possible de remonter la pente. De 1979 à 1984 la *sêca* a ravagé de nouveau le sertão, tous les ans plus grave. On a revu les *retirantes*, ces paysans émaciés qui quittent leur terre calcinée, ayant perdu même l'espoir de trouver une place dans les fronts de travail, ces chantiers où un homme par famille gagnait 150 F par mois pour huit heures de dur travail par jour, sous le soleil, l'estomac vide. Les journaux brésiliens, les télévisions ont montré tous les jours des témoignages épouvantables, des millions de personnes ont été touchées, et on n'a pu appliquer, en attendant des solutions à long terme, que des palliatifs, par exemple distribuer de l'eau dans les villages, par camions-citernes — principale activité de la Sudene durant cette période.

Le sertão n'est pas tout le Nordeste, mais la situation ailleurs n'est pas tellement meilleure. En dehors d'îlots prospères, comme les périmètres irrigués, de certaines régions bien dotées et bien délimitées, de certains quartiers opulents des grandes villes, le Nordeste reste très pauvre. On meurt encore de faim dans le sertão, et même sur le littoral les pédiatres mettent en garde les autorités : la malnutrition des enfants pauvres menace leur développement physique et intellectuel et prépare, pour reprendre les mots de l'un d'entre eux « une race de nains idiots ».

Et cette misère est d'autant plus insupportable que l'espoir d'en sortir en émigrant diminue : les villes se saturent et même si l'on est sûr d'y trouver un peu d'aide, il est évident qu'un *sertanejo* non qualifié n'y trouve plus d'emploi. L'Amazonie apparaît comme un mirage meurtrier, les portes se ferment dans le Sud : quel espoir reste-t-il?

Au bout de trente ans de politique de développement, d'un siècle d'intervention publique, le Nordeste reste le plus grave problème du Brésil. Il a connu une certaine industrialisation, une certaine croissance, une modernisation — mais les a payés d'une dépendance accrue vis-à-vis des centres de décision du sud du pays — certainement pas un développement autonome. Les urgences demeurent et se font plus pressantes, elles ne pourront être indéfiniment différées.

BIBLIOGRAPHIE

CORREIA DE ANDRADE (M.), L'ensemble de son œuvre et notamment *A terra e o homen no Nordeste* (3a edição), Editora Brasiliense, São Paulo, 1973.

BRET (B.), « Le Nordeste du Brésil. Croissance économique et problèmes d'aménagement », *Problèmes d'Amérique latine,* n° 38, p. 59-85, 1975.

DE CASTRO (J.), *Une zone explosive, le Nordeste du Brésil,* coll. « Esprit », Le Seuil, Paris, 1965.

HALL (A.L.), *Drought and Irrigation in Northeast Brazil,* Cambridge University Press, Cambridge, 1978.

DROULERS (M.), « Le rôle de l'État dans l'aménagement du sertão du Nordeste », *Problèmes d'Amérique latine,* n° 55, p. 63-85, 1980.

RIVIÈRE D'ARC (H.) (sous la dir. de), *Portraits de Bahia — Travail et modernisation dans quatre régions agricoles d'un état du Brésil,* Éditions de la Maison des Sciences de l'Homme, Paris, 1987.

Enfin, un exemple de la complexité de détail des milieux et des évolutions peut être trouvé dans les travaux, dirigés par A. PÉBAYLE, sur l'État de la Paraiba. *Géographie et Écologie de la Paraiba (Brésil),* t. I et II, Travaux et documents du Ceget, n°s 41 et 50, Bordeaux, 1980 et 1983.

Dossier

La vallée du São Francisco

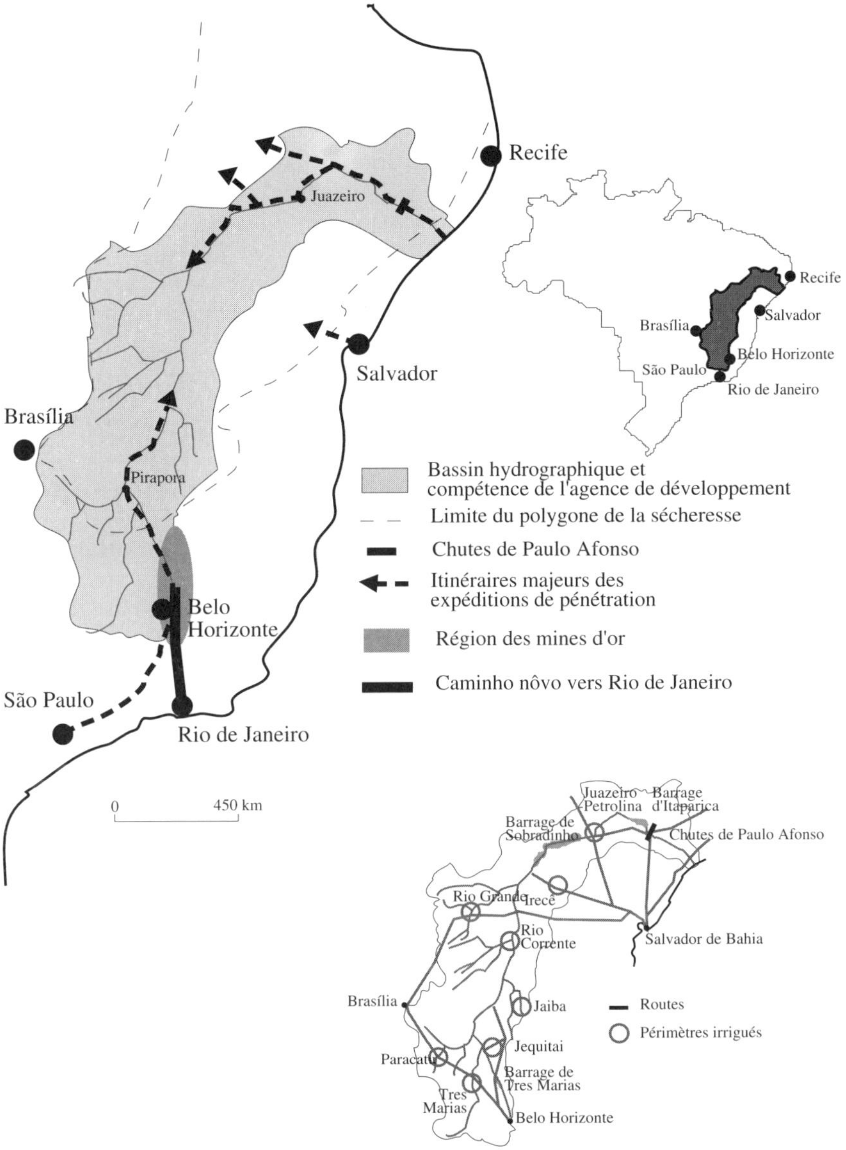

Figure 49 La vallée du São Francisco

Le São Francisco occupe dans l'espace imaginaire des Brésiliens une place particulière, et cela explique en partie pourquoi sa vallée a fait depuis près de quarante ans l'objet d'un aménagement qui a connu des fortunes diverses. Fleuve du sertão, il traverse des régions qui sont parmi les plus pauvres du Brésil, et son destin illustre assez bien celui du Nordeste intérieur. Baptisé « fleuve de l'unité nationale » parce qu'il unit les deux principaux foyers de peuplement du pays, il n'a guère son rôle de trait d'union qu'à l'époque de la découverte de l'or dans sa haute vallée. L'ouverture du *caminho novo* vers Rio et l'interdiction en 1701 de la sortie de l'or par le Nordeste (chap. 2) replongèrent la vallée dans une léthargie prolongée.

Il fallut la Seconde Guerre mondiale et la menace des sous-marins allemands qui, interrompant la navigation de cabotage, coupèrent effectivement le pays en deux, pour que l'attention soit attirée sur la nécessité d'une liaison intérieure sûre. L'exemple de la Tennessee Valley Authority eut également un poids important dans les débats qui aboutirent à la création de la Commission de la vallée du São Francisco (CVSF), dotée de larges pouvoirs et en principe de crédits équivalents à 1 % des recettes fiscales de l'État fédéral.

Les résultats de son action furent hélas minces, en dehors d'études et de relevés qui constituèrent les premières bases de la connaissance scientifique de cette région de plus de 640 000 km^2 : alors que les ingénieurs concevaient de grands ouvrages dans une perspective un peu trop technique, le jeu des pressions politiques amenait l'action réelle de la CVSF à se dissoudre en une « grande politique de petits services », d'autant plus nécessaire que tous les autres services gouvernementaux, considérant que la vallée était le fief de la CVSF, lui laissaient le soin d'y réaliser routes, écoles, hôpitaux, etc.

Une réorganisation était donc nécessaire, elle se fit, après une série d'études menées sous l'égide des États-Unis, quand fut créée en 1971 la Surintendance de la vallée du São Francisco (Suvale). Ses objectifs étaient réduits, sectoriellement et géographiquement, par rapport à ceux de la CVSF : considérant que l'atout principal de la région était ses sols et surtout la présence de ce fleuve permanent (alimenté à 70 % par les pluies de sa haute vallée, dans le Minas Gerais) en pleine zone semi-aride, on concentra tout sur l'irrigation, qui reste le but principal de l'actuel organisme d'aménagement, la Compagnie de développement de la vallée du São Francisco (Codevasf), créée en 1974. Dix « aires prioritaires » ont été définies et sur les 620 000 ha irrigables de la vallée il était prévu d'en aménager 200 000 avant 1979.

Ces objectifs réduits n'ont pas été atteints, ni même les 50 000 ha annoncés finalement. On peut avancer plusieurs raisons, les unes propres à l'action de la Codevasf, les autres au système de gestion régionale de la vallée.

Choisissant l'irrigation comme fer de lance de leur action, Suvale et Codevasf ont privilégié l'aménagement « lourd » (pompes électriques et canaux bétonnés) conseillé par les bureaux d'étude et les firmes de travaux publics. Coûteux et donc peu nombreux, les périmètres irrigués ont dû, pour être rentabilisés, produire des cultures chères, délicates, que les paysans délogés pour leur faire place ne peuvent guère pratiquer et encore moins commercialiser. Une place de plus en plus grande a donc été faite à des firmes commerciales et un fossé s'est creusé entre les quelques colons qui ont réussi leur mutation en entrepreneurs et ceux qui sont devenus leurs salariés ou ceux des firmes extérieures.

Ce choix même de l'irrigation est en outre menacé par la concurrence qui s'est développée autour de la ressource la plus rare, l'eau. En même temps que la CVSF, avait été mise sur pied une compagnie hydroélectrique, la CHESF, qui a équipé les chutes de Paulo Afonso, construisant une série de centrales dont le potentiel cumulé dépasse 5 000 MW (et atteindra un jour presque 12 000 MW

— la puissance d'ltaipú — si tous les projets sont réalisés). Pour assurer le fonctionnement régulier de ces équipements une retenue de plus de 4 000 km² a été créée par le barrage de Sobradinho, dont le rôle est surtout de régulariser le débit à 2 060 m^3/s. Cet énorme aménagement, outre qu'il a obligé à déplacer 70 000 personnes et noyé les terres fertiles des berges sur plus de 200 km, entraîne une perte par évaporation de 190 m^3/s et interdit pratiquement l'extension de l'irrigation au-delà des projets en cours.

Il existe donc un conflit entre les utilisations possibles des ressources principales de la vallée, mais on remarquera que toutes visent leur mise en valeur au profit de régions extérieures : les produits des périmètres, l'électricité générée par les turbines sont consommés sur le littoral. Simultanément, les sociétés paysannes traditionnelles se sont désintégrées sous l'impact des nouveaux équipements (routes, télécommunications) et des nouveaux rapports économiques et sociaux qui se mettent en place à mesure que la vallée entre dans la sphère de production et d'échange du Brésil côtier.

On peut en voir un symbole dans la disparition graduelle des bateaux à vapeur qui transportaient passagers et marchandises entre Pirapora et Juazeiro. À mesure que les routes relient la haute vallée au Minas Gerais, la partie bahianaise à Salvador et intègrent la basse vallée dans la région littorale, l'unité géographique du São Francisco se dissout, comme a disparu l'unité de son aménagement. Des idéalisations d'Euclides da Cunha et de Vicente Licinio Cardoso, il ne reste plus guère aujourd'hui qu'une belle légende et la difficile gestion d'un grand bassin hydrographique au cœur du polygone de la sécheresse.

BIBLIOGRAPHIE

THÉRY (H.), « La vallée du São Francisco, une région sous-développée et sa mise en valeur », *Annales de Géographie*, n° 483, p. 520-544, 1978.

THÉRY (H.), « Trente ans d'aménagement de la vallée du São Francisco », *L'Espace Géographique*, n° 3, p. 161-168, 1981.

Chapitre 7

Les espaces pionniers, Amazonie et Centre-Ouest

Il peut sembler facile de caractériser Amazonie et Centre-Ouest par rapport au reste du pays : c'est la périphérie pionnière, encore mal intégrée au cœur du pays (en dehors d'une frange méridionale qui y est déjà bien incorporée). C'est aussi une terre de grandes promesses, au point qu'on a souvent été tenté d'y voir les régions solutions où se résoudraient les problèmes du Nordeste. C'est pourquoi on peut restreindre ici le champ géographique à l'« Amazonie légale » : définie par la législation brésilienne, elle comprend les États amazoniens, le Mato Grosso, le Tocantins, l'ouest du Maranhão (à l'ouest du 44e méridien). C'est le vrai domaine pionnier, celui où se sont concentrées les opérations publiques et privées — ne serait-ce que parce que cette définition délimite la zone où s'appliquent subventions et avantages fiscaux. En deçà le Centre-Ouest est pour l'essentiel la périphérie, agricole, pastorale, industrielle, du Sudeste.

La division administrative et politique tend d'ailleurs à s'aligner sur cette définition, comme en témoigne la création des deux États les plus récents. La division du Mato Grosso, en 1979, a fait naître le Mato Grosso do Sul (Mato Grosso du Sud, capitale Campo Grande), individualisant le territoire entré dans la zone d'attraction du Sudeste à mesure qu'il était englobé par les fronts pionniers venus du Paraná et de São Paulo, au Sud, du Goiás et du Minas Gerais, à l'Ouest. La division du Goiás, en 1988, a créé l'État du Tocantins, État clairement amazonien : si les lignes de division ne correspondent pas exactement aux parallèles de référence, l'idée de fond était bien de distinguer dans ces États démesurés, la partie déjà consolidée de la partie pionnière.

Le milieu naturel semble, dans les limites ainsi définies, donner une grande uniformité à ces immenses espaces : c'est pour l'essentiel le domaine de la grande forêt, vide ou presque, celui des eaux partout présentes. Mais il faut se méfier de cette apparence, et leurs bâtisseurs se sont bien rendu compte, en ouvrant les grandes routes transamazoniennes, que les milieux naturels étaient plus divers et plus complexes qu'on ne le pensait; sous le moutonnement monotone des grands arbres la topographie était parfois masquée, la diversité des sols inapparente.

La période de conquête de ces régions a aussi été celle où a commencé leur étude scientifique, encore balbutiante, et l'on se rend compte tous les jours davantage qu'on les connaît mal. Comment s'en étonner, l'Amazonie est un des

Tableau 19 Situation du Nord et du Centre-Ouest

	Population 1996 (millions)	PIB agricole %	PIB industriel %	PIB Services %	Enfants au travail % / >14 ans
Rondônia	1	1	0,3	1	11
Acre	0,5	0,4	0,1	0,2	8
Amazonas	2	1	2	1	5
Roraima	0,2	0,1	0,1	0,1	3
Pará	6	5	2	2	7
Amapá	0,4	0,1	0,2	0,1	4
Tocantins	1	1	0,0	0,1	8
Mato Grosso do Sul	2	3	1	1	10
Mato Grosso	2	1	1	1	10
Goiás	5	3	2	2	10
Distrito Federal	2	0,1	1	5	3
Brésil	22	100	100	100	9

	Mortalité infantile (/1000 vivants)	Analphabé-tisme %	Plus de 11 ans d'école %	Approvision-nement en eau %	Raccordés à l'égout %
Rondônia	47	20	3	63	34
Acre	61	34	4	44	33
Amazonas	45	24	4	68	16
Roraima	51	22	4	91	68
Pará	53	24	4	56	37
Amapá	51	19	5	69	35
Tocantins	54	30	2	45	1
Mato Grosso do Sul	31	16	7	81	12
Mato Grosso	37	19	5	88	69
Goiás	32	18	6	78	31
Distrito Federal	28	9	17	88	83
Brésil	49	19	8	84	59

rares endroits au monde (avec les Antilles, que les Anglais appellent *West Indies*, les « Indes occidentales ») à porter un nom de toute évidence erroné : ses premiers explorateurs, en découvrant ces Indiens imberbes et armés d'arcs et de flèches crurent y voir les mythiques Amazones. Dès le premier contact la légende a donc fait interpréter la réalité à travers un filtre déformant.

Espaces immenses, sous-peuplés, l'Amazonie et le Centre-Ouest ont connu depuis près de trente ans une ruée pionnière qui a semblé devoir bouleverser leur géographie. En examinant les effets on verra que c'est là la suite d'une histoire déjà longue, dont toutes les traces n'ont pas été oblitérées. Simplement une nouvelle organisation de l'espace se plaque sur l'ancienne, et se combine avec elle. Rattachées à l'économie et au territoire national, les régions du Nord gardent tout de même une originalité, un style économique et spatial particulier.

1 D'IMMENSES ESPACES SOUS-PEUPLÉS, MAIS CONTRÔLÉS

Leur place dans le pays tient en quelques chiffres. Ces deux régions représentent 61 % du territoire brésilien, mais seulement 13 % de sa population. Elles fournissent 72 % du bois en grumes produit par le pays, 29 % de l'or, 74 % du manganèse, 91 % du poivre, 55 % de l'étain, et la totalité des noix du Brésil, de l'hévéa, du jute, de toutes sortes de gommes, fibres, résines, et racines de haute valeur. Le Nord et l'Ouest constituent donc des réserves d'espace disponible, de produits de cueillette, de minerais, un potentiel d'expansion qui a longtemps semblé illimité.

Mais elles occupent surtout une place à part dans l'imaginaire des Brésiliens. Car ils entretiennent avec ces régions des relations ambivalentes, et pour ceux qui n'y vivent pas la réalité est masquée par deux légendes opposées, la noire et la rose. La noire, ce sont les animaux dangereux, le climat insalubre, les Indiens hostiles, bref l'« enfer vert ». La légende rose, c'est la fabuleuse fertilité des terres dont témoigne l'exubérante végétation, les trésors de la forêt et du sous-sol, en un mot l'eldorado.

1.1 Entre légende et connaissance

Les responsables nationaux, les classes dirigeantes et celles qui forment l'opinion ont oscillé et oscillent encore entre ces deux visions, ce qui n'a pas peu contribué

Photo 13 L'île du Bananal, côté Tocantins
Plus grande île fluviale au monde, comprise entre deux bras de l'Araguaia, l'île du Bananal est couverte de forêts denses. Les réserves indiennes en occupent la plus grande partie, mais la poussée pionnière est forte, notamment du côté de l'État du Tocantins (cliché H. Théry).

aux changements brutaux de la politique publique et des visées privées dans ces régions. La fierté et la crainte devant les forêts infinies, le sentiment de disposer de ressources illimitées et celui, plus confus, de les négliger, la volonté d'incorporer ces espaces au territoire national et celle de préserver milieux naturels et groupes indigènes intacts, ces hésitations traversent le corps social brésilien et, souvent, laissent perplexe le *carioca* ou le *paulista* qui n'en sait guère plus sur ces provinces lointaines que l'Européen ou le Nord-Américain un peu informé.

L'ignorance de l'opinion publique sur le Nord du pays n'est d'ailleurs pas choquante, car elle reflète celle de la science, jusqu'à une date récente. L'immensité de ces régions en est évidemment une des explications, mais il faut également souligner qu'elles n'avaient pas fait l'objet d'investigations bien poussées. Pendant plus de quatre siècles les récits de voyage ont constitué le gros de la littérature scientifique, et cela a introduit certaines erreurs de perspective : les explorations se faisant en bateau, on a longtemps cru que les marécages constituaient la plus grande partie de l'Amazonie, alors que les plateaux et collines bien drainés de la *terra firme* en constituent l'essentiel. On ne disposait pas même d'une bonne couverture de photographies aériennes — à cause du plafond nuageux presque permanent — et il a fallu attendre 1974, quand fut lancé le programme *Radam* (Radar d'Amazonie, télédétection par radar embarqué et cartographie thématique automatisée au 1/250 000) pour connaître un peu mieux les milieux naturels. Des stations de recherche scientifique ont été également installées, à Manaus (Institut national de recherche sur l'Amazonie, INPA), à Belém (Musée Goeldi), l'une et l'autre renforcées, en tant que « centres d'excellence » par le Plan pilote lancé en 1991. Des chercheurs, étrangers et surtout brésiliens, commencent à y démêler les complexes associations de milliers de plantes, parasites, insectes, oiseaux, mammifères.

Les connaissances sur ces régions progressent donc, et c'est heureux car elles seront bien nécessaires pour guider une mise en valeur plus rationnelle. Mais pour le moment, malgré la ruée des migrants, l'occupation reste faible. Le territoire fédéral d'Amapá, à la frontière de la Guyane française, regroupait ainsi en 1996 379 459 habitants sur ses 143 453 km^2, une densité de 2,6 habitants par km^2, une population à peine supérieure à celle de la Corse sur une superficie égale au quart de la France). Celui du Roraima, à la frontière vénézuélienne, 225 116 habitants sur 247 131 km^2, soit à peine plus d'un habitant par kilomètre carré, ou la population de Montpellier sur 40 % de la France.

La densité théorique est donc de 6,5 habitants par km^2 dans le Centre-Ouest et de moins de 3 en Amazonie. En réalité il faut fortement nuancer ces chiffres, d'abord en se souvenant que les deux tiers des habitants, dans le premier cas, et plus de la moitié dans le second résident en réalité en ville, et que l'exode rural affecte même ces régions presque vides. En Amazonie il faut distinguer la rive droite du fleuve, peuplée ici et là, et la rive gauche, totalement déserte : le municipe de Barcelos, dans l'État d'Amazonas, présente par exemple, avec ses 16 091 habitants sur 123 121 km^2, une densité de 0,13 habitant par km^2. En réalité s'opposent partout les bords des fleuves (et, plus récemment, des routes) et le reste : si l'on prend une bande de 5 kilomètres de part et d'autre de ces axes, les densités sont partout supérieures à 5, et parfois beaucoup plus, dans l'intérieur elles chutent en dessous de 1, et souvent beaucoup plus bas. Cette réalité est masquée par le fait que les unités administratives s'alignent au long des axes de transport, bien délimités à leur contact et étendues sans limites démarquées vers l'intérieur, ce qui rend assez théoriques tous les calculs et toutes les cartes de densité qui prennent en compte la maille administrative.

On a évoqué, pour expliquer ces faibles densités, le climat chaud et humide en permanence, l'insalubrité supposée, mais Pierre Gourou a bien montré que cela ne suffisait pas. Sous des climats comparables — ceux de l'Amazonie sont mal connus, mais plus divers qu'on ne le pensait — des régions du monde tropical sont bien plus occupées, comme la cuvette du Congo, autrement insalubre, et cinq fois plus peuplée. Les vraies explications sont historiques, comme le démontre du reste le cas de la Bragantina près de Belém, où des immigrants açoriens avaient établi une colonie agricole qui a atteint des densités de 15 habitants par km^2 sur 22 000 km^2.

En réalité l'Amazonie et le Centre-Ouest sont peu peuplés parce que depuis quatre siècles les techniques d'occupation et d'encadrement de l'espace ont privilégié le contrôle territorial par rapport à l'exploitation économique, détruit le peuplement indigène sans pouvoir le remplacer. Des *booms* éphémères ont alterné avec de longues léthargies, et nul n'a trouvé jusqu'à présent un mode de mise en valeur qui permette une occupation dense et durable.

1.2 Une occupation efficace, mais peu dense

Tout donne à penser que le peuplement précolombien était limité et mouvant : Francisco de Orellana, le premier voyageur, avait trouvé les rives désertes sur plus de 2 000 km, et les témoignages archéologiques sont rares et dispersés. De grands brassages étaient certainement en cours à l'arrivée des Européens, mais on en sait peu de choses, celle-ci a fait disparaître la plus grande partie de la population. Forcés à cueillir les *drogas do* sertão, les produits de la forêt, razziés par les chasseurs d'esclaves, ou regroupés dans les villages missionnaires — ce qui les exposait à la contagion et aux raids — les Indiens ont pratiquement disparu des rives; n'ont survécu — et ne survivent aujourd'hui — que ceux qui se sont enfoncés vers l'intérieur, loin des fleuves et de leurs ressources.

Le style d'occupation choisi par les Portugais, pour des raisons de politique coloniale, a été le contrôle militaire des points clés du réseau fluvial, une stratégie efficace puisque avec des moyens limités elle a permis de conquérir et de contrôler un espace immense. Mais il ne s'accompagnait d'aucun peuplement, et pratiquement d'aucune activité économique : la chasse et la cueillette de quelques produits forestiers réclamés par les marchés européens en ont constitué l'essentiel jusqu'au boom du caoutchouc.

De celui-ci, déjà décrit, on ne retiendra qu'une idée : alors que le Brésil a su conserver, et même étendre sa souveraineté politique, notamment par la conquête de l'Acre, le contrôle économique lui a échappé totalement. Quelques intermédiaires brésiliens ont pu s'enrichir, mais l'import-export était contrôlé par les pays consommateurs de caoutchouc et producteurs des produits manufacturés acquis en échange.

Après le reflux de la vague, la région était retombée dans sa léthargie, entrecoupée de réveils éphémères quand de petites ruées se déclenchaient, — comme pendant la Seconde Guerre mondiale ou lors des premières grandes opérations étrangères — comme les tentatives de Ford pour constituer de grandes plantations d'hévéas dans la vallée du Tapajos, à Fordlandia, en 1927, puis à Belterra en 1934. La reprise d'intérêt, qui devait conduire aux grandes opérations des années 1970-1975, a été en grande partie politique, liée à des menaces sur la souveraineté nationale.

Getulio Vargas avait déjà marqué son intérêt pour ces régions excentrées, en créant des territoires fédéraux, placés sous la tutelle directe du gouvernement central, quatre en Amazonie et deux, dont l'existence fut éphémère, à la frontière Ouest. Sous Juscelino Kubitscheck la construction de Brasília avait été accompagnée de l'ouverture de la route Brasília-Acre, très précaire, et surtout de la Brasília-Belém, le premier axe terrestre entre l'Amazonie et le reste du Brésil.

Mais il devait revenir au gouvernement militaire issu du coup d'État de 1964 de lancer les grandes opérations routières et de colonisation, destinées au moins autant à marquer concrètement la présence nationale qu'à ouvrir l'Amazonie aux Nordestins. On a pu penser que des projets étrangers, notamment ceux du *Hudson Institute* (création de « grands lacs » par la construction de barrages), bien que techniquement absurdes, incitèrent les Brésiliens à agir, car ils prouvaient que les idées d'internationalisation n'avaient pas disparu, et pouvaient alimenter bien des convoitises.

Des considérations géopolitiques ont donc certainement pesé lourd sur la décision d'entreprendre les grands travaux, dont est sortie une nouvelle organisation de l'espace de ces régions.

2 LES NOUVELLES RÉGIONS PIONNIÈRES

Les aspects les plus spectaculaires des efforts entrepris au début des années 1970 pour « intégrer » l'Amazonie ont certainement été la construction des routes dites transamazoniennes et la colonisation agricole. Conçues ensemble dans le Projet d'intégration nationale (PIN) de 1970 elles avaient évidemment les mêmes buts : ouvrir et occuper les régions vides et, du même coup, réduire la pression sur la terre dans les régions considérées comme surpeuplées du Nordeste — trop peuplées en tout cas pour que le partage inégal de la terre y soit plus longtemps supportable. La Transamazonienne, de Recife et João Pessoa à la frontière péruvienne, devait permettre de donner « des terres aux hommes sans terres, des hommes aux terres sans hommes » tout en reliant les têtes de navigation des affluents de rive gauche. Géopolitique, calculs politiques et volonté de propagande mobilisatrice des énergies nationales se mêlaient donc dans le projet, dans des proportions difficiles à estimer.

2.1 Construction de routes et colonisation publique

Il faut y ajouter la pression des sociétés de travaux publics, les seules très grandes firmes contrôlées uniquement par des capitaux nationaux, qui après avoir construit Brasília et son réseau de desserte cherchaient de nouveaux marchés. Elles furent satisfaites, car quand fut lancé l'appel d'offre pour la construction des premières routes (2 775 km à construire en 520 jours, 42 millions de m^3 à déplacer), les conditions de candidatures excluaient les petites firmes (il fallait avoir déplacé plus de 2 millions de m^3 dans les 361 jours précédents). Le marché alla à quatre grandes compagnies, qui se partagèrent le travail avec trois bataillons du génie, une arme traditionnellement importante dans l'armée brésilienne.

Le premier lot — la Transamazonienne jusqu'à Humaitá et le tronçon Cuiabá-Santarém — estimé au départ à 30 millions de dollars, coûta en réalité 400 millions, comme l'on s'en aperçut trois ans plus tard en faisant les comptes : on décida donc de reporter à plus tard la construction de la *Perimetral Norte*, qui devait longer toutes les frontières, du nord du Pérou à la Guyane française, et de remplacer le projet de route Cachimbo-Boa Vista par un prolongement vers Boa Vista et le Venezuela de l'axe Porto Velho-Manaus qui, lui, ne fut pas remis en cause.

En effet, la construction de ces routes s'était révélée beaucoup plus difficile que prévu : la topographie, masquée par le couvert végétal et insuffisamment reconnue, était plus accidentée qu'on ne le pensait; l'épaisseur des altérites sableuses et argileuses obligeait à de très gros travaux de déblai et remblai, faisait travailler alternativement les hommes et les machines dans la poussière et le bourbier; les pluies ravinaient les terrassements, ou les emportaient en coulées de boue; la traversée des innombrables affluents et sous-affluents obligeaient à multiplier ponts et bacs. Les distances, l'insalubrité, les dangers (chutes d'arbres, parfois attaques d'Indiens), tout cela ne fut vaincu qu'à grande peine, et l'ouverture de ces routes, si critiquable qu'elle soit sur d'autres plans, constitue un authentique exploit technique et humain pour tous les ingénieurs, conducteurs d'engins et ouvriers qui y ont travaillé.

L'autre volet du plan était la colonisation, dans deux zones choisies pour la relative fertilité de leurs sols et parce qu'elles étaient bien placées pour accueillir les migrants venant du Nordeste, par la Transamazonienne, et du Sud, par la Cuiabá-Porto Velho : le polygone Altamira-Santarém et le centre du Rondônia. Une série de « projets de colonisation » furent lancés, destinés à des familles de migrants sélectionnés. Ils recevaient un lot de 100 ha (avec obligation d'en laisser la moitié en forêt), l'outillage nécessaire, six mois de salaire pour attendre la première récolte, et un titre provisoire de propriété. Sur la route transamazonienne avait été envisagé un ambitieux système de réseau urbain : tous les 5 à 10 kilomètres un « agrovillage » *(agrovila)*, tous les 40 kilomètres une « agroville » *(agropolis)*, au sommet des centres régionaux *(ruropolis)*, villes existantes ou créées de toutes pièces, à chaque niveau correspondant une gamme de services plus élaborés. Il n'a pu être réalisé que très partiellement, car il obligeait les colons, dépourvus de tout moyen de transport, à résider loin de leur parcelle, et beaucoup de colons ont choisi de s'y installer, comme en Rondônia, où l'habitat dispersé a été la règle dès le début.

Le déroulement du programme de colonisation a réservé d'autres déconvenues. Sur les brûlis les rendements ont été médiocres et ont vite décliné. Les cultures pratiquées — les habituelles cultures vivrières de manioc, maïs, riz, et haricots — n'étaient pas les plus adaptées au milieu amazonien, sur lequel les agronomes et techniciens agricoles d'encadrement n'en savaient d'ailleurs pas beaucoup plus que les colons, puisqu'ils venaient comme eux de régions bien différentes. Les plans très géométriques des lots, plaqués sur une topographie parfois accidentée et des sols très inégaux, ont introduit des handicaps pour certains colons, et surtout la commercialisation a été très négligée : alors que les produits des colons, de faible valeur, ne disposaient pratiquement pas de marché régional, l'Institut national de colonisation et de réforme agraire (INCRA), responsable de la colonisation, n'avait rien prévu pour l'écoulement des surplus, laissant les producteurs sans acheteur ou à la merci d'intermédiaires qui pouvaient donc offrir des prix dérisoires.

Dans ces conditions, il n'est pas étonnant que le programme de colonisation ait été loin d'atteindre ses objectifs. Alors qu'on avait parlé à l'origine d'un demi-million de familles, on comptait à la fin de 1974 environ 7 700 colons installés sur la Transamazonienne et un peu plus de 5 000 en Rondônia. Le coût d'installation — plus de 5 000 dollars par famille rien que pour l'INCRA — est la première explication du ralentissement du programme, qui a été pratiquement arrêté sur la Transamazonienne et ne s'est poursuivi en Rondônia que sous la pression de l'immigration spontanée déclenchée par les promesses faites : en 1985 on y comptait 44 000 familles installées sur des lots publics, et bien plus d'occupants illégaux.

Car le mouvement lancé par les initiatives publiques a été dépassé en ampleur par le mouvement autonome de petits paysans, qui sont parfois entrés en conflit avec les investisseurs privés, eux aussi présents dans la région.

2.2 Colonisation spontanée et investissements privés

Avant même le lancement des grandes opérations publiques une colonisation privée de l'Amazonie avait été entreprise par des paysans sans terres. À partir du Maranhão, au long de la route Brasília-Belém, dans la vallée de l'Araguaia, ils s'étaient installés sur des terres vierges, propriété publique ou au statut mal défini. La loi brésilienne reconnaît à ces occupants sans titre légal un droit de possession (la *posse,* d'où leur nom de *posseiros)* qui vaut propriété pleine et entière au bout de dix ans sur les terres de l'État (vingt ans sur les terre privées), pourvu que les terres soient délimitées par un géomètre expert et le titre enregistré. Beaucoup de paysans pauvres ne se soucient pas de ces formalités, ou ne peuvent les payer, et bien des conflits, souvent violents, ont éclaté quand il est apparu que des *posseiros* occupaient de futures zones de colonisation ou de futures *fazendas.* La situation foncière confuse offrait d'ailleurs un champ d'action illimité à toutes sortes d'intermédiaires ou d'escrocs, parfois appuyés par des hommes de main armés, et d'innombrables incidents se sont produits, dont certains ont été sanglants (fig. 70).

Car en quelques régions les migrants rencontraient les investisseurs venus eux aussi s'installer en Amazonie et dans le Centre-Ouest, pour y pratiquer la colonisation privée et surtout l'élevage. En général ils ont plutôt choisi les marges sud de la région — nord du Mato Grosso, Tocantins, sud du Pará — là où les *cerrados* sont plus faciles à défricher que les grandes forêts. Mais dans certaines régions clés les mêmes terres étaient convoitées.

Elles étaient indispensables pour établir les périmètres de colonisation planifiée privée, et plus encore pour les domaines d'élevage. Les premiers, comme leurs équivalents publics, offraient des lots viabilisés et un minimum d'infrastructures; des compagnies de colonisation ont installé des agriculteurs confirmés pour cultiver café, coton, riz, des produits demandés sur le marché national et qu'elles vendaient dans le Sud. Situées principalement dans le Mato Grosso et le Goiás, à proximité des routes, elles gardaient des liaisons étroites avec les zones de départ des colons.

Le phénomène le plus marquant a cependant été la constitution de domaines d'élevage démesurés, dans toute la région. Bénéficiant du mécanisme des « incitations fiscales » — jusqu'à 50 % des sommes dues au titre de l'impôt sur le revenu pouvaient être investis en Amazonie légale — l'élevage s'est développé rapidement, car il apparaissait plus sûr aux investisseurs que l'agriculture. Plusieurs types d'éleveurs se rencontrèrent, dont certains étaient les héritiers et les continuateurs de ceux qui, depuis le début de l'histoire brésilienne, ont poussé la frontière pastorale toujours plus loin vers l'intérieur, alors que d'autres étaient d'un type nouveau.

Les éleveurs du Minas et du Goiás ont d'abord poussé vers la vallée du Tocantins, et la région de Paragominas, dont le nom (*Para-Go*iás-*Minas*) dit bien qu'elle a été un point de rencontre. De leur côté les éleveurs amazoniens s'étendaient vers le sud, ceux de São Paulo et du Mato Grosso avançaient vers le nord au long des routes nouvelles, devançant parfois le mouvement en créant leurs propres pistes.

Les infrastructures (routes, bâtiments) et surtout le défrichement constituaient les plus gros frais d'établissement — plus de 50 % — alors que l'achat des terres en représentait la plupart du temps moins de 5 %. C'était donc une dépense négligeable, bien que la Surintendance de développement de l'Amazonie, responsable de l'approbation des projets (Sudam) ait considéré que le seuil minimum de rentabilité était de 25 000 ha. Réalisé à la hache, au mieux à l'aide de tronçonneuses, le défrichement était le plus souvent confié à des intermédiaires spécialisés dans le recrutement de main-d'œuvre, aux méthodes parfois douteuses, et là aussi des drames se sont produits.

On a constaté toutefois que bien souvent défrichement, plantation de pâturages et constitution du troupeau restaient très en deçà du projet présenté. C'est que souvent toute l'opération était plus motivée par la réduction d'impôts et la spéculation foncière que par une réelle visée économique. C'est en particulier le cas des domaines géants acquis par de grands groupes de travaux publics ou industriels, gros contribuables et sans expérience dans l'élevage : Goodyear, Nestlé, Volkswagen avaient ainsi acquis des dizaines ou des centaines de milliers d'hectares, rarement valorisés. La dernière firme citée avait ainsi une *fazenda* de 220 000 ha dans le Para, où elle devait installer scierie et frigorifique. L'exemple le plus remarquable est sans doute celui de la *fazenda* Suia-Missu, 566 000 ha, dans le nord-est du Mato Grosso. La firme italienne Liquigas y avait constitué un troupeau de 40 000 têtes, construit un frigorifique, prévoyant de produire 30 000 t de viande, dont 70 % exportés vers l'Europe. Ce projet grandiose s'est peu à peu réduit, puis la *fazenda* a été revendue à un groupe d'éleveurs brésiliens. La fermeture des marchés étrangers (celui de la CEE surtout), la réduction des avantages fiscaux, la retombée des enthousiasmes devant les faibles rendements et les difficultés persistantes (maladies, parasites, développement de plantes vénéneuses) ont beaucoup freiné la progression de l'élevage, ce dont on ne peut que se réjouir car il représente un gaspillage d'espace regrettable, à la fois en termes de biomasse détruite et de nombre d'emplois à l'hectare (en moyenne un emploi pour 900 hectares).

Un certain nombre de révisions ont donc été entreprises dès 1974, et une inflexion marquée donnée à la politique de l'État. Succédant au président Médici en 1974, le président Geisel avait mis un terme aux aspects les plus coûteux de la politique pionnière : après la hausse brutale des cours du pétrole le budget de l'État ne permettait plus d'extravagances comme les routes transamazoniennes. Le but essentiel, désenclaver l'Amazonie et donner accès à ses ressources, était d'ailleurs atteint, et l'on passa à une politique de rationalisation, de rentabilisation.

Dans le IIe Plan national du développement (1975-1979) furent délimités en Amazonie et dans le Centre-Ouest des « pôles de développement », dans le cadre du projet Poloamazonia, où se concentreraient les efforts publics. Certains étaient centrés sur d'importantes activités agropastorales, ce qui appuyait le dynamisme des régions pionnières les plus actives, la plupart étaient caractérisés par l'exploitation forestière et minière. Deux séries de phénomènes se côtoyaient, la poussée agricole et pastorale — colonisation paysanne spontanée, colonisation planifiée privée — désormais livrée à ses propres moyens, sur les franges méridionales, au long des routes les plus accessibles, et le développement de grandes opérations de mise en valeur des ressources naturelles. Le premier mouvement prolonge, après le coup de fouet de l'ouverture des routes et de l'aide publique, le mouvement séculaire de progression de la frontière agropastorale, et le deuxième n'est jamais que le passage à l'échelle industrielle de l'économie de cueillette. La coupe du bois dans la région de Paragominas, la création de scieries autour de Manaus, au long de la route Cuiabá-Porto Velho, les grandes exploitations minières et du Trombetas (bauxite), du Rondônia et de l'Amazonas (or et cassitérite) et surtout de la Serra de Carajás (fer et multiples minerais) ont de plus en plus tenu lieu de politique amazonienne.

Les années 1990 ont amené un sensible changement, mais la réalité reste déprimante, en Amazonie le PIB par tête est inférieur de moitié à la moyenne brésilienne. La situation sociale, estimée par l'Indice de développement humain (l'IDH, que le PNUD a récemment fait calculer à l'échelle municipale), y est mauvaise : l'indice général n'atteint pas les trois quarts de la moyenne nationale et, pour le revenu, moins des deux tiers. Malgré cette situation déprimée, l'Amazonie reste pourtant une région attractive : elle figure parmi les régions qui ont reçu le plus grand nombre de migrants entre 1991 et 1996, avec trois « points chauds », la région de Palmas (la capitale du nouvel État du Tocantins, fondée en 1989) et les États de la frontière nord, Roraima et Amapá : en dehors des environs de Brasília ce sont les seules régions du Brésil où plus de 14 % de la population soit arrivée au cours de ces cinq années, soit au total plus de 1,5 million d'habitants sur les 18,7 que compte l'Amazonie. Cela ne veut pas dire que tous se lancent à l'assaut de la forêt, tant s'en faut, car désormais plus d'un habitant sur deux est un citadin. Onze millions d'Amazoniens vivent désormais en ville, une proportion encore inférieure à celle du Brésil dans son ensemble mais qui progresse rapidement.

2.3 Une nouvelle géographie de l'Amazonie ?

Le discours sur l'Amazonie a changé, incorporant la rhétorique du développement durable issue de la conférence de Rio de 1992. Quelques politiques publiques et la façon de faire de certains entrepreneurs ont également changé, par rapport à l'exploitation sans état d'âme des années 1970. De grands investissements sont en cours, qui vont changer les circulations de la région — notamment au profit du transport fluvial — et permettre de nouveaux développements industriels et urbains, et particulier en fournissant davantage d'énergie « propre ». Et les localisations de ces nouvelles initiatives, productives ou de préservation de l'environnement, se sont elles aussi modifiées. Quelles en sont les conséquences sur l'organisation de la région ? Et, tout d'abord, va-t-on vers une réduction ou vers un accroissement des déboisements ?

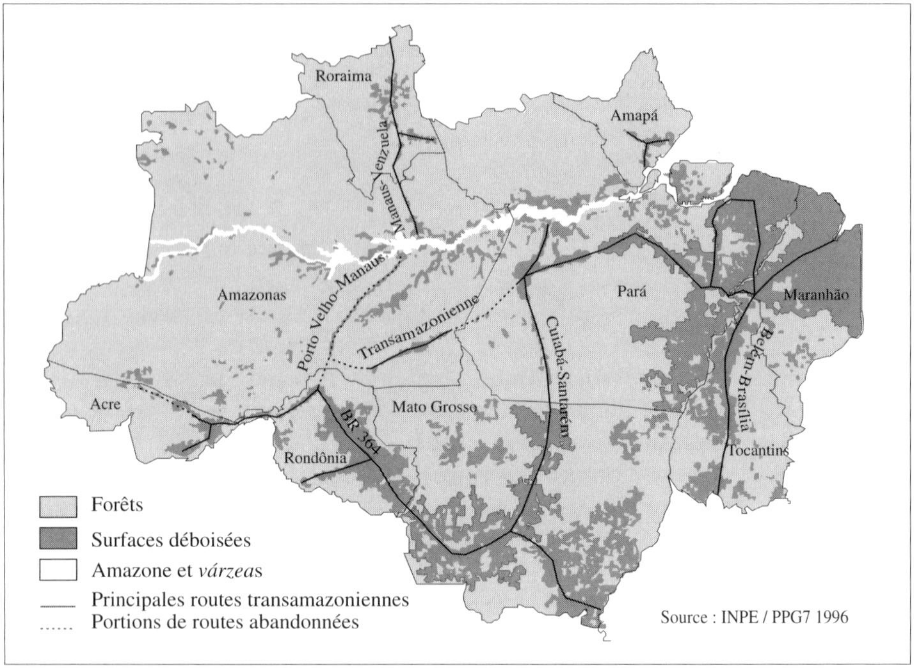

Figure 50 Déboisements en Amazonie

Selon des données publiées en juillet 1996 par le ministère brésilien de l'Environnement, 469 978 km² de forêts avaient au total été déboisés jusqu'à la mi-1994, soit 12 % du total originel de forêts, ou encore une superficie de peu inférieure à celle du territoire français. Fondées sur des analyses d'images satellitaires réalisées par l'INPE (*Intituto Nacional de Pesquisa Espacial*, l'Institut national de recherche spatiale brésilien), ces études sont menées régulièrement depuis 1978. Elles révèlent qu'après une baisse sensible au début des années 1990, le rythme de déboisement a recommencé à augmenter, il a été d'un peu moins de 15 000 km² pour les années 1992-1994. L'année 1995 a été exceptionnellement mauvaise, 29 000 km² ont été défrichés, ce que l'on explique par la conjonction d'une année sèche et l'euphorie économique qui a suivi la stabilisation de la monnaie par le Plan real. Les années 1996, 1997 et 1998 ont retrouvé un rythme plus « normal » avec 16 000, 13 000 et 16 800 km², ce qui représente tout de même une forêt landaise, la plus grande d'Europe, détruite chaque année…

On notera toutefois que, contrairement à ce que l'on croyait jusqu'à présent, la plus grande partie du bois amazonien (du moins celui qui n'a pas brûlé sur place) n'est pas exportée, mais reste sur le marché brésilien. Une étude réalisée par deux ONG, Imazon et Amigos da Terra, fondée sur une longue et minutieuse enquête auprès de 2 000 scieries, a conclu que 86 % du bois qu'elles produisent part vers le Sudeste et le sud du Brésil, dont 20 % vers São Paulo (fig. 51). Elles en ont conclu que l'effort à faire pour convaincre les consommateurs de modérer leur consommation, ou d'utiliser un plus grand nombre d'espèces, ne devait plus être fait en Europe, au Japon ou en Amérique du Nord, mais dans le pays même. Et pour apprendre aux bûcherons à faire moins de dégâts en allant couper les quelques espèces que le marché recherche, en moyenne ils abattent sept arbres pour un qu'ils apportent jusqu'à la scierie.

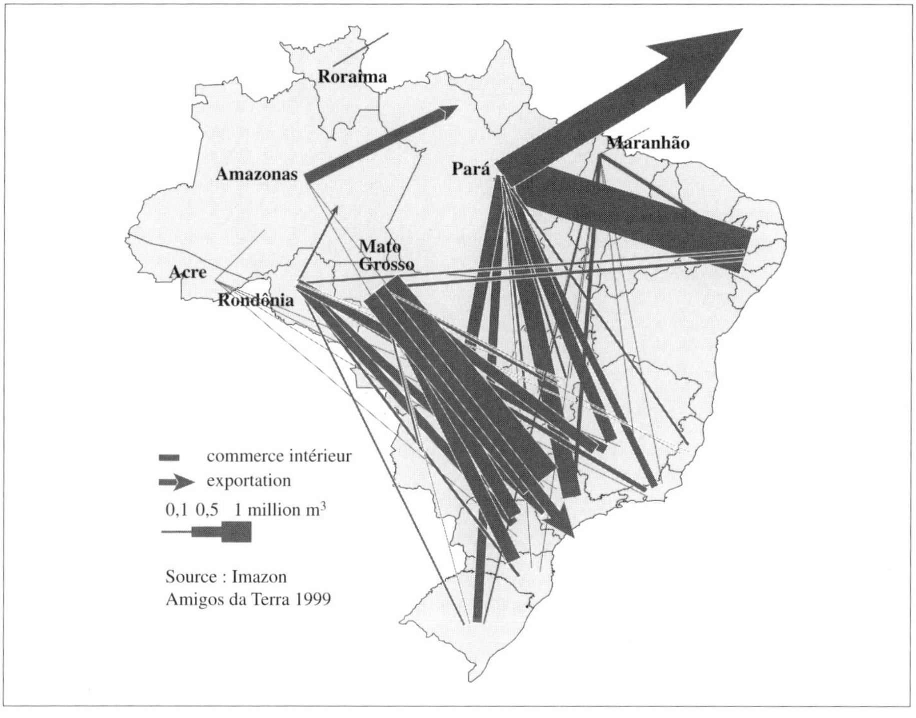

Figure 51 Flux de bois amazoniens

Plus grave, ces déboisements continuent à être accompagnés de conflits fonciers très graves, où meurent chaque année des dizaines de paysans. De ce côté, le problème reste entier, et la politique de colonisation de l'Institut national de colonisation et réforme agraire (INCRA), qui continue à installer des milliers de familles dans des régions reculées, où elles n'ont pratiquement aucune chance de réussir à monter des exploitations viables, ne fait qu'aggraver les choses.

La partie méridionale de l'Amazonie, celle des confins des savanes et de la forêt, est désormais bien intégrée au reste du pays. Le front pionnier, lequel avançait au long de la « demi-lune » qui va du Maranhão au Mato Grosso, est désormais situé à la hauteur de la Transamazonienne dont certains tronçons, qui

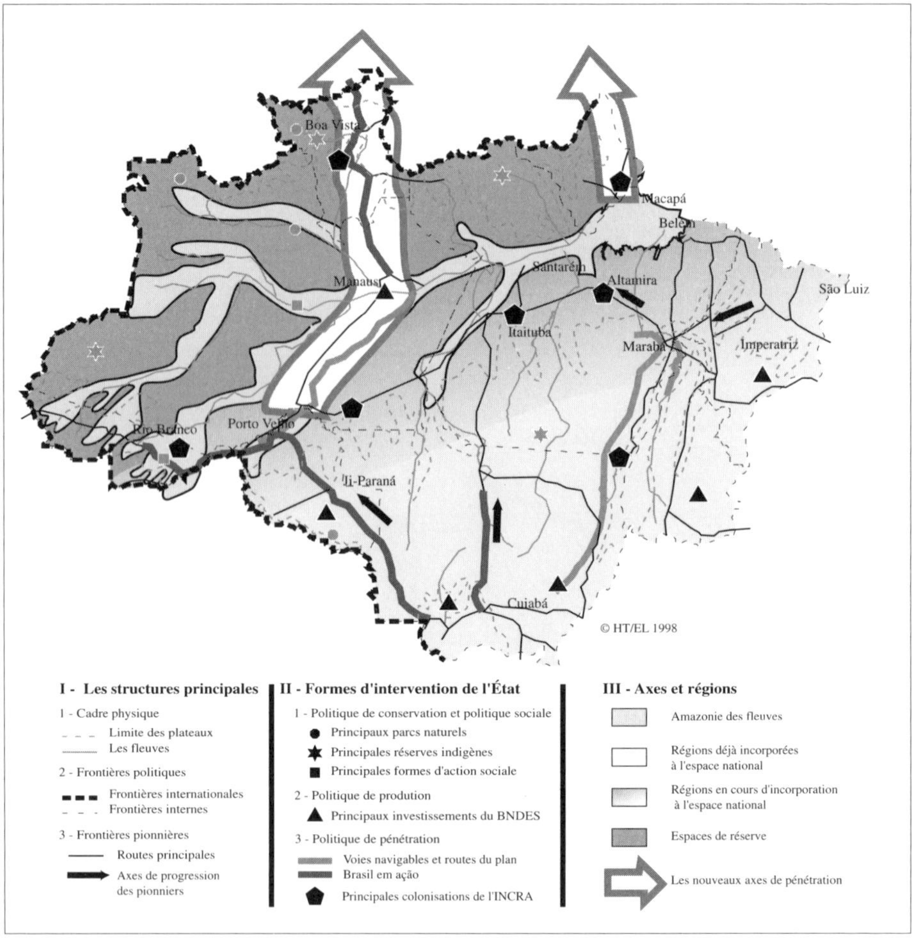

Figure 52 Action de l'État et structuration du territoire en Amazonie

avaient été pratiquement abandonnés, sont remis en service, par exemple autour d'Humaitá et Apuí. Mais la vraie nouveauté est que se développe un mouvement orthogonal à celui-là, une nouvelle pénétration au long de l'axe Porto Velho-Manaus-Venezuela. Un autre mouvement se dessine de l'Amapá vers la Guyane française et du Roraima vers le Guyana, deux nouveaux passages transfrontaliers qui rejoindraient la route côtière des Guyanes, formant ce que certains projets appellent un « Arc Nord », englobant les trois Guyanes dans une boucle dont l'origine et l'arrivée seraient au Brésil. Si ces mouvements, déjà bien amorcés mais qui ne déplacent pour le moment que de faibles effectifs, se confirmaient, ce serait un nouvel épisode de poussée vers le Nord comparable à celui des années 1960 et 1970, entamant sérieusement la conquête de la rive gauche de l'Amazone, jusque-là restée à peu près intacte.

De tout cela quel bilan peut-on faire? Il faut d'abord se souvenir que l'Amazonie ancienne survit, puis voir comment l'ensemble de la région s'organise désormais.

3 RÉÉVALUATIONS, SURVIVANCES, NOUVELLES PERSPECTIVES

Les plus anciens occupants de la région, les « Indiens », pour reprendre le terme consacré, sont toujours là. On ne parle plus de massacres, mais la réalité est souvent moins spectaculaire — et plus tragique. Les Indiens ne préservent leur mode de vie que dans l'isolement, l'avancée de la colonisation se traduit en général pour eux par la mort (brutale ou par simple contagion) ou la clochardisation, et l'action de la *Funai* (Fondation nationale de l'Indien) se résume en fait à atténuer le choc, à atténuer le génocide et ethnocide. On a pu cependant noter depuis quelques années que leur nombre augmente, signe que le pire est peut-être passé.

Les traditionnelles activités de cueillette n'ont pas disparu, elles ont même parfois bénéficié de l'ouverture des routes, en se voyant ouvrir de nouveaux marchés. Mais celle-ci les a aussi souvent désorganisées, en offrant à une main-d'œuvre captive, enchaînée par ses dettes, les moyens de s'enfuir ou de trouver de nouvelles activités, dans les zones de colonisation ou les *fazendas*. Les *garimpeiros*, les prospecteurs de minerais, ont eu de nouvelles occasions, comme la ruée sur l'or de la Serra Pelada, dans le Para, mais ont parfois été délogés de force pour céder la place à des entreprises pratiquant des méthodes jugées plus rationnelles, comme en Rondônia. Le *garimpo* n'en reste pas moins une des rares possibilités d'enrichissement rapide — pour quelques-uns — et certaines sources estiment qu'ils sont de 400 000 à 800 000 dans tout le pays.

Photo 14 Waiãpi
Les terres du groupe des Waiãpi s'étendent de part et d'autre de l'Oiapoque, qui fait la frontière entre la Guyane française et l'État d'Amapá. C'est pourquoi ce cacique, du côté brésilien, porte une casquette publicitaire marquée « Carambar » (cliché H. Théry).

La vie liée aux fleuves a continué, avec les activités agricoles et pastorales semi-amphibies des *várzeas,* ces immenses étendues périodiquement inondées, le trafic de milliers d'embarcations de toute taille, la pêche et la chasse, au rythme des crues et des décrues. Des activités nouvelles y sont apparues, comme la culture du jute, ou industrie de montage d'appareils électroniques de Manaus, liée au statut de zone franche de la ville et de ses environs immédiats, mais pour l'essentiel c'est encore la vieille civilisation mise en place à l'époque coloniale qui survit au bord des fleuves, comme dans les *campos* herbeux du Roraima ou du Mato Grosso.

On assiste donc à la juxtaposition de deux systèmes tout à fait différents, chacun ayant son rythme et son espace, avec des points de rencontre, dans les villes, saisies par les mutations récentes, et dans les régions stratégiques : quelques vallées clés, comme celle de l'Araguaia, là où les nouvelles routes coupent les fleuves, aux marges sud où le contact du monde extérieur est plus pressant. En dehors de ces nœuds où les époques se télescopent, les réseaux sont distincts : alors que les fleuves organisaient drainage et distribution vers le nord (l'axe amazonien), vers l'est (l'embouchure du fleuve) ou vers le sud-ouest (le Pantanal et le bassin du Paraguay), les routes ont opéré une gigantesque capture de toute la région vers le sud-est, vers Cuiabá et Brasília et, au-delà, vers São Paulo. Au long de ces axes, zones de colonisation, domaines d'élevage, exploitations forestières et minières constituent un archipel moderne intégré à l'économie nationale, relié à elle malgré les difficultés de circulation.

Le divorce entre les deux systèmes est à peu près total, et l'on ne voit guère de perspectives d'équilibre. Passionnant pour les historiens et les anthropologues, le vieux monde *caboclo,* en équilibre avec le milieu naturel qu'il touche à peine, et cependant ouvert sur l'économie mondiale, ne produit pas assez pour assurer son ravitaillement et surtout pas celui des villes en croissance rapide. Puissant et moderne, le système nouveau est prédateur et éveille de vives inquiétudes pour l'environnement, qu'il a les moyens de transformer sur de vastes superficies, et surtout quant à celui des Indiens, des autochtones brésiliens ou des immigrants paysans chaque fois qu'il les trouve sur son passage. De surcroît il ne semble pas que sa rentabilité soit assurée : ce qui a longtemps été présenté comme la suprême réussite, le complexe de Jari (1,5 million d'hectares), est en pleine déconfiture. Il comportait une usine de pâte à papier importée du Japon, des rizières ultra-modernes, des mines de kaolin, un troupeau de zébus, et quelques activités annexes. Il a d'abord été revendu à un groupe d'industriels brésiliens après bien des déconvenues et après que son propriétaire, le milliardaire nord-américain Daniel Ludwig, y eut englouti une fortune. Il est actuellement à vendre, au prix de un dollar (plus quelques millions de dettes), et ne trouve pas preneur…

Les perspectives d'avenir sont donc quelque peu inquiétantes à court terme, plus prometteuses à long terme. En réalité on ne sait pas encore gérer les milieux complexes de l'Amazonie, on se contente d'en exploiter le capital de minerais et de biomasse, de façon brutale, inégalitaire, injuste, et ceux qui ont poussé des cris d'alarme, même s'ils ont parfois été excessifs et ont heurté le nationalisme des Brésiliens, n'ont pas eu tort. Le gaspillage, le pillage de ressources précieuses et non renouvelables, s'il n'est pas justifié par l'établissement d'un nouveau système stable et équitable, sont effectivement des fautes graves que l'on doit dénoncer.

Mais il est aussi quelques raisons d'espérer. D'abord le fait que la récession économique des années 1980 a freiné le mouvement de destruction avant qu'il soit irréversible. Les destructions déjà opérées à ce jour sont certes définitives et souvent absurdes, mais l'immensité de la région est telle qu'elles ne sont pas encore dramatiques, et l'on peut maintenant espérer que les solutions alternatives qui ont été mises au point auront le temps de porter leurs fruits.

Il est probable qu'il faut les chercher du côté d'une gestion prudente des revenus du capital naturel : agrosylviculture, pisciculture, cultures de plantes pharmaceutiques, de plantes à parfums, d'arbres et arbustes permanents aux productions de haute valeur, dont le poivre, le cacao et le latex ne sont que les exemples les plus connus. Tirer profit de la variété et de la richesse des écosystèmes aquatiques et forestiers paraît à coup sûr plus intelligent que de détruire les seconds pour les envoyer, sous forme de cendres et de sols lessivés, encombrer les premiers.

L'immensité de ces régions est trompeuse, elle a longtemps fait croire qu'il fallait y faire grand. Tout donne à penser qu'il faut au contraire y faire petit, lentement, modestement, que l'on doit mener, parallèlement à la mise en valeur économique, des politiques de préservation des milieux naturels et des modes de vie traditionnels. La chance du Brésil est qu'il reste pour cela des millions de kilomètres carrés, au nord et à l'ouest de la région, car le développement en cours se concentre pour l'essentiel dans les villes et au long de quelques axes routiers et fluviaux. Et surtout il peut maintenant appliquer des formules dont des années d'expériences ont démontré la valeur, mettre en œuvre un développement moins dévastateur que naguère, plus intensif et plus modeste.

Cela implique des choix de localisations plus fins, mieux informés, laissant en place des massifs forestiers intacts, des réserves indigènes sur les terres qui sont reconnues par la Constitution comme appartenant à leurs premiers occupants. Autrement dit un changement d'échelle et un zonage local et régional qui fait la part de ce qui doit être conservé intact, des espaces où préserver les modes de vie anciens pour ceux qui le souhaitent. Mais il existe aussi des régions où peut se développer une production durable et des zones déjà dévastées, où doivent être mises en œuvres des mesures correctrices, que l'on commence à savoir appliquer avec succès. Beau défi pour les années à venir, et éminemment géographique…

BIBLIOGRAPHIE

BARBIRA-SCAZZOCHIO (F.) (éd.), *Land, People and Planning in Contemporary Amazonia*, Centre of Latin American Studies, Cambridge, 1980.

DROULERS (M.), *L'Amazonie*, Nathan, 1992.

ÉGLIN (J.) et THÉRY (H.), *Le pillage de l'Amazonie*, Maspero, Paris, 1982.

FOUCHER (M.), « La mise en valeur de l'Amazonie brésilienne, les routes transamazoniennes », *Problèmes d'Amérique latine*, n° 33, p. 71-90, 1974.

LA 111, Amazonies nouvelles, Travaux et mémoires de l'IHEAL, n° 30, Paris, 1977.

RIVIÈRE D'ARC (H.) et APESTÉGUY (C.), « Les nouvelles franges pionnières en Amazonie brésilienne, la vallée de l'Araguaia », *Études rurales,* n° 69, p. 81-100, 1978.

THÉRY (H.), *Environnement et développement en Amazonie brésilienne* (co-auteur et éditeur scientifique), Belin, 1997.

THÉRY (H.), « De quelques modèles amazoniens », *Cahiers des Amériques latines,* n° 24, p. 77-92, 1997.

THÉRY (H.), « Les conquêtes de l'Amazonie, quatre siècles de lutte pour le contrôle d'un espace », *Cahiers des Amériques latines,* n° 18, p. 129-145, 1978.

WAGLEY (C.) (éd.), *Man in the Amazon,* Florida University Press, Gainsville, 1974.

Dossier

Le Rondônia

La population du Rondônia a été multipliée par dix entre 1970 et 1996, faisant de cet État celui dont la croissance a été la plus rapide de tout le pays. L'ouverture de la route Cuiabá-Porto Velho, la BR364, a déclenché une ruée sur cet ancien Territoire fédéral jusque-là très peu peuplé et très isolé, et a été à l'origine d'une réorganisation spatiale complète, significative du bouleversement complet vécu par le Nord et le Centre-Ouest.

Créé en 1943, sous le nom de Guaporé, le Territoire fédéral de Rondônia ne comptait alors que 21 000 habitants sur ses 243 000 km^2. Il était ainsi placé directement sous l'autorité du gouvernement central pour assurer une mise en valeur plus efficace d'une zone stratégique très négligée. À des semaines de navigation de Manaus, cette nouvelle unité ne vivait — mal — que de cueillette et ne devait son existence qu'à la présence de deux bourgades aux deux extrémités d'une des lignes de chemin de fer les plus absurdes du monde, la Madeira-Mamoré. Construite conformément aux termes du traité de 1903 qui incorporait l'Acre au Brésil, elle constituait la compensation offerte à la Bolivie et devait permettre, en contournant les rapides du Madeira, d'écouler le caoutchouc de l'Amazonie bolivienne. Après mille péripéties, au prix de nombreux sacrifices, cette prouesse technique fut achevée en 1912, juste après l'effondrement des prix du caoutchouc, et ne servit jamais à rien.

Rebaptisé Rondônia en l'honneur du maréchal Rondon, qui y posa les premières lignes télégraphiques et « pacifia » les Indiens (le terme est pour une fois justifié puisqu'il refusa toujours d'employer la violence, même pour se défendre), le Territoire ne connut quelque activité qu'avec la découverte des gisements de cassitérite (minerai d'étain, SnO_2), en 1952. Dans les premiers temps les prospecteurs devaient faire sortir le minerai à bord de petits avions, puis vint la route.

Construite en même temps que Brasília et la route Brasília-Belém, la Brasília-Acre, inaugurée en 1961 resta une piste précaire jusqu'à ce que, en 1966, un bataillon du génie soit installé sur place : Porto Velho était désormais à deux jours de Cuiabá et à quatre de São Paulo, ce qui changea tout : de 36 000 habitants en 1950 la population du Rondônia était passée à 70 000 en 1960, 110 000 en 1970, plus de 500 000 en 1980.

Dans l'exaltation de la conquête de l'Amazonie le Rondônia fut vanté comme un eldorado, et sa situation de Territoire fédéral — où toute la terre non appropriée avant 1943 était propriété fédérale — permettait d'en faire une grande zone de colonisation, sans conflits avec les grands éleveurs ou avec les sociétés de colonisation privée, à l'exception de quelques individus sans scrupules qui comptaient, non sans raison, sur une reconnaissance *a posteriori* du fait acquis. Le Rondônia devint donc pour un temps le fief de l'INCRA, qui y installa une série de *Pics* (Projets intégrés de colonisation), au long de la nouvelle route.

Alors que les vallées du Madeira, du Mamoré et du Guaporé continuaient pour un temps à vivre paisiblement au rythme du fleuve et de la cueillette (hévéa, noix du Brésil, pêche), les abords de la route étaient saisis d'une fièvre pionnière évoquant le Far West, où ne manquaient ni les conflits avec les Indiens, ni la violence, omniprésente dans les brûlis mal délimités et dans les villes trop vite poussées.

L'exploitation de la cassitérite réservée à des compagnies bien équipées, la coupe du bois organisée par des scieries, souvent transférées du Paraná, il ne restait aux immigrants que l'agriculture de subsistance. Les lots de l'INCRA — où une certaine assistance était donnée — sont aujourd'hui tous distribués, chacun défriche un coin de forêt où il le peut, et c'est un front pionnier de grande ampleur qui se constitue ici tous les jours, une nouvelle organisation de l'espace qui se met en place.

Il faut y opposer les vastes étendues désertes — qui donnent au Rondônia sa densité théorique de 4,7 habitants par km² — et les axes peuplés que sont les fleuves et les routes : en 1974, 80 % de la population vivait à moins de trois kilomètres des deux axes routiers principaux, et 85 % du territoire étaient en fait déserts. La route BR 364 Cuiabá-Porto Velho est devenue la ligne de force de toute l'Amazonie occidentale, des millions de dollars ont été investis pour la retracer et l'asphalter. Le centre de la nouvelle région pionnière est Ji-Paraná, qui n'avait pas trente habitants en 1950 et aujourd'hui plus de 100 000. C'est désormais la deuxième ville de l'État et elle menace Porto Velho, la vieille capitale, excentrée par rapport aux clairières où se pressent aujourd'hui plus d'un million de personnes.

C'est donc un retournement complet de l'organisation spatiale du Rondônia qui s'est produit : alors que toute la vie s'organisait en fonction des fleuves coulant vers le nord-est, vers Manaus, tout converge désormais vers le sud, vers São Paulo. Les colons viennent par cette route, et tous les produits manufacturés, alors que les minerais, le bois, les produits de l'agriculture et de la cueillette suivent le chemin inverse : une gigantesque « capture » s'est produite et les vieux réseaux ont été laissés presque secs.

Et cette organisation centrée sur la route est bien ce qui donne aujourd'hui encore au Rondônia sa structure, jusque dans le détail : des choix faits dans les années 1970 découle l'organisation spatiale d'aujourd'hui.

Pour aller vite, l'INCRA opta pour un schéma d'organisation géométrique et rigide, délimitant et attribuant des lots de 100 ha (2 000 mètres sur 500, alignés au long de la route principale ou des parallèles construites progressivement de part et d'autre de celle-ci). Comme les colons devaient laisser la moitié de leur lot en forêt, il en résulta un curieuse structure tigrée qui est aujourd'hui encore bien visible quand on survole cette région (fig. 53).

Mais cette colonisation publique fut vite débordée. Les lots de l'INCRA une fois distribués, chacun défricha un coin de forêt où il le pouvait, et c'est un front pionnier de grande ampleur qui s'est progressivement constitué, une nouvelle organisation de l'espace qui s'est mise en place dans toute la région centrale, à partir des périmètres de colonisation de l'INCRA et en suivant les affluents du rio Machado. Plus de vingt ans après ce processus de diffusion a continué à produire ses effets, et considérablement élargi la zone défrichée, à mesure que se développait le réseau routier.

En 1974, on pouvait à peine parler de réseau, puisqu'il se résumait aux deux routes fédérales (non asphaltées) BR364 (Cuiabá-Porto Velho) et BR319 (Porto Velho-Guajara-Mirím) et aux *linhas* de pénétration et de desserte des *Pics* de l'INCRA. En 1996, le guide routier *Quatro Rodas*, l'équivalent du Guide Michelin des automobilistes brésiliens (fig. 54) fait apparaître non seulement quelques axes asphaltés, les deux BR (asphaltées avec l'aide de la Banque mondiale), prolongées par quelques diverticules de part et d'autre, mais aussi une véritable maille de routes (non asphaltées) qui en émanent; les unes sont des pénétrantes qui s'enfoncent à partir de la route asphaltée sur quelques dizaines de kilomètres, ou parfois des centaines de kilomètres, comme celles qui atteignent le Guaporé à Costa Marques et à Pimenteiras (par Colorado d'Oeste et Cerejeiras, des villes qui n'existaient pas en 1974); d'autres leur sont parallèles et les doublent à l'ouest et à l'est, formant une maille somme toute assez régulière, principalement autour de Ji-Paraná, le cœur de la région pionnière de 1974.

Le tracé anguleux de ces routes a été un peu atténué par les cartographes de *Quatro Rodas*, peu habitués à tracer des virages à angle droit en rase campagne. C'est pourtant bien ce que l'on observe sur le terrain, car ces routes de liaison régionale sont en fait des *linhas* de l'ancienne colonisation publique, ou de leurs

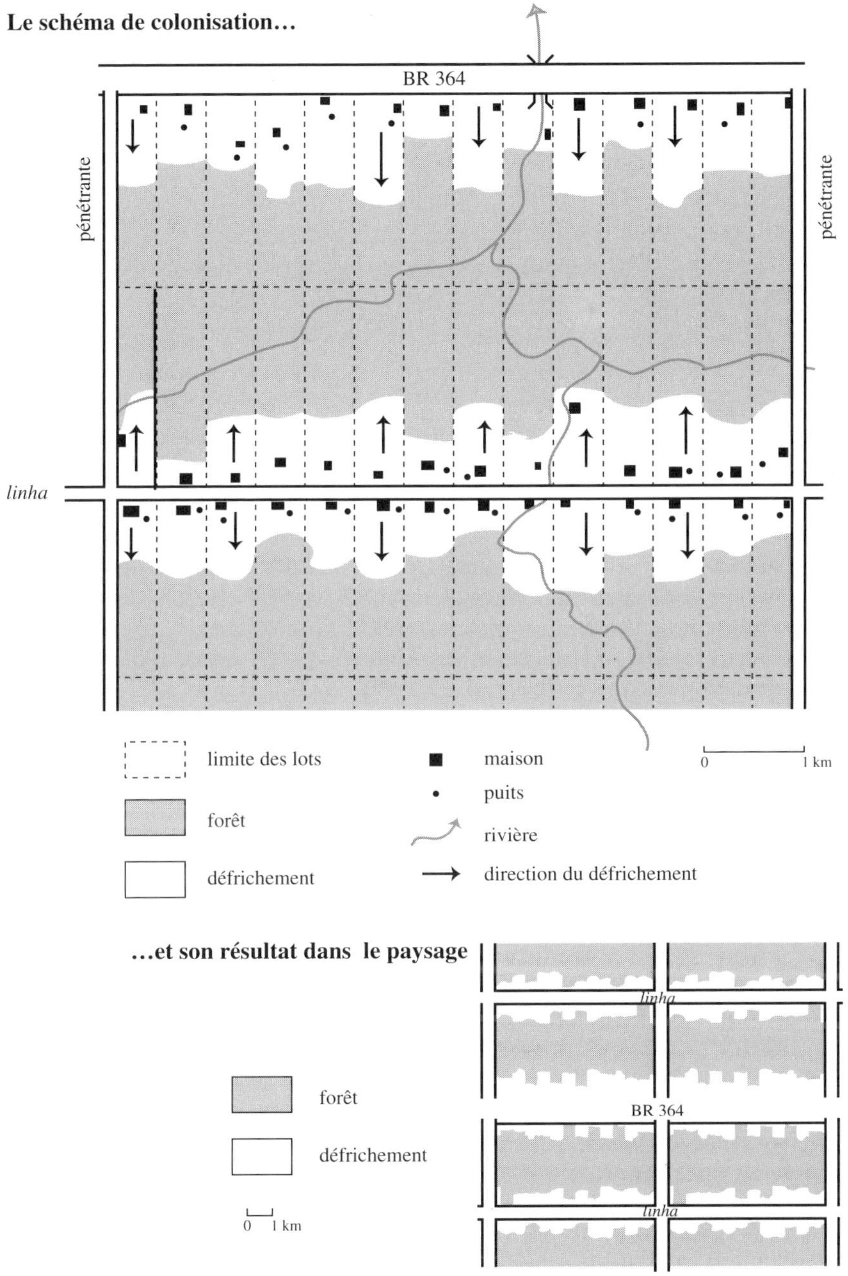

Figure 53 Ouro Prêto

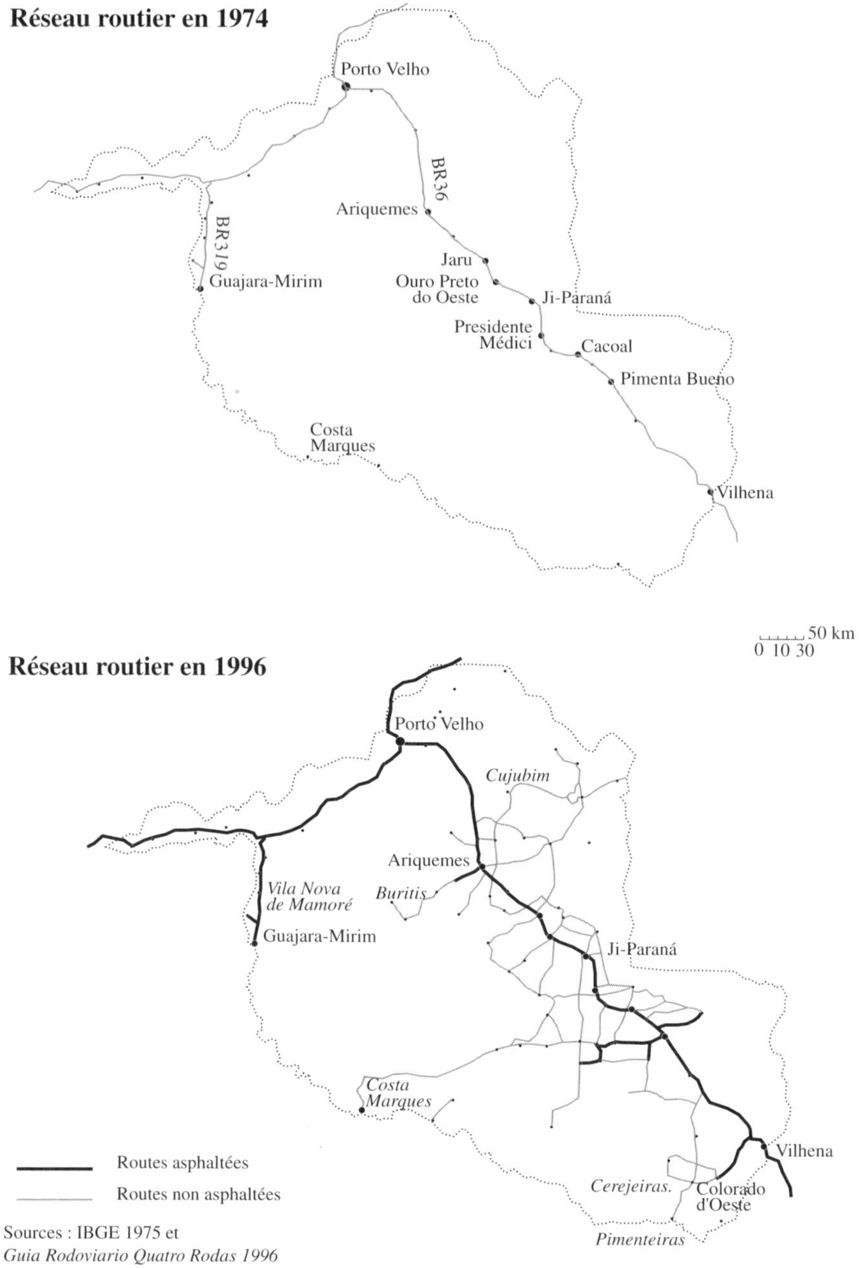

Figure 54 Routes en Rondônia (1974-1993)

successeurs de la colonisation spontanée, qui ont gardé la même structure orthogonale. Quelques-unes de ces *linhas*, les plus fréquentées, celles qui relient le plus commodément deux agglomérations voisines, celles qui mènent vers de nouvelles

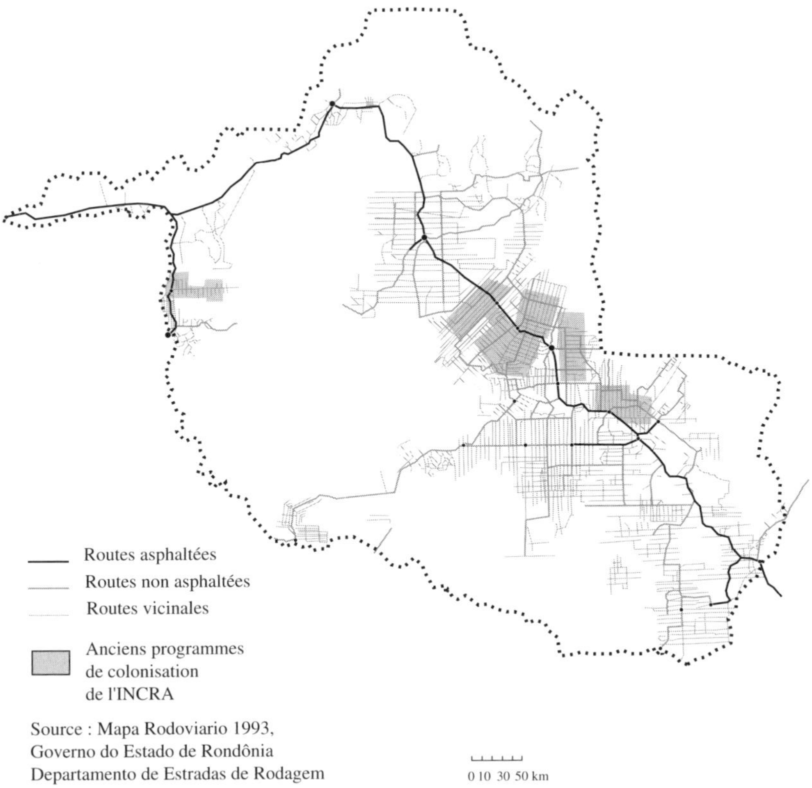

Figure 55 Routes en Rondônia (1993)

zones de colonisation, ont été reclassées, améliorées, leur surface mieux entretenue, souvent renforcée par l'apport de latérite broyée.

Ce réseau secondaire n'est donc rien d'autre que l'élévation au rang de voies de circulation régionale de voies vicinales, dont elles reprennent fidèlement le tracé, comme le fait apparaître une carte à plus grande échelle de 1993 (qui est la base de la figure 55) : à partir du tracé des périmètres de colonisation publique et de leur grille impeccablement régulière de parallèles et de perpendiculaires à la route fédérale, la maille quadrangulaire a été poussée toujours plus loin, élargissant le couloir de défrichement de la route, avec le minimum de concession aux contraintes naturelles. Tout au plus observe-t-on quelques mailles manquantes ou incomplètes, là où une route vicinale aurait dû passer une rivière ou grimper une colline perpendiculairement aux courbes de niveaux. Mais on sent bien que ces concessions répugnent aux constructeurs, pour qui la ligne droite est de toute évidence la solution idéale. Même des colonies qui semblent ici totalement isolées (elles sont reliées en fait par des sentiers à peine carrossables en saison sèche et impraticables en saison des pluies), loin en avant du front de colonisation, reproduisent la même structure. La règle générale ne connaît que de très rares exceptions, au sud de Guajará-Mirim ou à l'extrême nord du front de colonisation. On remarque d'autant plus un lotissement à routes sinueuses, qui apparaît à mi-chemin de la route BR329 (qui relie la BR364 à la vallée du Guaporé); mais au bout de cette route, dans la vieille vallée maintenant entrée dans l'orbite des colons venus du Sud, on retrouve une maille régulière calée sur les dernières courbes de la route.

La coïncidence entre les déboisements et l'ouverture des routes est donc totale, car ils sont à la fois cause et conséquence l'un de l'autre : l'ouverture d'une nouvelle route permet la pénétration des colons, qui défrichent; le défrichement offre à la route le fret de retour (le bois d'abord, les productions agricoles ensuite); ce mouvement sur la route, et même la nouvelle qu'un front récent a été ouvert au-delà de telle *linha*, attire de nouveaux colons; puis la congestion des lots disponibles les pousse à demander de nouvelles ouvertures, ou à les précéder, dans des directions qu'il est facile de prévoir, en prolongeant simplement les droites. Il se crée ainsi un cycle dont on ne sait s'il est vicieux — du point de vue du gaspillage des ressources naturelles — ou vertueux — du point de vue de la mise en coupe réglée des forêts et de l'occupation systématique du territoire — cycle en tout cas qui jusqu'à présent a été constamment réalimenté : la reproduction à l'infini de la maille initiale, qui occupe aujourd'hui un bon tiers de l'État — soit plus de 80 000 km² — semble donc devoir continuer à étendre sur le Rondônia son implacable quadrillage.

BIBLIOGRAPHIE

COY (M.), « Développement régional à la périphérie amazonienne », *Cahiers des sciences humaines*, vol. 22, n°s 3-4, 1986, p. 371-388.

THÉRY (H.), *Rondônia, mutations d'un territoire fédéral en Amazonie brésilienne*, École Normale Supérieure, Paris, 1976.

THÉRY (H.), « Route transamazonienne et réorganisation de l'espace : le cas du Rondônia », *Cahiers d'Outre-Mer*, 34-133, p. 5-22, 1981.

THÉRY (H.), « Routes et déboisement en Amazonie brésilienne, Rondônia 1974-1996 », n° 97/3, p. 35-40, *Mappemonde*, Montpellier, 1997.

TROISIÈME PARTIE

Une puissance de demain ?

LE DESTIN du Brésil se joue dans quelques secteurs clés, domaines d'excellence ou goulets d'étranglement. La croissance, plus ou moins rapide, les blocages qui apparaissent et qui peuvent compromettre l'avenir, et donc les solutions, plus ou moins coûteuses, qui doivent être trouvées, tout cela me semble être le meilleur fil conducteur pour examiner les branches principales de l'économie brésilienne, sans perdre de vue les configurations et les effets spatiaux qui se dessinent.

Chapitre 8

Les moyens du développement

PARMI LES MOYENS indispensables au développement, quelques-uns sont pour le Brésil d'une importance cruciale : les ressources du sous-sol, l'énergie, les transports. Dans chacun de ces domaines, le pays dispose d'immenses atouts, mais souffre de sérieux handicaps. Tous trois ont bénéficié depuis quarante ans de l'attention soutenue des gouvernements successifs du pays, civils et militaires, et ont fait l'objet d'innombrables plans et projets et de très importants investissements. Chacun enfin peut être symbolisé par une grande réalisation, de celles qui ont fasciné les Brésiliens et attiré l'attention des médias du monde entier : la Serra de Carajás, le plus grand gisement de fer de la planète, le barrage d'Itaipú, la plus puissante centrale hydroélectrique au monde, la route Transamazonienne, grande œuvre pionnière très contestée.

1 LES RESSOURCES MINÉRALES

Les ressources minérales du Brésil sont à la fois immenses et incomplètes, économiquement importantes et souvent sans valeur, négligées et très recherchées.

Tableau 20 Les performances minières

Produit	Production (1 000 t.)	Rang mondial	Part mondiale (%)
Fer	122 330	1	20,22
Etain (t)	20 000	3	11,09
Or (t)	77	9	3,28
Pétrole	39 000	19	1,25

Source : Images économiques du monde, 1999.

Le pays est un des premiers au monde pour toute une série de produits miniers — fer, manganèse, bauxite, étain, pierres précieuses — mais d'autres lui manquent ou n'y existent qu'en quantité insuffisante, comme le nickel, le cuivre et surtout le pétrole. Bien que ne représentant plus que 1,8 % du PIB en 1996, les industries minières constituaient alors 7 % des exportations. En outre, quoique par rapport aux

Tableau 21 Production régionale de minerais

État	Bauxite	Cuivre	Zinc	Nickel	Fer	Or
Nord	94	72		17	25	28
dont Pará	*94*	*72*		*17*	*24*	*27*
Nordeste		15	3	7		5
dont Bahia		*11*	*3*			*4*
Sudeste	6		92	3	69	55
dont Minas Gerais	*6*		*92*	*3*	*69*	*55*
Sud		1	5			1
Centre-Ouest		12		73	7	11
dont Goiás		*12*		*73*		*5*

État	Manganese	Chrome	Argent	Plomb	Étain
Nord	75	25			85
dont Pará	*71*				4
Nordeste	3	70	24		
dont Bahia	*3*	*70*	*24*		
Sudeste	13	5	19	52	
dont Minas Gerais	*11*	*5*		*52*	
Sud			17	48	
Centre-Ouest	9		40		15
dont Goiás	*1*		*40*		*6*

% de la production nationale en 1996.

autres grands pays miniers du monde, le Brésil ait la chance de pouvoir exploiter ses ressources sans les limitations du grand froid ou de l'extrême sécheresse, il ne peut mettre en valeur qu'une partie de son potentiel car l'ouverture des mines requiert souvent d'énormes investissements initiaux en moyens de transports : pour exporter le fer de Carajás il a fallu entreprendre la construction d'une ligne de 870 km, en terrain très accidenté et à travers des forêts denses, jusqu'au port d'Itaqui près de São Luis, dans le Maranhão (fig. 60). Il n'est guère de domaines où la malédiction du gigantisme pèse aussi lourd, mais l'immensité a pourtant aussi ses avantages, car elle permet d'espérer toujours de nouvelles découvertes. Elles se produisent effectivement tous les jours car les Brésiliens ont entrepris, à la fois avec l'aide de tous les moyens modernes de télédétection et grâce au courage pionnier de ses prospecteurs individualistes, un effort remarquable d'inventaire qui est loin d'être achevé.

Les données naturelles, à petite échelle, sont claires : la plupart des gisements sont en rapport avec cinq géoanticlinaux des boucliers précambriens. Le premier, d'orientation sensiblement nord-sud, s'étendant sur les États de Bahia et Minas Gerais, a été le plus exploité dès l'époque coloniale. Le Minas Gerais — dont le nom, littéralement « mines générales », rappelle assez l'histoire — est aujourd'hui encore le premier État minier au Brésil, avec près de la moitié de la production nationale; il est situé à l'extrémité sud du second axe minéralisé, dont l'extrémité nord est le gisement multiple de la Serra de Carajás. Les autres géoanticlinaux, au nord et au sud de la cuvette amazonienne, en arc de cercle aux frontières orientales, bien que jalonnés de quelques grands gisements (bauxite du Trombetas, manganèse de l'Amapá, cassitérite du Rondônia) sont encore largement inexplorés. Ils peuvent donner lieu demain à des découvertes de première ampleur, qui ne seront exploitées après-demain que si la conjoncture mondiale le permet. Et si sont consentis des prêts pour construire routes ou chemins de fer, installations de traitement et résidences pour la main-d'œuvre et les cadres.

Car l'exploitation minière est de plus en plus proche de la grande industrie. À côté des petites exploitations artisanales du Nordeste, du Sud et du Centre-Ouest apparaissent de grands complexes miniers, soit là où des gisements très importants justifient de gros moyens, même loin de tout marché, soit près des centres de consommation (le Minas Gerais, qui cumule tous les avantages, se révèle ici encore favorisé), et l'on a alors des exploitations où le rapport production/emploi est très élevé. Très mécanisées, elles ont été le plus souvent exploitées par l'État, seul ou en association avec une firme étrangère (consortium avec le Bethleem Steel pour le manganèse de l'Amapá par exemple) (fig. 56).

Le développement récent de ces grandes entreprises est responsable de l'accroissement rapide de la production minérale brésilienne et de la modification de la gamme des productions : alors qu'il y a trente ans les minerais destinés au marché intérieur (sel, marbre, charbon) représentaient une part importante du total, ils sont aujourd'hui éclipsés par ceux qui sont destinés à l'exportation (à l'état brut ou sous forme de métal), ou à la consommation des industries et du bâtiment — les matériaux de construction venant immédiatement après le fer sur la liste des productions minières brésiliennes.

Cette carte peut donc changer dans les années à venir, c'est sans doute là l'originalité majeure du Brésil par rapport à nos vieux pays où la plupart des gisements sont répertoriés, exploités ou épuisés. Au Brésil une grande partie du pays n'a pas encore été sérieusement prospectée et on peut attendre beaucoup de l'avenir. En dehors des prospecteurs des compagnies privées, une compagnie publique, la CPRM, financée directement par une taxe sur les minerais et par les dividendes des compagnies minières publiques, a employé jusqu'à 500 géologues à plein temps, dispose d'une flotte d'avions et d'hélicoptères équipés de matériel moderne, travaille avec la NASA à l'exploitation des données de satellites d'observation.

De plus, en dehors de nouvelles découvertes, le pays peut bénéficier d'une augmentation de la demande de certains de ses produits : par exemple, le dioxide de titane (utilisé pour la fabrication de peintures et de caoutchouc), le niobium (utilisé pour les aciers spéciaux) se sont révélés très utiles, et le Brésil a pu construire une usine qui couvre les besoins de toute l'Amérique latine pour le premier, exporter sa production du second, qui représente 60 % du total mondial. La construction de grandes infrastructures de transport peut enfin, même si elles sont destinées à d'autres fins, stimuler la production minière, comme la route Cuiabá-Porto Velho a permis d'exploiter et surtout d'envoyer vers les fonderies du Sud la cassitérite du Rondônia.

La découverte la plus importante serait toutefois celle de nouveaux gisements de pétrole, le Brésil étant encore, malgré d'importants progrès récents, dépendant de ses importations. Si les ressources minérales utilisables dépendent en partie des transports disponibles, le lien entre ressources du sous-sol et énergie est plus étroit encore, car une bonne partie des devises obtenues par l'exportation sert actuellement à payer la facture pétrolière.

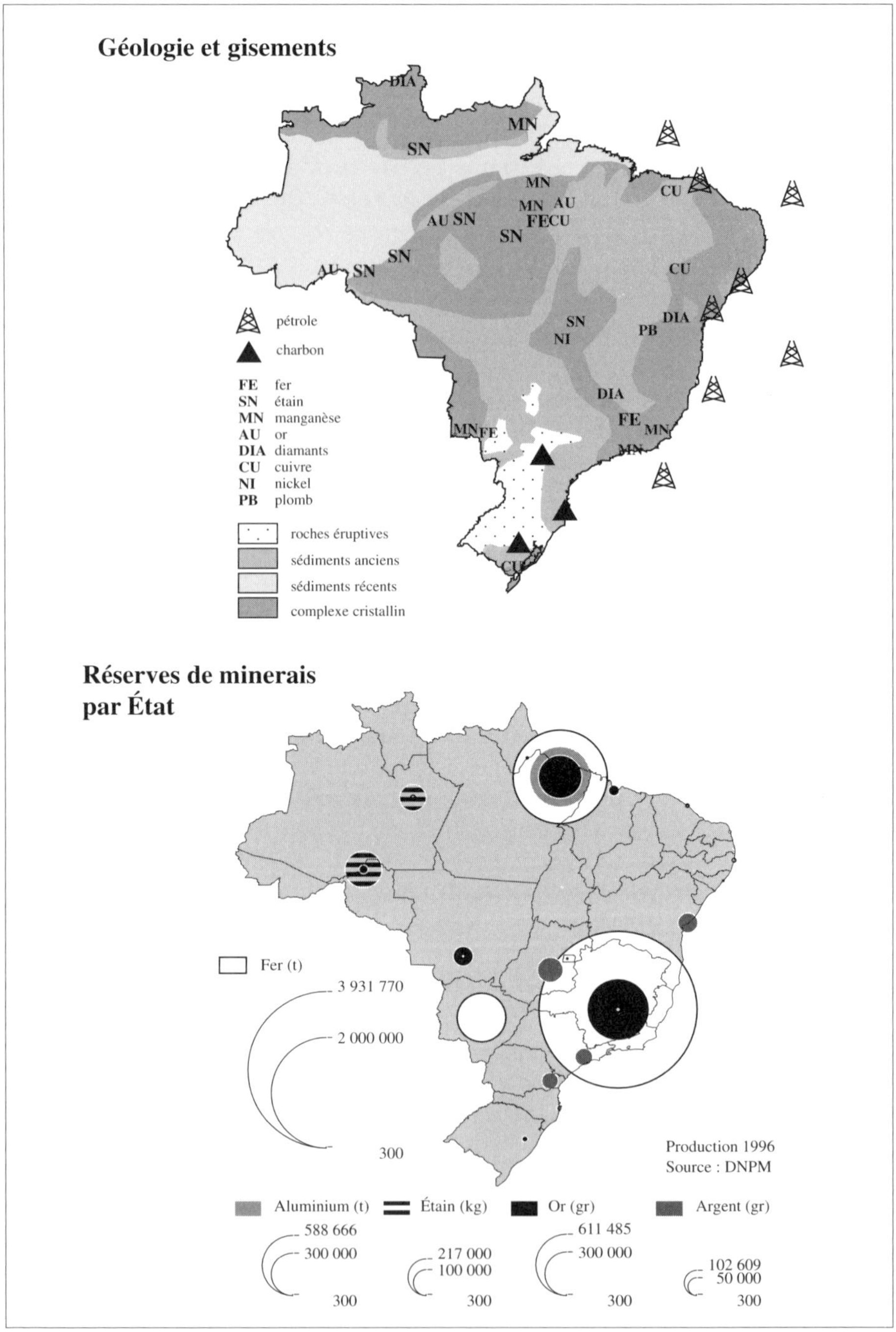

Figure 56 Répartition des principaux minerais

2 L'ÉNERGIE

Plus encore que les ressources minérales les ressources énergétiques sont indispensables au développement, et les choix qui sont faits dans ce domaine sont révélateurs du style de croissance retenu. Un des plus graves problèmes du Brésil est précisément qu'il dispose d'un énorme potentiel hydroélectrique, des ressources de la biomasse plus importantes qu'aucun pays au monde, mais qu'il a choisi de fonder ses activités industrielles modernes, ses transports à longue distance, le mode de vie de ses classes moyennes et supérieures sur l'utilisation du pétrole. Il doit encore en importer une grande partie, une situation dont les « chocs pétroliers » des années 1970 ont montré le danger. Malgré le recours à des sources d'énergie moins traditionnelles, ce déficit reste au centre de toute estimation de la situation énergétique du pays.

Le bilan énergétique du pays (tableau 22) révèle en effet que, malgré la place importante des énergies renouvelables (71 % du total), qui contribuent à donner au pays un bon taux de couverture (84 %) de ses besoins par les ressources nationales, le pétrole est de loin le poste le plus déficitaire. Des efforts récents et la baisse de la consommation liée à la crise économique ont permis de porter, en 1996, la part de la production nationale à 55 % des besoins, mais plus de 30 000 tonnes doivent encore être trouvées sur le marché international ou par des accords de troc, et il représente à lui seul 35 % de la consommation énergétique — et près de 13 % de la valeur des importations en 1996.

Le Brésil produit pourtant du pétrole : découverts en 1939, les gisements du Recôncavo, à proximité de Salvador de Bahia sont encore en exploitation, mais ils ne produisent plus, avec les gisements découverts ultérieurement dans le Sergipe

Tableau 22 Bilan énergétique

Production	Total	%	Consommation	Total	%	Couverture
	174 868	*100*		**207 892**	*100*	84
Non renouvelable	**50 108**	*29*	**Non renouvelable**	**85 891**	*41*	58
Pétrole	39 401	*23*	**Pétrole**	71 791	*35*	55
Gaz naturel	8 863	*5*	Gaz naturel	4 411	*2*	
			Gaz de cokerie	1 368	*1*	
Charbon	1 844	*1*	Charbon	1 620	*1*	
			Coke	6 701	*3*	
Renouvelable	**124 760**	*71*	**Renouvelable**	**122 001**	*59*	100
Électricité hydraulique	77 074	*44*	Électricité (1)	80 293	*39*	
Bois	21 929	*13*	Bois	12 899	*6*	
			Charbon de bois	4 287	*2*	
Produits de canne à sucre	22 877	*13*	Bagasse de canne à sucre	14 900	*7*	
			Alcool de canne à sucre	7 523	*4*	
Autres	2 880	*2*	Autres	2 099	*1*	

(1) dont thermique.
Énergie primaire 1996 en 1 000 Tep.
Sources : Balanço energético nacional 1997, Ministério de Minas e Energia 1997, Ano-base 1996.

Tableau 23 Production électrique régionale

	Total (1)	%	Hydraulique (1)	%	Thermique	%
Brésil	57 232	*100*	52 427	*100*	4 805	*100*
Nord	5 844	*10*	4 819	*9*	1 025	*21*
Nordeste	10 361	*18*	9 792	*19*	569	*12*
Sudeste	25 875	*45*	23 922	*46*	1 953	*41*
Sudeste	8 002	*14*	6 849	*13*	1 153	*24*
Centre-Ouest	850	*1*	745	*1*	105	*2*

(1) Dont 6 300 MW provenant d'Itaipu
Hors autoproducteurs.
Capacité nominale installée des centrales électriques 1996.
Source : ELETROBRÁS 1997.

et l'Alagoas, que 25 % de la production nationale. La Petrobrás, la compagnie nationale créée en 1952 après un grand débat entre nationalistes et partisans de compagnies pétrolières, investit depuis des années près du tiers de son budget dans la prospection, ce qui a permis les découvertes de gaz et de pétrole *off-shore* au large de Campos (Rio de Janeiro), où a été récemment découvert un nouveau gisement de pétrole qui laisse espérer l'autosuffisance en 2005. Sous la pression de la crise pétrolière le gouvernement militaire avait ouvert une brèche dans le monopole de la Petrobrás, signant à partir de 1975 avec des compagnies pétrolières étrangères des « contrats de risque » qui les associaient aux bénéfices en cas de découverte. Utilisant des techniques modernes elles avaient repéré un certain nombre de structures prometteuses au large du Rio Grande do Norte et dans l'embouchure de l'Amazone. Dans la cuvette amazonienne elle-même, les découvertes de Nova Olinda, près de Manaus, n'ont pas eu de suite et malgré l'étendue du bassin sédimentaire, un des plus vastes au monde, on attend encore le coup de trépan qui ferait du Brésil, une fois encore, un nouvel eldorado. Le dernier espoir en date a été l'annonce en juin 1988 d'une découverte dans l'île de Marajó, dans l'embouchure de l'Amazone. Le président Sarney lui-même avait annoncé que la société Texaco venait de découvrir un gisement « d'une dimension comparable à celui de la mer du Nord », une annonce bienvenue à deux jours d'un vote décisif de l'Assemblée constituante sur la durée du mandat présidentiel, et alors que les banques commerciales créditrices du Brésil étaient réunies à New York pour discuter du rééchelonnement de sa dette. Un mois plus tard la Texaco abandonnait le site et les 6,5 millions de dollars investis. Il semble que l'âge des sédiments, leur épaisseur, la vitesse de subsidence dans la partie aval ne soient pas les plus propres à la constitution de réserves, mais on ne peut s'empêcher de penser que dans la partie occidentale les plis profonds pré-andins devraient constituer des pièges possibles, d'autant que l'on a trouvé du pétrole et du gaz au Nord en Colombie, en Équateur, au Pérou, et au Sud en Bolivie, dans la même situation.

En attendant ce jour la Petrobrás essaie d'assurer son développement et son approvisionnement en prospectant à l'étranger; sa filiale Braspetro a trouvé du pétrole en Irak et en Colombie, et en cherche dans plusieurs pays du Moyen-Orient et d'Amérique latine. Dominant aussi le secteur du raffinage (elle couvre les besoins nationaux grâce à une demi-douzaine de très grosses raffineries), elle dispose de ses propres ports, de sa flotte de pétroliers, a des intérêts importants dans la pétro-

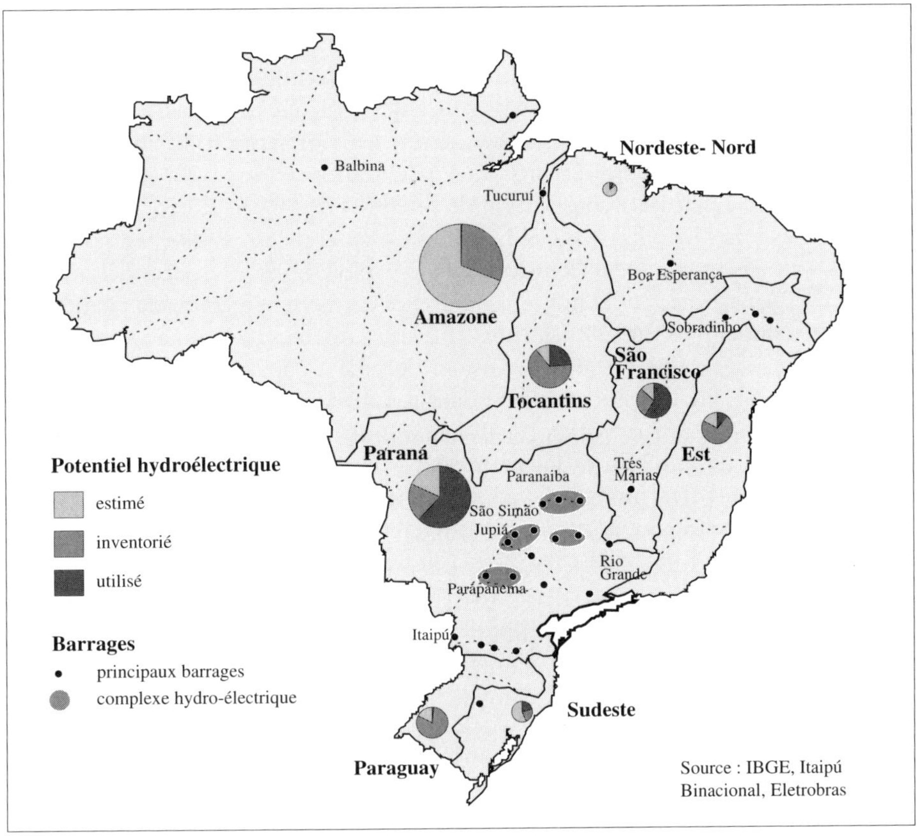

Figure 57 Hydroélectricité

chimie et la distribution (qui ne sont pas incluses dans le monopole), et constitue donc un outil de valeur dans la main des autorités brésiliennes. On parle pourtant de plus en plus de privatisation, même si le père du nouveau président a été un des fervents partisans de la campagne *o petróleo é nosso* (« le pétrole est à nous »).

Les autres combustibles fossiles ne contribuent que faiblement à la couverture des besoins. Les gisements de charbon sont de mauvaise qualité (forte proportion de soufre et de cendres), les coûts d'exploitation élevés. La production est en baisse — 10 millions de tonnes en 1996 contre 24 millions en 1985 — et le charbon produit doit être mélangé à des houilles importées pour être brûlé dans des centrales thermiques.

Les schistes bitumineux sont une autre ressource potentielle, dont l'utilisation dépend de la mise au point, toujours reportée, de techniques de valorisation. Avec les gisements du Paraná (Irati), de Bahia (Marua), de la vallée du Paraiba do Sul, le Brésil dispose de 25 % des réserves mondiales, ce qui pourrait changer du tout au tout sa situation si leur valorisation économique pouvait être entreprise.

Malgré ses espoirs raisonnables à moyen ou long terme, le Brésil ne peut donc guère attendre de ses ressources en combustibles fossiles. Il en va tout autrement des sources d'énergie renouvelable.

On peut être surpris de constater que le bois joue un rôle encore important, c'est oublier qu'il demeure, dans les campagnes et les petites villes, le principal combustible utilisé pour la cuisine, et qu'une partie de la sidérurgie, dans le Minas Gerais, utilise le charbon de bois. Il faut se souvenir aussi que le Brésil a encore une « frontière » ouverte où s'approvisionner, et une législation qui contraint à replanter tout hectare de forêt déboisé. Bien que peu respectée — faute de moyens de contrôle — elle a permis la constitution de centaines de milliers d'hectares de boisements sur les terres les plus ravagées du Minas Gerais et de São Paulo, réalisés par des sociétés spécialisées qui recueillent les fonds d'exploitations forestières déboisant le Paraná ou l'Amazonie. Les conditions naturelles permettent à la fois de planter plus serré et de couper plus tôt les eucalyptus et les pins caraïbes (4-5 ans au lieu de 7-8). Alimentant la sidérurgie (et aussi les usines de pâte à papier) quelques firmes ont acquis un savoir-faire qu'elles exportent dans toute l'Amérique latine et en Afrique.

La source énergétique principale est toutefois plus classique, et elle aussi en rapport avec le gigantisme du pays : le Brésil dispose d'un formidable potentiel hydroélectrique. Estimé selon les sources à 100, 150 000 ou 200 000 MW, il n'est que partiellement utilisable en l'état actuel des techniques (environ 60 000 MW semble-t-il), et surtout il est inégalement réparti sur le territoire national (tableau 23).

Le contraste majeur est celui qui oppose, ici encore, les fleuves des plateaux à ceux des plaines. Les premiers ont un profil en long marqué de chutes qui interrompent la navigation mais constituent d'excellents sites hydroélectriques, les seconds, au profil régulier et aux pentes très faibles autorisent une navigation facile

Tableau 24 Gaz et pétrole

Pétrole 1996 (m^3)		%	**Gaz naturel (1 000 m^3)**		%
Brésil	45 309 433	*100*	Brésil	9 167 427	*100*
Continent	11 524 304	*25,4*	Continent	3 288 978	*35,9*
Amazonas	1 095 243	*2,4*	Amazonas	369 465	*4,0*
Ceará	156 231	*0,3*	Ceará	782	*0,0*
Rio Grande do Norte	4 660 626	*10,3*	Rio Grande do Norte	249 001	*2,7*
Alagoas	238 055	*0,5*	Alagoas	630 119	*6,9*
Sergipe	1 559 950	*3,4*	Sergipe	63 939	*0,7*
Bahia	3 139 816	*6,9*	Bahia	1 717 175	*18,7*
Espírito Santo	473 853	*1,0*	Espírito Santo	258 497	*2,8*
Paraná	200 530	*0,4*			*0,0*
Offshore	33 785 129	*74,6*	Offshore	5 878 449	*64,1*
Ceará	687 810	*1,5*	Ceará	90 405	*1,0*
Rio Grande do Norte	546 237	*1,2*	Rio Grande do Norte	705 343	*7,7*
Alagoas	2 940	*0,0*	Alagoas	12 775	*0,1*
Sergipe	185 884	*0,4*	Sergipe	666 149	*7,3*
Bahia	132 175	*0,3*	Bahia	27 782	*0,3*
Espírito Santo	52 554	*0,1*	Espírito Santo	4 598	*0,1*
Rio de Janeiro	31 293 809	*69,1*	Rio de Janeiro	3 576 917	*39,0*
São Paulo	295 741	*0,7*	São Paulo	643 640	*7,0*
Paraná	587 979	*1,3*	Paraná	150 840	*1,6*

et continue mais sont difficiles à équiper. Le régime des fleuves des plateaux dépend étroitement des précipitations régionales. Ceux du Nordeste sont souvent intermittents (à moins que leur haute vallée ne soit située dans une région plus arrosée, comme le São Francisco), et leur régularisation est donc nécessaire. L'Amazone a également un régime complexe, tant est grande la variété de son bassin : les saisons des pluies en différents points sont si diverses que les pulsations des crues — dont le rythme est encore mal connu — font varier le niveau du fleuve à Manaus de 12 m. Ces fluctuations ont rendu nécessaire la construction de quais flottants et l'on ne sait guère, pour le moment, utiliser son formidable débit.

Il résulte de cette diversité des différences importantes dans les potentiels régionaux, qui donnent au Sudeste (bassin du Paraná en particulier) une place plus importante que sa part dans le drainage des eaux courantes, et au Nord (bassin de l'Amazone) une part moindre. C'est là une chance, car la distribution de la population et des activités économiques fait que la plus grande partie des besoins sont situés dans le Sud et le Sudeste.

Ce déséquilibre apparaît bien dans les efforts d'équipement déjà consentis, qui ont porté en priorité sur ces régions, et dans la production. La taille du pays, la difficulté d'y réaliser des transferts d'énergie et l'interconnexion des réseaux, rendue difficile par les distances et l'organisation de la production en compagnies indépendantes, tout cela a poussé à une recherche de la fourniture d'énergie électrique à courte ou moyenne distance, et les bassins hydrographiques représentent encore une réalité énergétique, une unité d'aménagement.

L'immensité du bassin de l'Amazone ne doit pas faire oublier les autres fleuves brésiliens, partagés entre quatre systèmes importants, ceux du Paraná, du Paraguay et du São Francisco, et une série de fleuves côtiers plus courts qui descendent le long de l'abrupt oriental des plateaux.

Les fleuves côtiers ont été les premiers utilisés. Souvent courts, ils sont cependant utiles car ils présentent fréquemment des dénivellations importantes, en particulier dans la Serra do Mar, à proximité des centres de consommation que sont Rio et São Paulo. Des aménagements spectaculaires y ont été réalisés, comme ceux du complexe de Cubatão, qui utilise dans les centrales situées au pied de l'escarpement des eaux détournées des rivières du revers du plateau, le Tietê en particulier, auxquelles un jeu de barrages et de réservoirs fait franchir la crête.

Le São Francisco tient une place à part car le fleuve, alimenté par les pluies du Minas Gerais, traverse le polygone de la sécheresse, et les chutes de Paulo Afonso constituent un site de première grandeur. Il y a donc un conflit manifeste entre l'utilisation de ses eaux pour l'irrigation et la production d'hydroélectricité (dossier p. 145). L'aménagement des chutes, commencé en 1954 avec le barrage de Paulo Afonso, s'est poursuivi depuis lors et fait de ce fleuve la principale ressource énergétique du Nordeste.

Le Paraná est enfin de loin le fleuve le plus important pour la production hydroélectrique brésilienne. Son potentiel est important, et surtout un effort d'aménagement massif a été consenti à cause de sa situation par rapport aux centres consommateurs. Les compagnies de production électrique du Minas et de São Paulo (la plus importante d'Amérique latine) associées et interconnectées, ont réalisé quelques très grands aménagements : le complexe du Rio Grande (3 400 MW), celui d'Urubupunga (4 600 MW) sont en fonctionnement, mais passent au second plan avec la construction du barrage d'Itaipú : commencé en 1973 en collaboration — inégale — avec le Paraguay, sa capacité est de 12 600 MW, la plus forte au monde pour une centrale hydraulique.

Le barrage d'Itaipú, construit de 1975 à 1984, a été, avec la Transamazonienne, un des « travaux pharaoniques » du régime militaire. L'ampleur de l'entreprise porte de fait aux superlatifs : le bassin hydrographique drainé est de 820 000 km^2, le lac de barrage a une superficie de 1 350 km^2, une longueur de 170 km sur 12 km en moyenne. Le barrage principal et les digues latérales ont une hauteur maximale de 196 m, et une longueur totale de 7 760 m. L'ASCE, l'association américaine des ingénieurs en travaux publics, a inclus en 1995 le barrage dans sa liste des grands travaux de ce siècle, avec le pont du Golden Gate de San Francisco, le canal de Panamá, le tunnel sous la Manche et les travaux de contrôle de la mer du Nord des Pays-Bas.

Les ingénieurs soulignaient que pour le réaliser leurs collègues brésiliens avaient dû détourner de son cours le septième fleuve mondial, déplacer plus de 55 millions de mètres cubes de terre et de roches, couler un volume de béton égal à quinze fois celui utilisé pour le tunnel sous la Manche. La salle des machines, qui renferme les 18 turbines, pesant chacune 3 300 tonnes, mesure 968 mètres de long, chaque turbine reçoit 690 m^3 d'eau par seconde par des tubes de 10,5 mètres de diamètre, si bien que ce seul bâtiment produit une énergie suffisante pour alimenter la majeure partie de la Californie.

En 1998 le barrage a produit 87 846 GWh, pour une puissance installée de 12 600 MW. Il a fourni au Brésil, en 1997, 26 % de l'énergie électrique qu'il a consommée, et au Paraguay 79 % de la sienne. Sa puissance installée en fait la première usine hydroélectrique mondiale, devant Guri, au Venezuela (10 200 MW), Grand Coulee, aux États-Unis (6 500 MW) et Sayanbo Shushenskaya, en Russie (6 400 MW). Seul le barrage des Trois Gorges, en Chine, devrait avoir une puissance installée supérieure (18 200 MW) mais la production annuelle d'Itaipú devrait rester supérieure, le Paraná ayant un débit plus régulier, de surcroît régularisé par plusieurs barrages situés en amont.

On rappellera qu'une tranche d'une centrale nucléaire française moyenne a une puissance de 1 300 MW et que les 59 centrales en fonctionnement ont une puissance totale de 62 933 MW, la production totale de 1997 ayant été de 395 000 GW : le seul barrage d'Itaipú représente 20 % du potentiel nucléaire français et 22 % de sa production, sans avoir besoin de combustible, ni la nécessité de le retraiter, ni risque de panne ou d'accident...

Le traité de 1973 établissait que l'énergie produite serait divisée également entre les deux pays, chacun d'entre eux ayant le droit d'acheter l'énergie qui ne serait pas utilisée par l'autre pour sa propre consommation. En réalité le Paraguay n'utilise qu'une fraction minime de sa part et vend le reste au Brésil, pour rembourser l'avance faite par celui-ci au moment de la construction : le barrage a été en réalité financé et construit par le Brésil et c'est lui qui en utilise l'énergie en quasi-totalité. Le caractère binational de l'entreprise tient donc beaucoup de la fiction diplomatique et en fait Itaipú a notablement contribué à la satellisation du Paraguay par le Brésil.

Le potentiel hydroélectrique et son utilisation soutenue ont permis au Brésil de couvrir largement ses besoins en énergie électrique et de porter la capacité installée de 5 000 MW en 1960 à 11 000 en 1970 et 52 427 en 1996 — une performance remarquable — et de faire passer la consommation électrique par tête de 415 kWh en 1970 à 1 418 en 1996 (1 995 dans le Sudeste). Mais les limites commencent à apparaître, les grands centres sont de plus en plus lointains (Itaipú est à près de 1 000 kilomètres de São Paulo) et les solutions techniques envisageables (lignes à très haute tension et transferts à longue distance, interconnexion des bassins) sont aux limites du savoir-faire actuel et extrêmement onéreuses. Elles seules permettraient d'envisager une mise en valeur économique des ressources de l'Amazonie, que ne justifie pas pour le moment sa faible population.

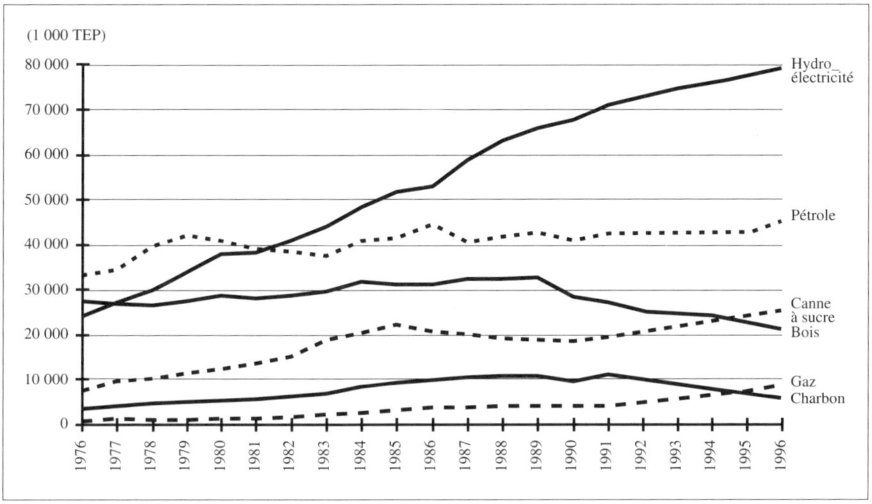

Figure 58 Évolution des sources d'énergie

Ici encore les perspectives sont prometteuses mais lointaines. C'est pourquoi le recours à des sources non conventionnelles a été tenté pour résoudre les problèmes de l'heure.

L'énergie nucléaire avait semblé un temps être la solution. Le réacteur expérimental d'Angra dos Reis, près de Rio, construit à partir de 1972 sous licence américaine, avait été une première étape. La construction du deuxième réacteur, sur le même site, a connu bien des déboires et il n'a été raccordé au réseau qu'en 1999. Beaucoup plus ambitieux était le programme prévu en collaboration avec la République fédérale d'Allemagne : huit réacteurs et une usine de retraitement des combustibles, au total une puissance de 10 000 MW. Reçu comme une marque d'indépendance tant du Brésil que de l'Allemagne vis-à-vis des États-Unis, le programme se heurta à de fortes oppositions, avant d'être remis en question, puis abandonné à cause de la situation financière du Brésil.

L'utilisation de l'alcool de canne à sucre comme combustible a en revanche connu un réel succès, car il substitue à l'essence, payable en dollars, un produit traditionnel brésilien, pour lequel le pays est bien doté. Mélangé à l'essence dans une proportion de 20 %, l'alcool réduit la nécessité d'additif au plomb, ce qui diminue la pollution. Enfin on peut l'utiliser pur dans des voitures spécialement modifiées, que tous les constructeurs brésiliens produisent aujourd'hui : plus de trois millions de voitures à alcool ont circulé dans le pays, et la proportion des voitures à alcool sortant des chaînes de montage est montée jusqu'à 90 %, avant de retomber ensuite. La hausse rapide du pétrole en 1999 redonne un nouvel attrait à l'alcool, qui coûte moitié moins : même si la consommation est d'un tiers supérieure, la comparaison reste à son avantage. On peut comprendre pourquoi ce programme a été lancé, malgré ses inconvénients, souvent dénoncés. L'alliance des firmes automobiles et des intérêts sucriers était le meilleur atout du programme, même s'il n'était pas tout à fait justifié en termes économiques, et avait des conséquences fâcheuses, notamment celui de réduire la place des cultures vivrières et de provoquer l'expulsion de milliers de paysans. Il reposait sur un vaste programme de développement des distilleries et en 1990, 350 d'entre elles étaient en fonctionnement, et produisaient 10 millions de m^3 d'alcool (dont les deux tiers provenaient de l'État de São Paulo). De nouvelles recherches s'orientent vers l'utilisation du manioc — une production mieux intégrée à l'économie paysanne, et qui permet l'utilisation de micro-distilleries dispersées — et d'huiles végétales (arachide, ricin, palmier *babaçu*) pour remplacer, au moins en partie, le combustible des moteurs diesel. Car le secteur clé, celui où les besoins sont les plus pressants, est celui des transports à longue distance.

3 LES TRANSPORTS

Dans un pays aussi vaste et divers, qui est en train de réaliser enfin son intégration nationale, le rôle des transports est évidemment essentiel. Le Brésil a la chance de ne souffrir d'aucun handicap majeur (hautes montagnes, froid, très fortes précipitations) qui l'empêche de développer un réseau de transport à la mesure de son immensité. Pourtant l'évolution récente révèle des choix qui, du point de vue de la technique et de l'économie des transports, paraissent surprenants.

Le fait majeur est la prédominance absolue de la route : elle représente plus de 65 % du trafic, alors que les chemins de fer n'en réalisent que 21 % (contre 37 % aux États-Unis et 57 % au Canada), le cabotage 12 % et les tubulures (gazoducs et oléoducs) 4 %. Il y a là la marque d'un choix délibéré, et les différents moyens de transport évoluent de façon de plus en plus divergente.

On peut dater du début des années 1960 l'origine de cette évolution. Rachetant en 1957 18 des 22 compagnies privées de chemin de fer, l'État brésilien créait le réseau ferroviaire fédéral et entreprenait une rationalisation qui s'est traduite par des fermetures de lignes; au même moment la construction de Brasília donnait le coup de départ de grands travaux routiers et annonçait le déclin du chemin de fer et l'essor de la route.

Les chemins de fer brésiliens n'ont jamais constitué un réseau national (fig. 60). Des lignes d'exportation de produits miniers ou agricoles, parfois un réseau régional, comme dans l'État de São Paulo, tardivement reliés par des lignes interrégionales très peu fréquentées. Hétéroclite (plusieurs largeurs de voies, matériel dépareillé), souvent ancien et mal entretenu, le matériel fixe et roulant ne

Photo 15 Bus interurbain
Le bus est le moyen de transport usuel de ceux qui ne peuvent payer l'avion. Équipés de toilettes et de plus en plus souvent de la télévision, ils permettent de franchir des milliers de kilomètres, de supporter un voyage pouvant durer plusieurs jours et plusieurs nuits (cliché H. Théry).

permettait pas souvent d'entreprendre une réorganisation sérieuse, et les premières mesures ont consisté à fermer des lignes, le total passant de 39 000 km en 1960 à un peu plus de 30 000 actuellement. Le tableau 25 montre les situations différentes des réseaux. Cohabitent en effet des réseaux publics (réseau fédéral et de l'État de São Paulo), en voie de privatisation, leurs successeurs privés, et des lignes privées à fonction économique, dont celle qui transporte le manganèse de l'Amapá, celle du fer du Minas Gerais, enfin la nouvelle voie de la serra de Carajás à la mer, inaugurée en 1985, plus productives et rentables. En dehors de ces lignes et des réseaux de banlieue de Rio et São Paulo, et peut-être de la ligne reliant les deux villes, électrifiée et modernisée, le chemin de fer recule partout et l'idée même de prendre le train vient rarement à des Brésiliens, à l'exception des *flagelados* qui fuient la sécheresse et ne peuvent payer le bus.

Les transports fluviaux et maritimes n'ont guère d'importance malgré les facilités offertes par le réseau des fleuves et la longueur des côtes près desquelles se concentre encore la majorité de la population (tableau 26). Le trafic fluvial est faible, le cabotage et surtout la navigation au long cours limité à quelques transports pondéreux, comme le fer de Tubarão. Le trafic du Nord et du Nordeste, importants pour la vie de petites communautés pèse peu par rapport aux transports massifs des régions exportatrices.

Les transports aériens enfin trouvent au Brésil un champ largement ouvert, les distances, la concentration des revenus, les nécessités d'administrer un espace

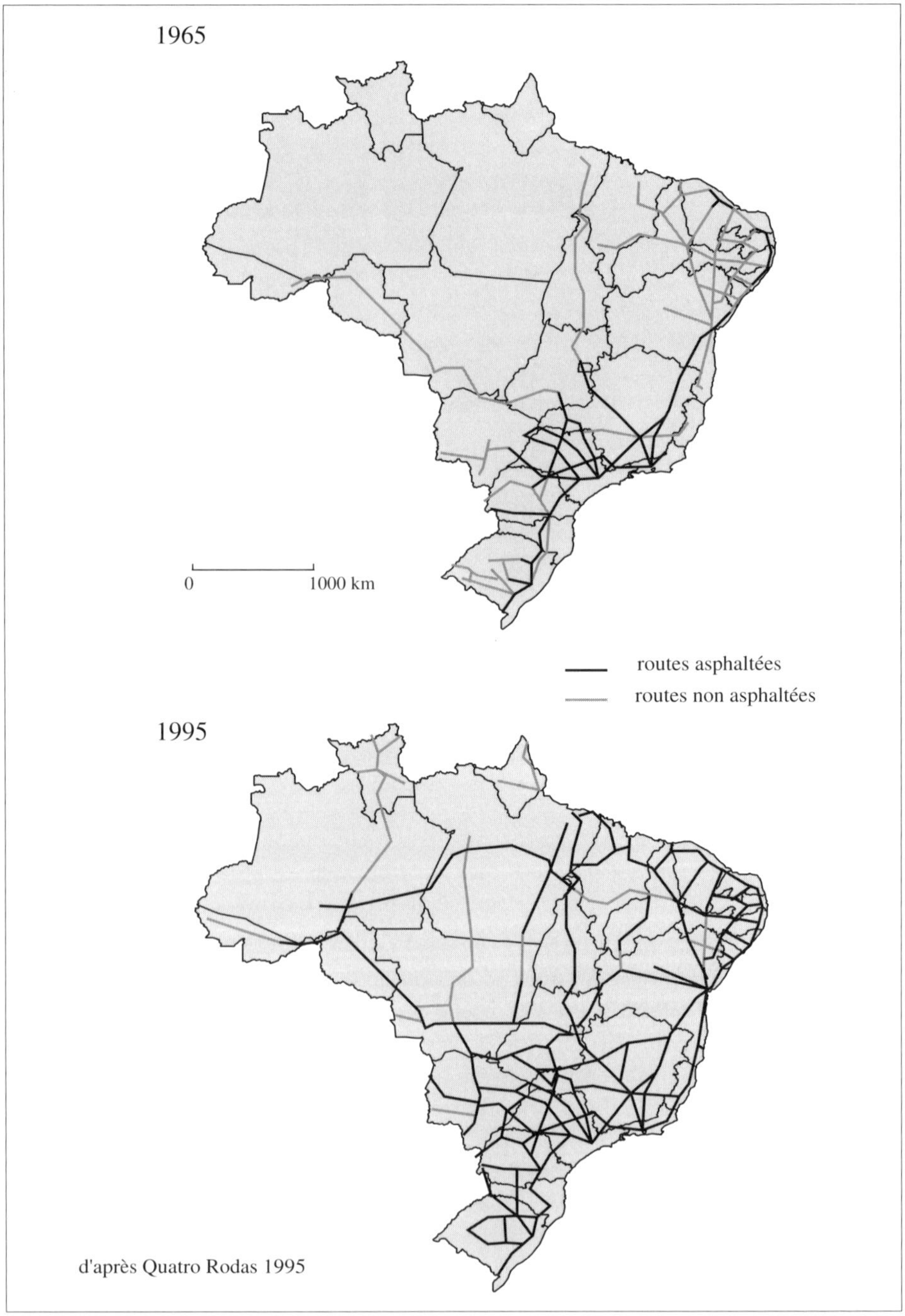

Figure 59 Le réseau routier

divers se conjuguent pour créer une demande solvable. Plus de 10 millions de passagers par an empruntent les lignes intérieures, que se partagent quatre compagnies, la Varig et ses filiales, l'ancienne compagnie publique de l'État de São Paulo,

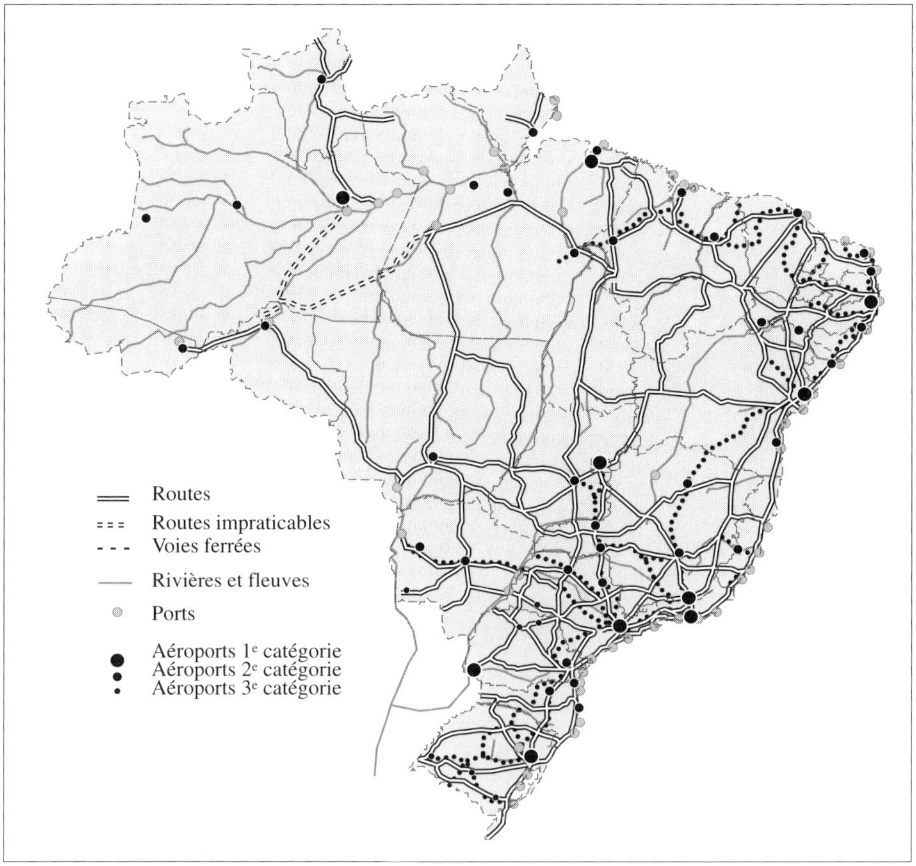

Figure 60 Transports

Vasp, privatisée en 1994, la TAM et la Transbrasil. Varig et ses filiales représentent ensemble plus de la moitié du marché, la première assurant en outre l'essentiel du trafic international. Fondée en 1927, elle n'était jusqu'aux années 1950 qu'une modeste compagnie du Rio Grande do Sul, avant de contrôler un nombre croissant de concurrents et d'étendre un vaste réseau international (fig. 84). Les quatre compagnies opéraient en *pool* pour gérer la *ponte aerea* (pont aérien) Rio-São Paulo, un des quatre existant au monde, qui relie les deux villes toutes les demi-heures utilisant les vieux aéroports centraux abandonnés par les *jets*. Cette alliance profitable a été rompue en 1998, et chacun chasse désormais pour son compte sur ce marché juteux : plus de 3 000 personnes par jour, 90 % volant pour affaires et 20 % prenant la *ponte aerea* au moins cinq fois par mois.

Il faut enfin ajouter aux quatre grandes compagnies les compagnies régionales et les avions-taxis qui desservent des dizaines de villes de l'intérieur avec des avions plus rustiques, dont les *Bandeirantes* de fabrication brésilienne, et des jets de 50 et 100 places. La démocratisation des transports aériens est bien visible dans ces avions régionaux, où il arrive que l'on voyage avec une poule ou un régime de banane sur les genoux, pour rendre service à un voisin trop chargé.

Photo 16 Gare-musée à Andradina
Fondée dans les années 1930, cette ville de l'ouest de l'État de São Paulo est née de cette gare, par où arrivaient les immigrants et par où était exporté le café. Aujourd'hui elle est devenue un musée et une maison de l'artisanat (cliché H. Théry).

Tableau 25 Les chemins de fer

FERROVIAS	Lignes				Trafic	
	km			dont électrifiés	Passagers	Marchandises (t)
	1995	1996	1997	1997	1997	1997
Rede Ferroviária Federal S.A. - RFFSA	22 255	11 359	4 860			16 927
Ferrovia Paulista S.A. - FEPASA	4 651	4 625	4 493	1 363	233	
Estrada de Ferro Carajás	1 080	1 089	892			
Estrada de Ferro Vitória a Minas - EFVM	898	898	898			
Companhia Paulista de Trens Metropolitanos - CPTM	270	270	286	270	689 535	
Companhia Fluminense de Trens Urbanos - FLUMITRENS	264	264	271	172	243	
Companhia Brasileira de Trens Urbanos - CBTU	249	249	252	56	71 080	
Estrada de Ferro do Amapá	194	194	194			1 104
Ferrovia Norte-Sul	95	95	92			2 608
Estrada de Ferro Jari	68	68	68			9 600
Estrada de Ferro Campos do Jordão	47	47	47	47		218
Companhia do Metropolitano de São Paulo - METRÔ/SP	44	50	50	50		3
Estrada de Ferro Trombetas	35	35	35		703	49 466
Estrada de Ferro Perús-Pirapora	33	33	33			51 018
Companhia do Metropolitano do Rio de Janeiro - METRÔ/RJ	27	29	42	36	673	13 079
Empresa de Trens Urbanos de Porto Alegre S.A. - TRENSURB	27	27	31	31	764 464	146 020

Tableau 25 Les chemins de fer (suite)

FERROVIAS	Lignes				Trafic	
	km			dont électrifiés	Passagers	Marchandises (t)
	1995	1996	1997	1997	1997	1997
Estrada de Ferro Votorantim	20	20	20			51 018
Estrada de Ferro Corcovado - ESFECO	4	4	4	4	83 400	13 079
Ferrovia Centro-Atlântica S.A. (1)		7 080	7 080		1 488	
MRS Logística S.A. (2)		1 674	1 674	8	70 168	146 020
Ferrovia Novoeste S.A. (3)		1 621	1 622		272 151	
Estrada de Ferro Paraná Oeste S.A. - FERROESTE		249	–			2 542
Ferrovia Paraná S.A. - FERROPAR (6)			249			106 860
Ferrovia Sul Atlântico S.A. (4)			6 349			
Ferrovia Tereza Cristina (5)			164		31 479	
	30 261	29 980	29 706	2 037	1 985 617	413 359

(1) Concessão da RFFSA em 01/9/96
(2) Concessão da RFFSA em 01/12/96
(3) Concessão da RFFSA em 01/7/96
(4) Concessão da RFFSA em 01/3/97
(5) Concessão da RFFSA em 01/2/97
(6) Subconcessionária da FERROESTE
Sources : Ministério dos Transportes. Secretaria de Transportes Terrestres. Departamento de Transportes Ferroviários.

Tableau 26 Les ports

Port	État	Vrac solide %	Vrac liquide %	Marchandises %	Total	% du total national	Observation
Tubarão	Es	98	2	-	72 712 647	18	Sortie du fer du Minas Gerais
Itaqui	Ma	91	8	1	51 270 822	12	Sortie du fer de Carajas
São Sebastião	Sp	1	99	0	41 989 895	10	Port de São Paulo
Santos	Sp	47	24	29	38 472 130	9	Port de São Paulo
Sepetiba	Rj	100	-	0	26 575 430	6	Port de Rio de Janeiro
Paranaguá	Pr	68	15	17	18 934 937	5	
Praia Mole	Es	65	0	35	16 301 938	4	Sortie du fer du Minas Gerais
Aratu	Ba	14	83	3	15 894 568	4	Port industriel de Salvador
Angra Dos Reis	Rj	1	97	2	12 898 230	3	Port de Rio de Janeiro
Rio De Janeiro	Rj	5	65	30	12 808 968	3	Port industriel de Salvador
Belém	Pa	80	12	8	12 413 207	3	Port de Rio de Janeiro
S. F. Do Sul	Sc	18	72	10	11 684 900	3	
Rio Grande	Rs	59	23	19	11 435 468	3	
Ponta Ubu	Es	100	0	-	9 740 245	2	Sortie du fer du Minas Gerais
Natal	Rn	-	98	2	5 720 954	1	
Porto Alegre	Rs	13	85	2	5 315 702	1	
Vitória	Es	52	3	45	5 213 673	1	Sortie du fer du Minas Gerais
Vila Do Conde	Pa	80	11	9	5 136 610	1	Port de Belém
Manaus	Am	15	68	17	4 803 584	1	
Total						**92**	
Total national					**414 239 765**		

Tableau 27 Les aéroports

Aéroports	Mouvements d'avions 1996	Passagers 1996
Guarulhos (Guarulhos - SP)	141 633	5 282 854
Congonhas (São Paulo - SP)	130 196	2 372 808
Rio de Janeiro (Rio de Janeiro - RJ)	79 213	2 222 521
Santos Dumont (Rio de Janeiro - RJ)	43 241	1 214 782
Brasília (Brasília - DF)	82 525	1 183 568
Salgado Filho (Porto Alegre - RS)	42 037	945 995
Dois de Julho (Salvador - BA)	48 732	779 668
Guararapes (Recife - PE)	42 316	708 028
Afonso Pena (Curitiba - PR)	36 032	670 366
Pinto Martins (Fortaleza - CE)	27 428	633 328
Pampulha (Belo Horizonte - MG)	47 379	500 686
Brigadeiro Eduardo Gomes (Manaus - AM)	36 640	487 848
Tancredo Neves (Belo Horizonte - MG)	20 797	475 848
Val-de-Cans (Belém - PA)	243 76	408 807
Hercílio Luz (Florianópolis - SC)	13 103	292 551
Eurico Sales (Vitória - ES)	16 292	284 694
Augusto Severo (Natal - RN)	12 620	268 579
Santa Genoveva (Goiânia - GO)	15 298	256 679
Campo dos Palmares (Maceió - AL)	12 344	208 707
Marechal Cândido Rondon (Cuiabá - MT)	19 628	178 580
Marechal Cunha Machado (São Luís - AM)	13 629	153 256
Campo Grande (Campo Grande - MS)	11 904	127 124
Viracopos (Campinas - SP)	28 524	119 838
Santa Maria (Aracajú - SE)	13 882	110 323
Londrina (Londrina - PR)	15 389	106 288
Teresina (Teresina - PI)	7 741	102 502
Eduardo Gomes (Ilhéus - BA)	4 166	68 432

Source : INFRAERO , Departamento de Operações.

Malgré les atouts des autres moyens de transport, c'est donc la route qui domine le trafic des passagers et des marchandises. La croissance du parc automobile et celle du réseau routier sont allées de pair, mais ce dernier est extrêmement divers (tableau 28).

Tableau 28 Routes et bus
a. Routes

	Total km	% du total national	Asphalté km	% du total national	Non asphalté km	% asphalté
Brésil	1 657 769	100	148 122	100	1 509 647	9
Nord	96 401	6	8 442	6	87 959	9
Nordeste	396 701	24	41 412	28	355 289	10
Sudeste	479 189	29	51 879	35	427 310	11
Sudeste	460 500	28	29 359	20	431 141	6
Centre-Ouest	224 978	14	17 030	11	207 948	8

Source : Ministério dos Transportes.

Tableau 28 Routes et bus
b. Véhicules

	Total	% du total national	Automobiles	% du total national	Camions	% du total national
Brésil	27 519 278	100	18 726 511	100	1 629 629	100
Nord	639 530	2	351 570	2	56 126	3
Nordeste	2 915 777	11	1 882 069	10	204 510	13
Sudeste	16 586 239	60	11 589 643	62	842 058	52
Sudeste	5 435 807	20	3 624 451	19	406 659	25
Centre-Ouest	1 941 925	7	1 278 778	7	120 276	7

Source : Departamento Nacional de Trânsito, Sistema Nacional de Estatística de Trânsito.

Au total, le Brésil dispose de 1 650 000 km de routes, mais seul le réseau fédéral, qui assure la plupart des liaisons à longue distance, est asphalté presque partout. Plus de 75 % du total sont constitués par un réseau municipal souvent très déficient et rarement asphalté, quand il n'est pas tout à fait absent, comme en Amazonie où la voie d'eau reste le principal moyen de transport.

Les disparités régionales sont en effet l'autre caractéristique des réseaux routiers : la densité de routes, et en particulier de routes asphaltées, la densité des lignes de transports en commun, les flux de fret et de passagers sont très différents d'une région à l'autre, une fois encore au bénéfice du Sudeste. Il y a en réalité plusieurs types de réseaux, aux finalités différentes (fig. 59).

Un premier type, le plus traditionnel, est celui des routes qui permettent la concentration, vers les ports et les villes, des produits de l'intérieur. Elles sont organisées en cellules indépendantes, par groupes de pénétrantes faiblement hiérarchisées. Elles correspondent aux vieux types d'organisation spatiale coloniale, mais ont été remises à l'honneur par la politique des « corridors d'exportation » lancée en 1972, et poursuivie depuis lors sous divers noms, qui organise les relations des grands ports et de l'arrière-pays pour favoriser les exportations.

Un deuxième type est lié directement à l'action de l'État, à ses fonctions de police, de défense et d'aménagement du territoire. L'exemple le plus ancien est celui du *caminho nôvo*, ouvert à travers les montagnes du Minas pour contrôler la sortie de l'or; on peut y rattacher aussi les routes frontalières, stratégiques ou commerciales, comme celles qui ont permis de quadriller l'Amazonie ou ouvert au Paraguay un accès commode, à travers le Paraná, au port de Paranagua. Les motifs de construction de ces routes sont donc essentiellement politiques, même si elles ont des effets économiques importants. Du même ordre est la série de routes construites pour relier au reste du pays la nouvelle capitale, Brasília, toute une série de radiales lancées vers les grandes villes du Sudeste, du Nordeste, d'Amazonie et du Centre-Ouest (numérotées de 010 à 080). Mais l'échelle des phénomènes est telle que ce réseau participe aussi du dernier type, le plus important, celui des routes de liaison inter-régionale.

Commencé modestement avec la liaison Rio-São Paulo, ce type de route date surtout d'après la Seconde Guerre mondiale. Jusque-là aucune route ne reliait Sudeste et Nordeste, et moins encore les régions du Nord. La construction d'un réseau nord-sud (routes numérotées de 101 à 174, d'est en ouest) a précédé les axes est-ouest (210 à 290) dont la route Transamazonienne est la plus connue, et obliques (307 à 364) comme la Cuiabá-Porto Velho. C'est le réseau qui constitue le moyen essentiel de l'intégration nationale, et a permis l'unification du marché, la mise à la disposition des centres économiques du Sud de l'ensemble des ressources nationales (agricoles, énergétiques et minières).

C'est dire à quel point la crise des combustibles a pu menacer une partie essentielle du « modèle » brésilien. Plus récemment, en juillet 1999, une grève des camionneurs en a de nouveau montré la fragilité : 90 barrages, situés dans 21 États, ont bloqué les routes principales, au bout de quatre jours l'économie commençait à être paralysée, les supermarchés manquant de produits frais et beaucoup d'industries manquant de pièces détachées. Les politiques des « flux tendus » et du « tout camion » mettent l'économie brésilienne à la merci du million et demi de camionneurs qui parcourent les routes du pays. Cette grève a révélé leurs dures conditions de vie, certains d'entre eux passent régulièrement plus de seize heures d'affilée au volant, se maintenant éveillés en absorbant des amphétamines, de peur de perdre un contrat, tant la concurrence est vive. Et leurs chargements attirent bien des convoitises, sur des routes souvent désertes : on compte en moyenne plus de 6 000 attaques de camions chaque mois, dont quinze se terminent par la mort du chauffeur.

Au total les trois domaines des ressources du sous-sol, de l'énergie et des transports apparaissent donc liés entre eux, et confrontés à un problème commun, celui de l'espace à dominer : espace à inventorier pour y découvrir minerais et combustibles, espace à vaincre pour y faire circuler fluides, hommes et marchandises, espace qui ne laisse pas oublier et dicte encore sa loi. Pour accéder au vrai développement le Brésil doit encore relever les défis du gigantisme.

BIBLIOGRAPHIE

MARTIN (J.-M.), *Industrialisation et développement énergétique du Brésil,* Travaux et Mémoires de l'IHEAL, n° 14, Paris, 1966.

BEYNA (J.-M.), « Crise de l'énergie et développement régional au Brésil », *Problèmes d'Amérique latine,* n° 48, p. 65-118, 1978.

CAUBET (C.), « Itaipú, énergie et tensions dans le bassin de la Plata », *Amérique latine,* n° 11, p. 18-28, 1982.

DROULERS (M.), « Agro-énergie et disparités régionales », *Problèmes d'Amérique latine,* n° 71, p. 126-139, 1984.

Dossier

Le programme *Brasil em ação/Avança Brasil*

Lancé en 1996, le programme *Brasil em ação* rassemblait initialement 42 projets sélectionnés parmi les quelque 800 actions en cours du gouvernement fédéral. Seize sont des programmes sociaux, dans les domaines de la réforme agraire, de l'agriculture familiale, de l'habitat populaire, de la santé et de l'emploi. Les 26 autres sont des projets d'infrastructures (énergie, chemins de fer, voies navigables, ports, routes et télécommunications) choisis de façon à faire disparaître les goulots d'étranglement et à structurer le territoire.

Une des innovations majeures de ce programme était que chaque projet soit suivi par un « gérant » doté de pouvoirs lui permettant de contourner les hiérarchies et d'accélérer les procédures administratives. Suivis par un groupe actif et hautement qualifié constitué au sein du ministère de la Planification, le programme bénéficie en outre de priorités budgétaires qui lui assurent que les crédits prévus sont effectivement et régulièrement débloqués, ce qui n'est pas toujours le cas pour les projets ordinaires.

Au total plus de 90 milliards de reais (environ 360 milliards de francs) ont ainsi été programmés, dont 31 ont été investis en 1997 et 32 en 1998. Le nombre des programmes a été augmenté en 1999, par l'inclusion de projets sociaux et le développement des dimensions « information et connaissance » et « environnement ».

En contrepartie de ces privilèges, les gérants s'engagent à assurer la transparence sur le déroulement de leur projet, dont tout un chacun peut suivre les progrès, mois par mois, sur Internet (www.mpo.gov.br, option *brasil em ação*).

Au total ces programmes, notamment les programmes d'infrastructures, contribuent à dessiner une nouvelle logistique du Brésil (fig. 61). La nouvelle priorité donnée aux voies navigables (São Francisco, Araguaia-Tocantins, Madeira) peut aider à développer des régions particulièrement attardées et leur association avec d'autres modes de transport peut avoir d'intéressants effets multiplicateurs, par exemple pour l'écoulement du soja du Centre-Ouest via le réseau amazonien.

Dans le domaine énergétique, on remarque la distribution du gaz bolivien vers le cœur économique du pays et celle d'Urucu dans toute l'Amazonie. Prévue à l'origine par barges au débouché d'un court gazoduc reliant le gisement à l'Amazone, elle devrait désormais se faire par des gazoducs prolongés jusqu'à Manaus et Porto Velho, ce qui peut avoir quelques effets induits négatifs si les défricheurs se servent de voies de service pour avancer dans les forêts intactes du nord du Madeira. Le prolongement des lignes à haute tension issues du barrage de Tucuruí au long de la Transamazonienne devrait résoudre les problèmes énergétiques de cette région et le gérant du programme confie avoir vu le meilleur indice du succès de cette initiative dans l'élection d'une « *miss linhão* » à Altamira.

Le fait le plus remarquable de ce programme, sur le plan géographique, est sans doute la convergence de plusieurs de ces initiatives au long d'un axe sud-est/nord-ouest, de Santos au Venezuela (par les deux Mato Grosso, le Rondônia, l'Amazonas et le Roraima), qui offre un nouvel axe continental, alternative à la route Panaméricaine ouverte en territoire brésilien. Il faudra suivre de près ses effets sur la réorganisation de l'espace national, notamment de l'Amazonie, et plus largement sur la géographie du continent.

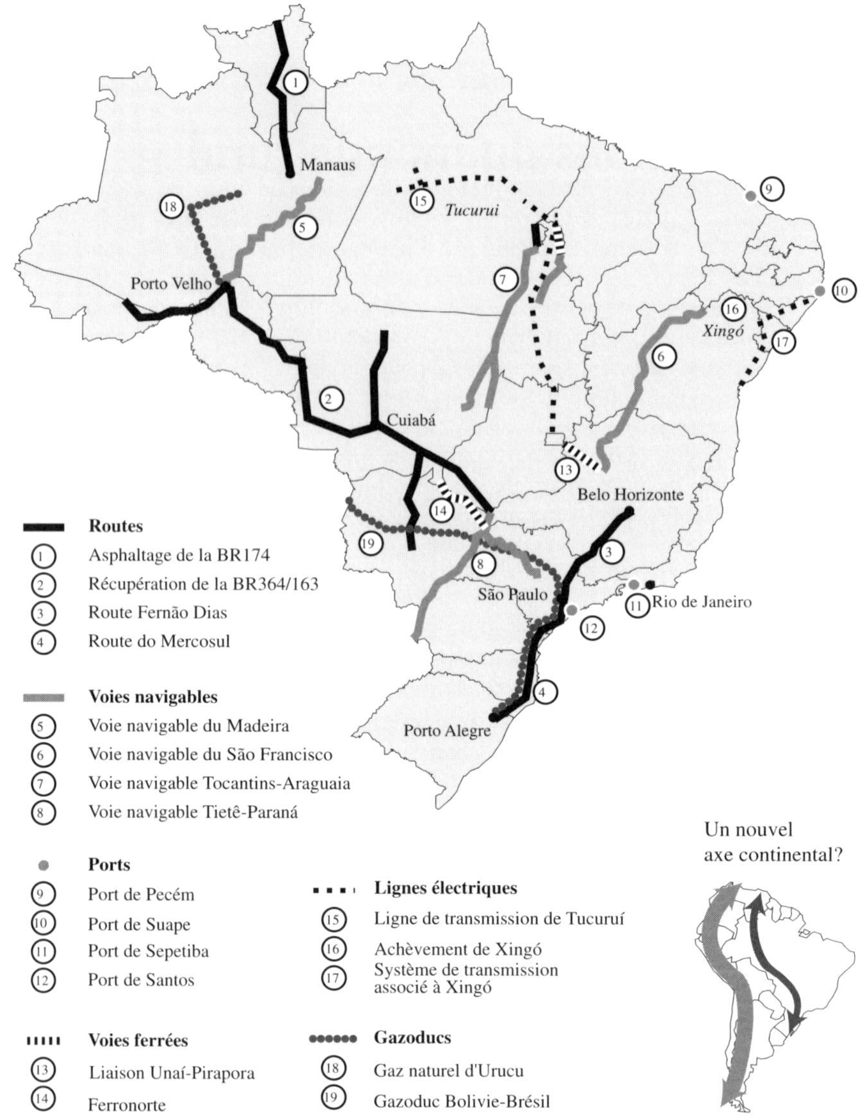

Source : Brasil em Ação, 1998

Figure 61 *Brasil em ação*

Chapitre 9

Les mutations du monde rural

Le monde rural, celui de l'élevage, de l'agriculture, de la cueillette, n'occupe plus au Brésil le devant de la scène : la croissance spectaculaire de l'industrie et des services, le gonflement des villes ont fait quelque peu oublier ce qui était naguère la principale base économique du pays et le cadre de vie de la grande majorité de ses habitants.

Le négliger serait pourtant une grave erreur pour qui veut connaître et comprendre le Brésil d'aujourd'hui. C'est du monde rural qu'est partie la croissance récente : les capitaux qui ont édifié l'industrie de São Paulo venaient du café, les ouvriers des usines arrivaient tout droit des plantations ou des campagnes nordestines, le pouvoir politique et les leviers de l'État fédéral ont longtemps été partagés entre les « barons » du sucre, du café ou de l'élevage, et les classes montantes des villes.

Et le passé n'est pas la seule raison de s'intéresser au monde rural. Sa place dans l'économie reste importante, quel que soit l'indicateur que l'on choisit. Son dynamisme remodèle constamment l'espace national, transformant de nouveaux espaces, changeant la « vocation » des régions agricoles à une vitesse étonnante. Cette souplesse ne doit pourtant pas masquer les tensions et les inégalités profondes qui travaillent et divisent ce monde rural, et expliquent en partie les changements profonds qui sont aujourd'hui à l'œuvre : les forces du marché — modernisation, restructuration, industrialisation — en sont le moteur, mais l'action de l'État en fixe encore largement le rythme et le style.

1 PLACE DANS L'ÉCONOMIE, PLACE DANS L'ESPACE

Le Brésil est un géant agricole, un des tout premiers producteurs et exportateurs au monde pour une vaste gamme de produits, mais le secteur primaire pèse de moins en moins lourd dans son économie.

Les tableaux 29 et 30 montrent le brillant palmarès de l'agriculture et de l'élevage brésiliens, et leur dynamisme. Le tableau 7 révélait la baisse constante de la part du secteur primaire dans la population active et le produit intérieur brut, et la comparaison des indices montre assez que sa situation économique est mauvaise et que sa baisse — relative — par rapport aux autres secteurs, est en grande partie due à sa basse productivité.

Tableau 29 Les performances de l'agriculture
a. Évolution de la production (1 000 t et indice 100 = 1977)

	1977	Indice	1985	Indice	1996	Indice
Oranges	35 823	100	71 072	198	78 142	218
Canne	120 080	100	247 199	206	259 807	216
Soja	12 467	100	18 279	147	21 564	173
Café	1 950	100	3 821	196	2 838	146
Maïs	19 250	100	22 018	114	25 493	132
Cacao	250	100	431	172	242	97
Haricots	2 289	100	2 549	111	2 063	90
Riz	8 971	100	9 025	101	8 010	89
Blé	2 066	100	4 320	209	1 433	69
Manioc	25 921	100	23 125	89	9 090	35

Tableau 29 Les performances de l'agriculture
b. La place mondiale

Produit	Rang mondial	Part de la production mondiale (en %)
Canne à Sucre	1	27,1
Café	1	21,1
Agrumes	1	24,6
Soja	2	18
Cacao	4	10
Bovins	2	12
Maïs	3	5,9
Riz	10	1,6
Coton	12	1,5

Le Brésil représente 6,3 % des terres émergées et 2,7 % de la population mondiale.
Source : Images économiques du monde 1999.

Tableau 30 Exportations agricoles et agro-industrielles

	Millions de $ 1996	%
Productions animales	1 462	10
dont viande	1 240	9
poisson, crustacés, mollusques	123	1
Productions végétales	3 314	23
dont fruits et légumes	296	2
café, thé, épices	1 830	13
oléagineux	1 040	7
Graisses, huiles, cires (1)	888	6
Produits des industries agro-alimentaires	8 855	61
cacao et dérivés	219	2
préparations de viandes	1 690	12
sucres	1 516	10
plantes et fruits (2)	2 930	20
aliments pour animaux (3)	1 515	10
tabac		
Total	14 519	100

(1) dont huile de soja; (2) dont jus d'oranges; (3) dont tourteaux de soja

Si l'on considère les exportations, il faut porter un jugement plus nuancé : les produits agricoles n'y représentent plus qu'un peu plus de 12 % du total, mais si l'on y ajoute les produits de l'agro-industrie on arrive à 30 %. C'est là un indice d'une des grandes transformations en cours — la constitution d'un vaste complexe agro-industriel — mais au total on ne peut que constater que le Brésil s'écarte du « modèle agro-exportateur » qui était le sien : en 1955 les exportations agricoles représentaient 92 % du total, et encore 66 % en 1974; la part du café qui était de 57 % en 1959 et de près de 11 % en 1974 était tombée à 6,5 % en 1981.

S'en tenir là serait cependant ne pas prendre en compte une des caractéristiques les plus étonnantes du monde rural brésilien, son dynamisme spatial. Le Brésil est une des grandes « frontières » au monde, et certainement la plus grande frontière agricole.

L'agriculture brésilienne continue à conquérir de nouvelles terres, à mettre en culture tous les ans des milliers d'hectares de forêts et de savanes vierges : de ce point de vue le Brésil est encore ce qu'on appelait naguère un « pays neuf ». Mais la tendance semble être en train de s'infléchir, si l'on en croit les premières analyses du recensement agro-apastoral de 1996.

Tableau 31 Agriculture et espace

	1940	1960	1980	1985	Variation 1980-1985	1996	Variation 1985-1996
Données nationales							
Superficie appropriée (millions d'hectares)	197	249	369	376	*2*	353	*– 6*
% du territoire	*23*	*29*	*43*	*44*	*2*	*41*	*– 7*
Superficie cultivée (millions d'hectares)	18	28	49	52	*6*	42	*– 19*
% du territoire	*2,4*	*3,3*	*5,7*	*6,2*	*9*	*5*	*– 19*
Nombre d'exploitations (milliers)	1 904	3 337	5 167	5 834	*13*	4 848	*– 17*
surface moyenne	*104*	*75*	*72*	*64,5*	*– 10*	*73*	*13*
Surface moyenne des exploitations par région							
Nord	315	170	104	90	*131*		
Nordeste	58	44	37	33	*34*		
Sudeste	90	78	83	74	*76*		
Sud	82	48	42	40	*44*		
Centre-Ouest	620	377	431	370	*448*		

Depuis l'arrivée des Portugais le mouvement de conquête de terres nouvelles a constamment progressé, mais il n'a ému l'opinion publique que depuis quelques décennies. Et l'on a sans doute trop insisté, en Europe et en Amérique du Nord, sur la destruction de milieux naturels jusque-là intacts, à la fois parce que les mouvements « écologistes » étaient alors en plein essor et parce que la mémoire collective des pays développés a oublié les grands défrichements sur lesquels s'est fondée notre agriculture. Mais il est certain que l'ampleur des coupes et des brûlis, dans des milieux fragiles et pour une mise en valeur souvent mal adaptée, peut inquiéter. Entre 1970 et 1980 plus de 750 000 km² — une fois et demie la France — avaient été incorporés aux exploitations agricoles, et en moyenne 15 000 km² par an mis en culture.

Si l'ampleur de la conquête peut surprendre, le mouvement qu'elle représente ne fait que poursuivre celui des quatre derniers siècles. L'agriculture brésilienne en était encore au début des années 1990 au stade de l'Europe du 17e siècle, de l'Amérique du 19e siècle, le style prédateur de la « mise en valeur » coloniale ayant survécu à l'indépendance. L'attraction toujours présente de la « frontière » a dissuadé les colons de s'enraciner, d'établir avec le terroir qu'ils découvraient la longue familiarité qui permet la gestion des ressources et le maintien du niveau de production au long des siècles. Sauf en de rares endroits où une petite agriculture vivrière a pu se maintenir on a pu dire qu'il n'y avait pas de paysannerie au Brésil, pas d'attachement à la terre, souvent abandonnée après quelques années d'utilisation.

Ce comportement a ses raisons d'être, les méthodes agricoles utilisées ne laissant guère le choix. En dehors de quelques zones privilégiées (berges des fleuves périodiquement fertilisées par les crues, oasis du sertão ou de quelques enclaves de colons allogènes, allemands, italiens ou japonais), les agriculteurs brésiliens s'en sont longtemps tenus à des méthodes agricoles très primitives. Pour l'essentiel elles consistaient à défricher et brûler, à cultiver sans apport d'engrais ni rotation de cultures, jusqu'à ce que la fertilité chute, au bout de quelques années. On abandonnait alors ces parcelles pour occuper de nouvelles terres vierges, voisines ou lointaines. En ce domaine, peu de différence entre grandes et petites exploitations, la limite de l'expansion étant celle de la main-d'œuvre disponible, celle des familles — souvent nombreuses — ou encore celle des esclaves ou des travailleurs sous contrat.

La fin de la frontière, que semblent annoncer les déconvenues en Amazonie, peut-elle changer cette situation? On peut le penser en observant l'évolution des régions plus développées du Sud, où intensification et technification progressent.

Les premiers résultats du recensement agricole de 1996 ont montré que, pour la première fois depuis que le Brésil existe, la tendance semble s'inverser : le nombre des exploitations agricoles diminue fortement et les surfaces mises en valeur également, la progression des pâturages ne suffisant pas à compenser le recul des terres cultivées (fig. 62). Même si on fait la part des incertitudes dues aux modes de calcul des deux recensements, il semble bien que nous soyons en face d'un changement majeur, comme ceux qu'avaient révélés les recensements démographiques de 1970 et 1980. Les courbes s'inversent, le mouvement séculaire de conquête de terres nouvelles est peut-être arrivé à son terme. Certes des régions n'ont pas encore atteint ce stade et voient encore affluer des pionniers, comme l'Amazonie, mais dans le Sud et le Sudeste le mouvement d'intensification et de technification entraîne un recul des cultures sur les terres marginales, comme cela s'est déjà produit en Europe et en Amérique du Nord.

Dans un premier temps cette évolution risque d'avoir pour conséquences d'accroître les tensions et de faire ressortir davantage les inégalités, faute d'un exutoire qui offre l'espoir d'y échapper.

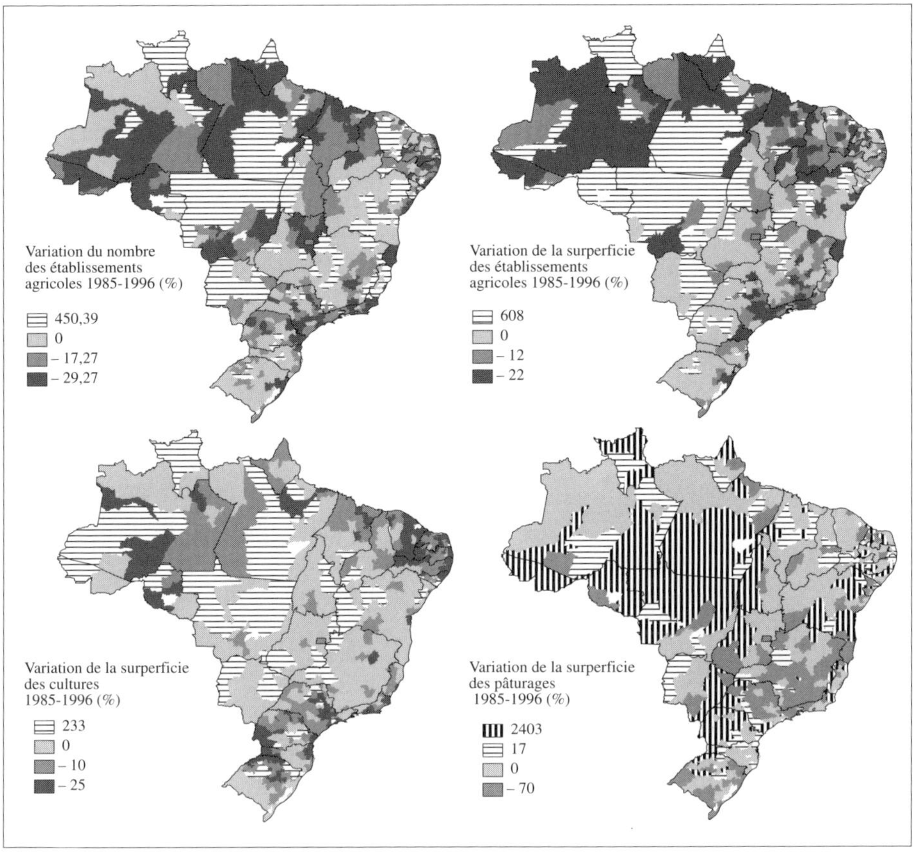

Figure 62 Contraction de l'espace rural

2 DIVERSITÉS ET TENSIONS

On trouve au Brésil à peu près toute la gamme des produits agricoles mondiaux, car son étalement en latitude permet d'y cultiver aussi bien les plantes tropicales que celles du monde tempéré. La seule importation de quelque poids est celle du blé, que le sud du pays ne peut produire en suffisance pour répondre à la demande de pain, une habitude alimentaire importée avec des modèles culturels étrangers.

Cela ne veut pas dire pourtant que l'on produise partout de tout, ni surtout qu'on produise également partout. La géographie agricole du Brésil est mouvante, mais quelques constantes se maintiennent cependant. Des « spécialités » régionales apparaissent nettement. Si l'on cultive en tous lieux, dans des proportions variables, les aliments de base (manioc, maïs, haricots, riz), les cultures commerciales sont groupées en quelques zones organisées autour d'une ou plusieurs productions (fig. 63).

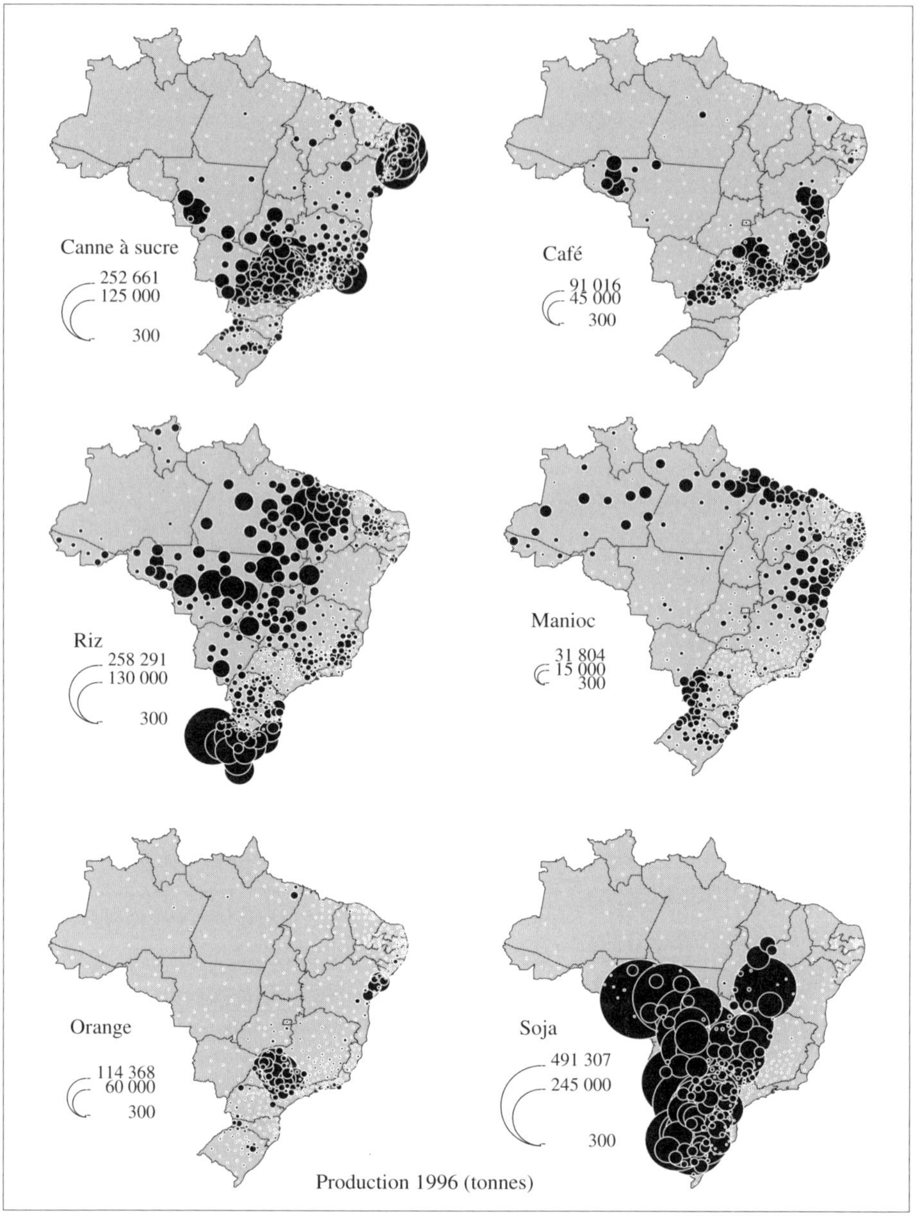

Figure 63 Cultures commerciales

L'élevage s'organise également dans l'espace brésilien en grandes zones pastorales qui prolongent vers l'intérieur les zones agricoles, et d'où partent les chemins conduisant le bétail vers les marchés de consommation. Naguère parcourues par les convois de bétail ces *estradas boiadeiras* sont maintenant remplacées par des routes où la noria des bétaillères met une animation constante. L'élevage bovin continue à caractériser une vaste ceinture qui entoure le

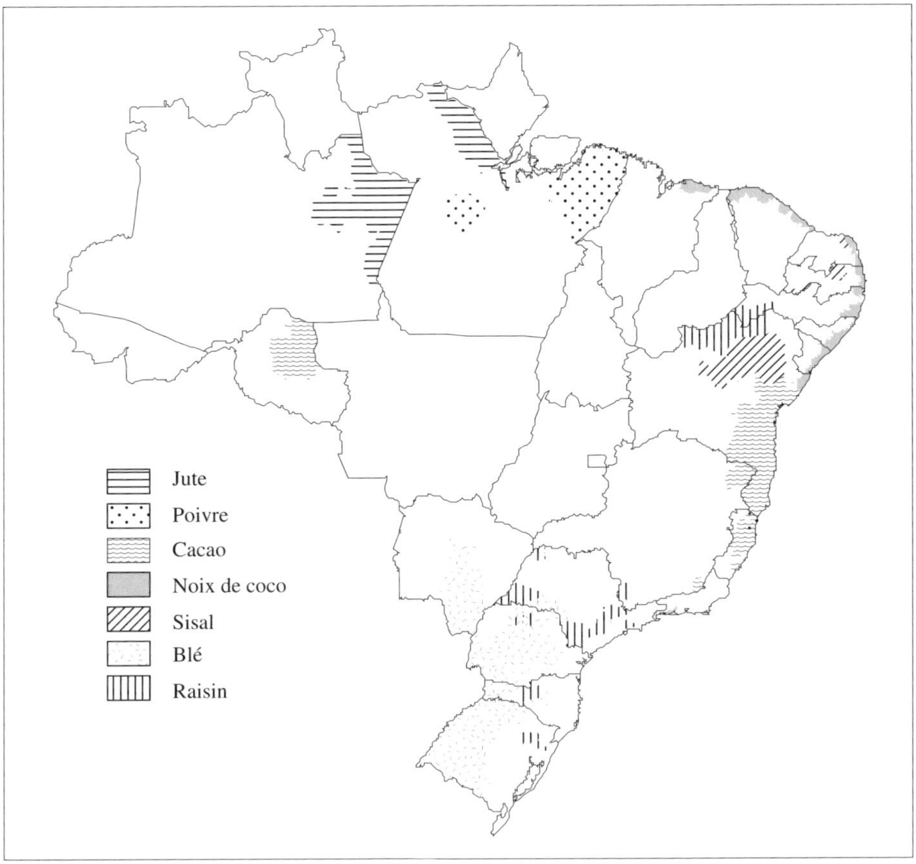

Figure 64 Cultures spécialisées

Brésil agricole. La carte de l'élevage porcin se superpose bien à celle des zones de petite agriculture familiale, car les porcs vivent en grande partie des déchets et rebuts de la polyculture traditionnelle, ou de ceux des villes. Les volailles ont une localisation proche de celle des porcs, moins le Nordeste, mais s'y ajoute l'État de São Paulo, où leur élevage est une des spécialités des agriculteurs d'origine japonaise. Les chèvres sont en revanche cantonnées à la zone semi-aride du sertão, où elles sont les seules à pouvoir prospérer, bien qu'elles aggravent la dégradation de la végétation, tandis que les moutons prospèrent dans les herbages du Rio Grande do Sul qui annonce la Pampa.

Enfin, et c'est une particularité de ce pays encore inégalement mis en valeur, une bonne partie de l'espace brésilien continue à vivre d'une économie de cueillette : la figure 66 fait apparaître quelques-uns des produits collectés. Cette cueillette concerne surtout le nord du pays, Amazonie et Nordeste intérieur, où l'on recueille gommes, cires, fibres, noix, mais aussi certaines régions du centre du pays, puisque le Brésil est le seul pays au monde à faire fonctionner une partie de sa grande sidérurgie au charbon de bois, et ce n'est que récemment que des plantations d'eucalyptus et de pin ont commencé à remplacer le bois de cueillette.

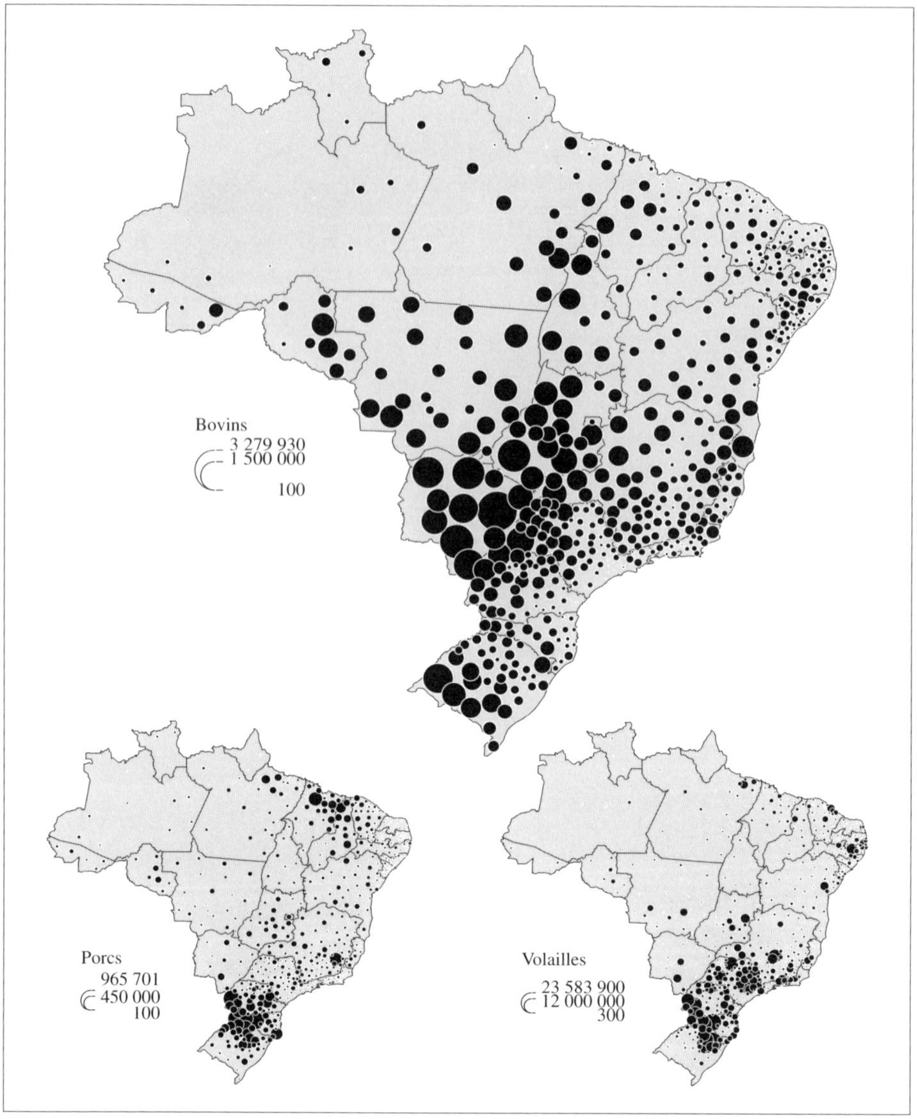

Figure 65 Élevage

D'autres contrastes traversent l'espace rural brésilien. Le premier est celui qui oppose les régions déjà entièrement appropriées de celles où des espaces restent libres : si l'on rapproche la superficie de chaque région de la superficie totale de ses établissements agricoles (superficie déclarée, ce qui ne veut pas dire, tant s'en faut, entièrement mise en valeur), on s'aperçoit que dans certaines régions (en Amazonie et dans le Centre-Ouest notamment) plus de la moitié des terres sont encore sans propriétaire alors que dans d'autres toutes les terres ont un maître. Cela montre à quel point, dans ce domaine tout particulièrement, il existe « deux Brésil », voire trois. Trois systèmes coexistent en fait dans l'espace rural

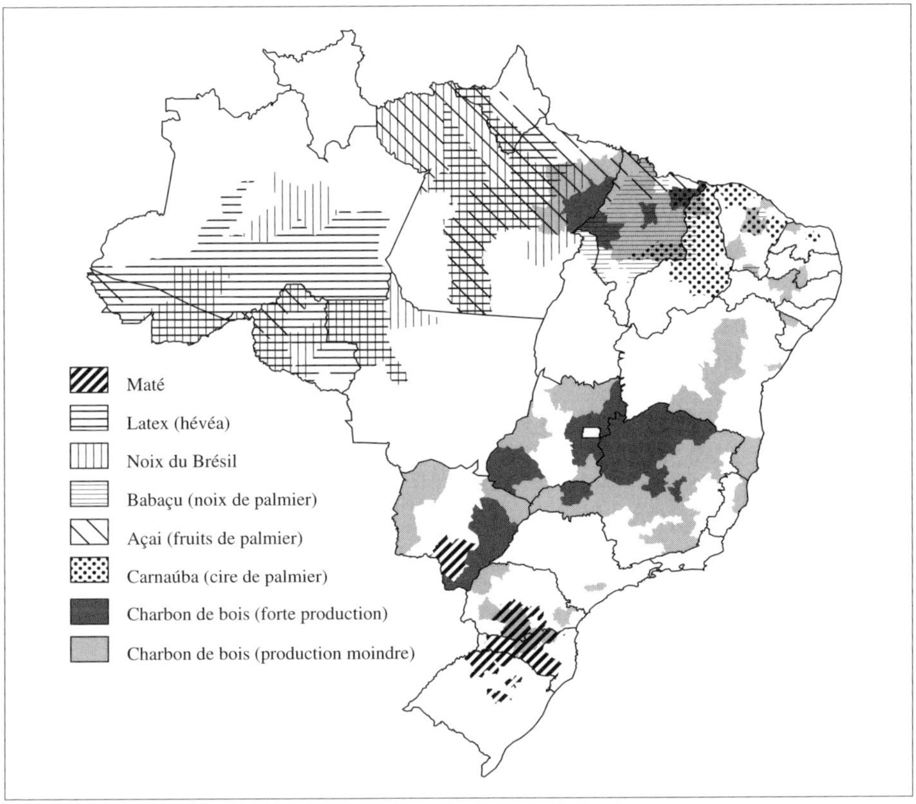

Figure 66 Les régions de cueillette

du pays : d'un côté des formes d'organisation de la production agro-pastorale modernes, intégrées à un puissant complexe agro-industriel et bien reliées aux autres formes de production, de circulation et de consommation, mais qui emploient peu de main-d'œuvre par rapport à leur production et à leur capital investi. Plus au nord et au nord-est, des régions où la population agricole est nombreuse, mais qui sont largement tournées vers l'autoconsommation et la cueillette, et peu intégrées dans les circuits commerciaux. Enfin des zones pionnières, encore en cours d'incorporation au territoire national. Les cartes de la valeur de la production, agricoles et pastorales (fig. 67) montrent bien les contours de ce Brésil productif et le vide relatif du reste du territoire national.

L'ensemble de ces activités dessine donc une organisation de l'espace rural brésilien très particulière (fig. 68). Elle oppose nettement trois zones dominées par l'agriculture, l'élevage et la cueillette en forêt, mais aussi des régions bien dotées et d'autres qui le sont beaucoup moins.

Cette impression se confirme si l'on essaie d'analyser les performances des régions et des États en termes de quantité produite et de valeur de la production : on constate alors de fortes disparités (fig. 63-68 et tableau 32). Les cartes soulignent la prédominance du Sudeste et du Sud pour la valeur de la plupart des productions, et le tableau montre la contribution de chacun des

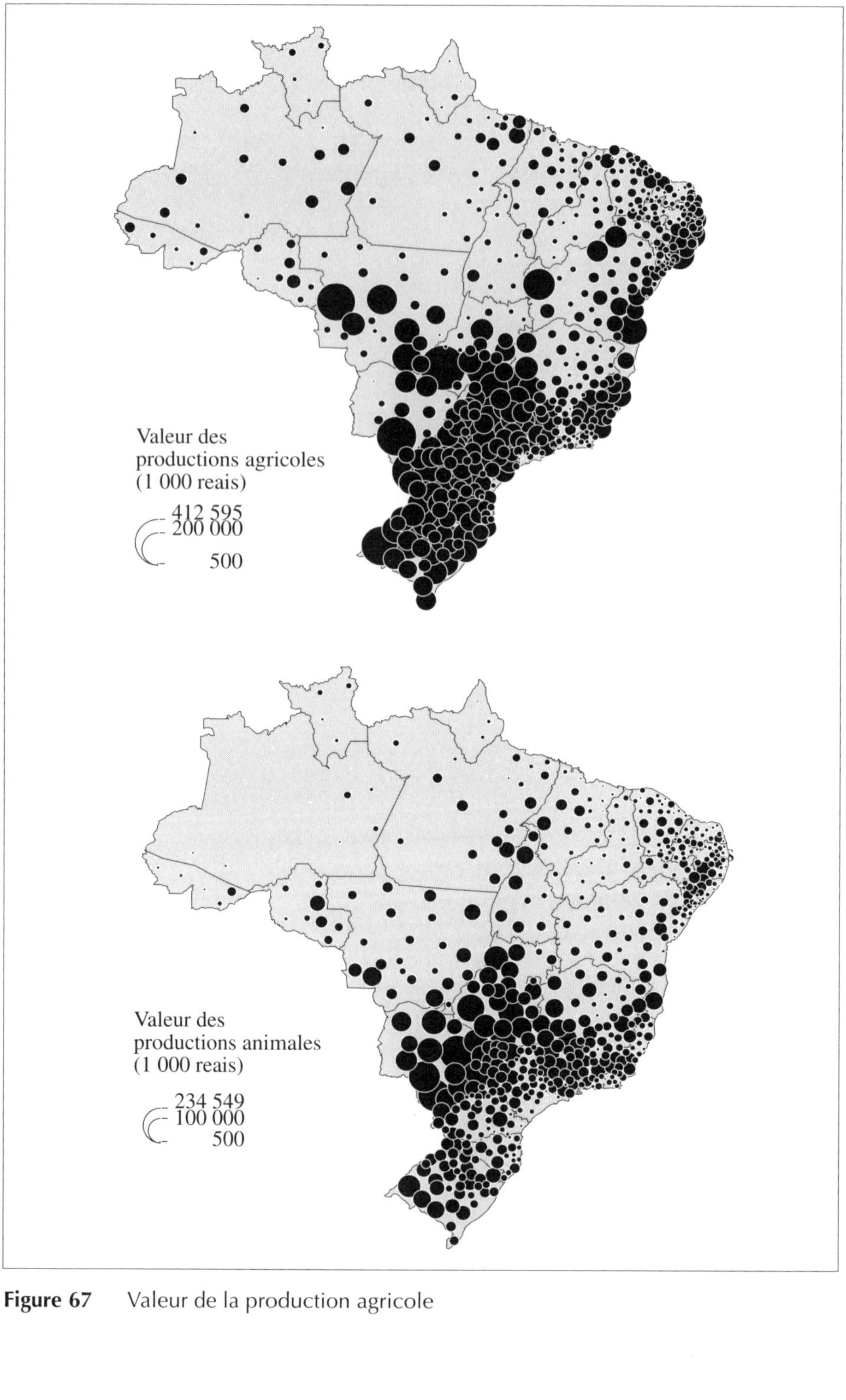

Figure 67 Valeur de la production agricole

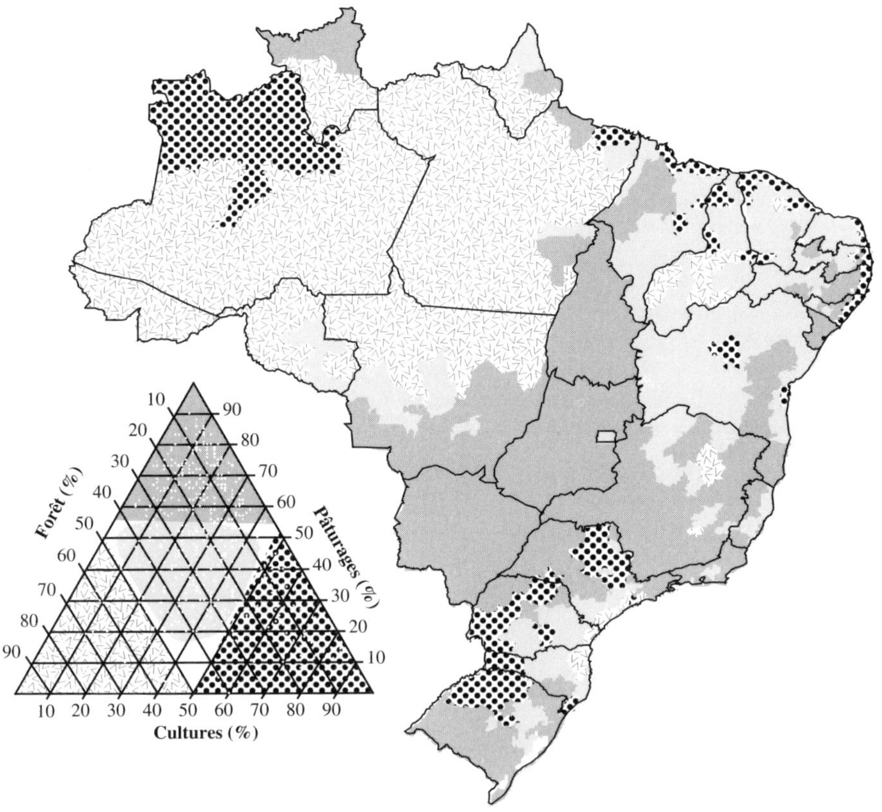

Prédominance	Cultures	Élevage	Forêts	Sans dominante
Moyenne				
Culture (y compris jachères)	**61**	18	15	30
Pâturages (naturel et planté)	24	**68**	21	39
Forêt	15	14	**64**	31

Figure 68 Types d'usage du sol

États à la production nationale des principaux produits agricoles (en pourcentage du total national). Les lignes sont classées dans l'ordre décroissant des grandes régions, et des États à l'intérieur des régions. Les colonnes sont triées d'après le poids des régions pour chaque produit. Les « boîtes » indiquent les productions pour lesquelles une région est majoritaire, tandis que, pour celles de la droite du tableau, aucune ne représente à elle seule plus de la moitié de la production nationale : ce sont les produits vivriers de base, récoltés dans la plupart des États.

La géographie des productions agricoles oppose donc nettement des régions inégalement productives. Mais la plupart des tensions qui traversent le monde rural sont liées à un autre clivage, entre grandes et petites exploitations.

Tableau 32 Répartition de la production agricole
a. Répartition des productions les plus localisées

	café	oranges	pommes de terre	caoutchouc	canne à sucre	tomates	pommes	laine	blé	tabac	riz	soja	oignons	cacao	ananas	mauve	guarana	poivre
Minas Gerais	53	4	85		5	18			1		2	4						
São Paulo	12	85		84	59	25			1		1	4						
Sudeste	**89**	**89**	**85**	**84**	**67**	**52**			**2**		**3**	**8**		**3**				**22**
Paraná	4	1			7	4		3	59	12	2	28						
Santa Catarina		1	13			5	1	1	3	36	6	2			3			
Rio Grande do Sul		1				3	99	95	32	44	58	20						
Sud	**4**	**3**	**13**		**8**	**12**	**100**	**99**	**94**	**92**	**66**	**50**			**3**			
Paraíba					1	1									69			
Pernambuco					6	11							95					
Bahia	3	2			1	5				1	1	3		89				
Nordeste	**4**	**6**			**18**	**22**				**8**	**11**	**4**	**95**	**89**	**74**			
Amazônas																100	100	
Pará		1									2			6	23			78
Nord	**3**	**1**		**16**		**1**					**8**			**8**	**23**	**100**	**100**	**78**

Tableau 32 Répartition de la production agricole
b. Répartition des productions les plus omniprésentes

	manioc	bananes	bovins	haricots	maïs	coton
Sud	30	13	17	34	44	33
Nordeste	31	37	15	36	6	9
Sudeste	8	29	24	20	21	24
Centre-Ouest	4	7	33	6	27	33
Nord	27	13	11	4	1	

2.1 Les structures agraires

Le Brésil, comme toute l'Amérique latine, présente des structures agraires marquées par l'opposition entre *latifundio* et *minifundio*. En 1985, 53 % des exploitations inférieures à 10 ha s'y partagaient 3 % des terres, alors qu'un peu plus de 1 %, supérieures à 100 ha, disposaient de 44 % des terres. Ces très fortes inégalités s'aggravent constamment, et même la conquête de nouvelles terres ne les a pas freinées : la diminution continue de la taille moyenne des exploitations touche surtout les petites exploitations, de plus en plus émiettées. De plus en plus nombreuses elles se partagent un espace qui, pour elles, ne s'accroît guère, et la situation est particulièrement tendue dans le Nordeste où la surface moyenne est la plus réduite et a baissé particulièrement vite, contrairement aux zones pionnières du Nord et du Centre-Ouest.

Évidemment en rapport avec la croissance démographique qui, malgré l'exode rural, augmente le nombre des candidats à la terre, et avec l'histoire politique du pays — responsable du partage inégal du sol entre une aristocratie quasi

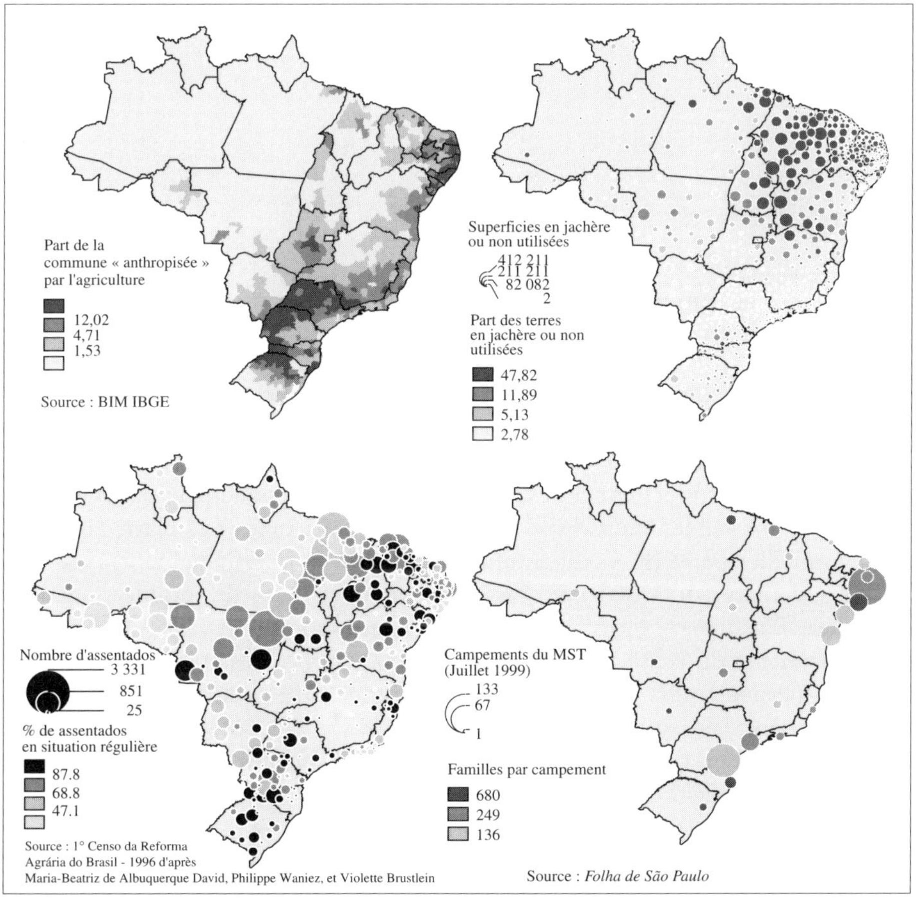

Figure 69 Structures agraires

Tableau 33 Structures agraires régionales

	% < 10 ha	% 10 à 100 ha	% 100 à 200 ha	% 200 à 500 ha	% 500 à 2 000 ha	% > 2 000 ha	% sans déclaration
Nord	30	49	12	5	3	0,9	0,6
Nordeste	68	26	3	2	1	0,1	0,7
Sudeste	34	51	7	5	2	0,3	0,1
Sud	38	55	3	2	1	0,1	0,1
Centre-Ouest	13	46	13	13	11	4,1	0,1
Brésil	49	39	5	3	2	0,4	0,4

féodale et des paysans pauvres, dépendants et de plus en plus nombreux — ce phénomène a aussi des implications économiques (tableau 34).

Tableau 34 Taille et performance des exploitations

Taille des exploitations	Nombre (%)	Superficie(%)	Personnel (%)	Cultures temporaires (%)	Cultures permanentes (%)	Tracteurs (%)	Bovins (%)
<10 ha	53,	3	65	13	11	19	4
10 -100 (ha)	37	19	22	36	42	48	22
100 - 1 000 (ha)	9	35	5	34	33	23	41
1 000 - 10 000 (ha)	1	29	1	15	10	4	27
> 10 000 (ha)	0,04	15		2	3		6
Brésil	100	100	100	100	100	100	100

Recensement agropastoral de 1985.

Les choix arrêtés par les chefs d'exploitation creusent encore le fossé entre grandes et petites exploitations : les grandes ont fait nettement le choix de l'élevage (faible part dans les cultures, nombre des bovins), emploient peu et ont donc une basse productivité à l'hectare, et une haute productivité par actif — le produit, même faible, étant divisé par un facteur très petit. Les petites investissent ce qu'elles peuvent — du travail —, produisent honorablement, mais ont une productivité par actif basse, car elles emploient trop de monde pour leur superficie. Un groupe moyen apparaît enfin, qui représente une part plus que proportionnelle du personnel employé, des tracteurs et des cultures — temporaires et permanentes. C'est le cœur de l'agriculture productive brésilienne, principalement les exploitations dont la superficie est comprise entre 10 et 100 ha. C'est dans ce groupe que la proportion de propriétaires individuels est la plus forte et celle d'occupantes (sans titre juridique) la plus faible.

En laissant de côté ce dernier groupe — celui précisément que veulent développer les politiques agricoles en cours — on se trouve donc en présence d'une situation classique où se trouvent face à face des paysans sans terres (ou sans assez de terres) et des propriétaires de terres sous-exploitées, souvent absentéistes ou négligents. Cette situation, génératrice de chômage rural, de misère et d'exode rural, crée aussi des tensions sociales qui ont pris naguère une forme violente et peuvent à tout moment, malgré les palliatifs, mener à l'explosion.

2.2 Les tensions

Dans les années 1960 la crise agraire était devenue très aiguë. À l'origine simple association d'entraide organisée (pour payer un cercueil et assurer des funérailles décentes aux plus démunis, ce qui donne une idée de leur dénuement), les « ligues paysannes » de la zone de la canne à sucre s'étaient radicalisées et avaient vite fait du partage de la terre leur première revendication. Appuyées dans un premier temps par les représentants des diverses organisations nord-américaines

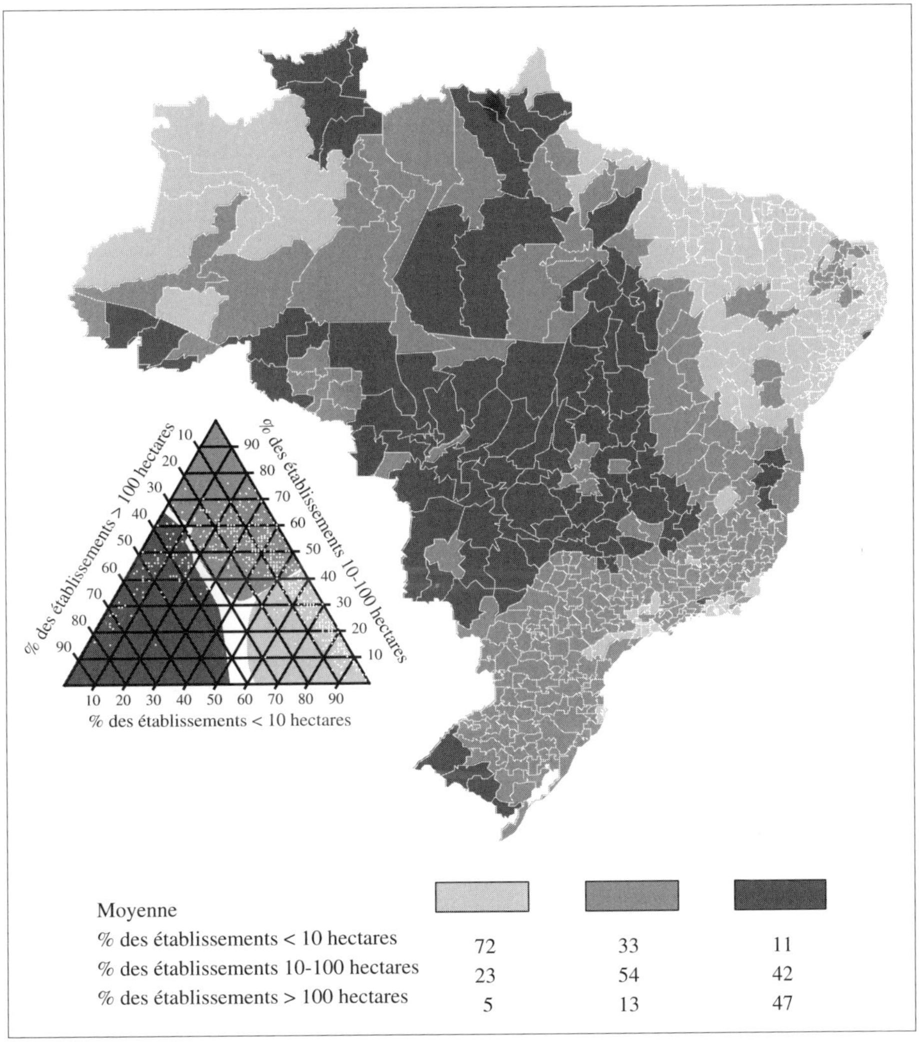

Figure 70 Tensions agraires

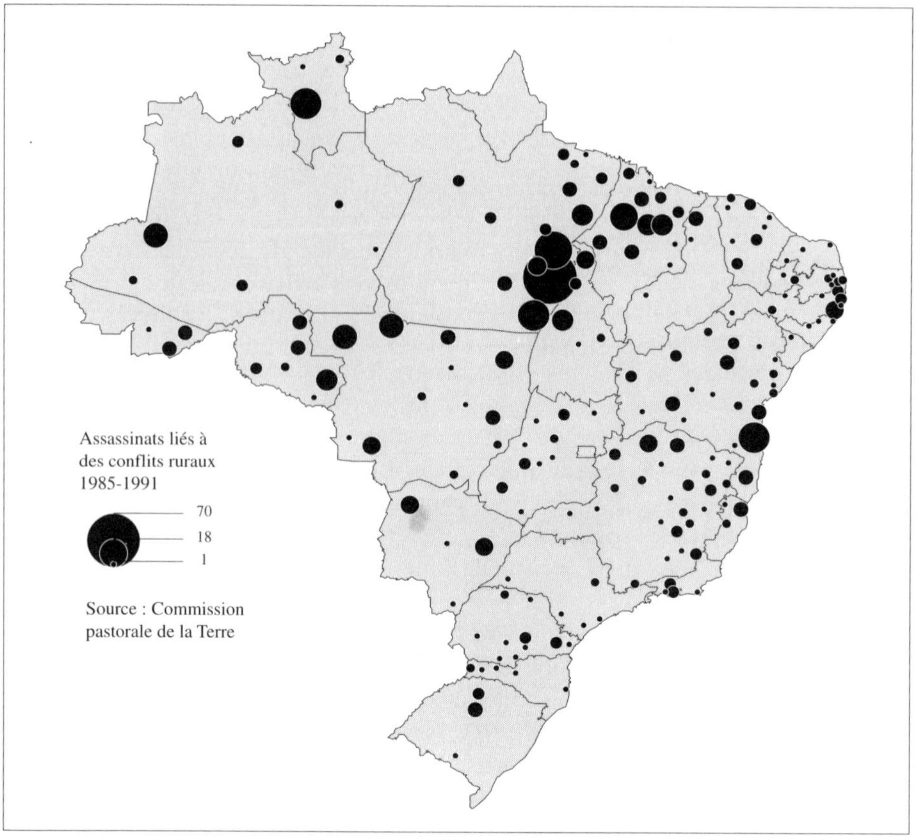

Figure 71 Mourir pour la terre

(qui voulaient éviter un deuxième Cuba), bénéficiant de la sympathie du gouvernement populiste du moment, elles obtinrent en 1963 la promulgation du Statut du travailleur rural, qui garantissait le paiement des salaires en espèces, et non en bons d'achat dans le magasin du patron, le droit au repos hebdomadaire et à quelques congés, une certaine couverture sociale. Un texte un peu antérieur permettait des expropriations de *latifundios* « pour cause d'intérêt social », il vint s'y ajouter une mesure étendant cette possibilité aux terres proches des axes routiers ou ferroviaires, des barrages et périmètres irrigués.

Cette timide esquisse de réforme agraire a certainement contribué à précipiter le coup d'État militaire, souhaité et appuyé par les propriétaires fonciers menacés. Les mesures d'expropriation rapportées, le nouveau régime publia dès novembre 1964 un Statut de la terre qui prévoyait la lutte contre *minifundio* et *latifundio* en fonction de critères d'« utilité sociale », confiant à l'Institut brésilien de réforme agraire (IBRA) le soin de repérer les zones de tension, d'exproprier les exploitations sous-utilisées et d'y installer des *minifundistas.* Les aires définies — littoral et agreste du Pernambuco et de la Paraiba, du Ceará, du Rio Grande do Sul, Distrito Federal — montre bien qu'il s'agissait avant tout de diminuer la pression dans les zones sensibles, par l'acuité des conflits ou la proximité de la capitale.

De portée bien limitée, ces textes n'ont même pas été appliqués. De plus en plus l'accent a été mis non plus sur le partage des exploitations existantes, mais sur la conquête de nouvelles terres. Le plan Proterra de 1971 prévoyait encore d'exproprier les propriétés sous-utilisées de plus de 1 000 ha, avec des crédits faibles et des résultats presque nuls. En fait il était déjà apparu plus facile et moins dangereux de mettre en avant la colonisation, qui présentait un intérêt stratégique — occuper l'Amazonie — et permettait, pensait-on, de faire l'économie d'une réforme agraire : la création de l'Institut national de colonisation et de réforme agraire (INCRA), succédant à l'IBRA, en est un signe révélateur.

On sait que ce changement n'a pas permis de résoudre tous les problèmes, comme ses promoteurs affectaient de le croire : les tensions demeurent dans les vieilles régions, et les zones neuves ont connu elles aussi leurs conflits, souvent plus violents, comme la guérilla de l'Araguaia où les troupes d'élite ont été envoyées pour mater la révolte des *posseiros* menacés d'une nouvelle expulsion. Après des mesures limitées sous le régime militaire, comme la création, dans cette même région, du Groupe exécutif Araguaia-Tocantins (GETAT), qui devait réduire localement les plus aigus des conflits fonciers, le retour à la démocratie devait signifier, pour beaucoup de ceux qui avaient milité pour elle, l'heure de la réforme agraire. Il n'en a rien été, car une fois encore les tenants du *statu quo*, organisés dans l'Union démocratique ruraliste (UDR), ont réussi à l'emporter, et les projets, au départ audacieux, ont été progressivement édulcorés jusqu'à être en retrait des textes en vigueur — mais jamais appliqués — sous le régime militaire. Sous la pression du « Mouvement des sans-terre » (MST) et grâce à la baisse du prix de la terre (liée à la stabilisation de la monnaie) une vaste campagne de colonisation a été lancée et des milliers de familles ont été installées dans des *assentamentos*, des zones de colonisation, sur des terres expropriées ou sur des terres publiques. Ces dernières se situent principalement en Amazonie, dans des régions mal dotées et mal desservies, si bien que les invasions illégales de terres continuent de plus belle, dans des régions plus attirantes. Même si elle perdu de sa force, à mesure que l'exode rural se complète, la question de la réforme agraire reste donc posée.

Mais d'autres changements sont à l'œuvre, qui transforment profondément l'économie rurale et assez largement les rapports sociaux dans les campagnes : la modernisation de l'agriculture, son insertion croissante dans un « complexe agro-industriel », l'une et l'autre encouragées par l'État. La géographie agricole du Brésil en sort parfois changée, ainsi que la place de l'agriculture dans le système économique.

3 LES FORCES AGISSANTES

La composition des exportations le laissait pressentir : l'agriculture est de plus en plus incluse dans un complexe agro-industriel qui l'enserre par l'amont et par l'aval. La transformation de ses productions par les industries agro-alimentaires apparaît dans la gamme des produits mis sur le marché : café soluble, huiles et tourteaux de soja, jus de fruits, alcool de canne à sucre.

Mais l'industrialisation de l'amont n'est pas moins remarquable : la construction de tracteurs et de matériel agricole, entreprise en 1962, couvre depuis 1972 les besoins du pays. Les firmes étrangères contrôlent 85 % du marché, dont 25 % pour Massey-Fergusson. La consommation d'engrais a été multipliée par trois en dix ans, celle de produits phytosanitaires par deux, celle des semences sélectionnées, des aliments pour le bétail progressent rapidement.

La croissance rapide de ces nouveaux marchés donne lieu à une vive compétition entre les grandes firmes internationales, les organismes publics et les grandes coopératives du Sud, qui s'affrontent ou s'entendent pour se partager grands secteurs et profits.

Les acteurs dans ce domaine sont en effet nombreux et divers, mais de tailles très inégales. Une foule de petites entreprises sont présentes, dans un secteur dont les limites sont à vrai dire bien floues (puisque par exemple une boulangerie de quartier peut être comptée parmi les entreprises agro-alimentaires). Face à elles, quelques grandes firmes ont accru récemment leur poids en investissant massivement et en diversifiant leurs intérêts : 50 % des investissements accumulés ont été réalisés depuis 1969 et 12 firmes ont à elles seules apporté 75 % du total représenté par les 60 premières. Parmi elles les firmes européennes l'emportent sur les nord-américaines, parmi les plus importantes on trouve British American Tobacco (britannique), Gervais-Danone (française), Nestlé (suisse), etc. Quelques grandes coopératives brésiliennes avaient su également développer leurs activités en amont et en aval de leur secteur habituel, comme la Coopersucar et la Cotrijui (coopérative triticole d'Ijui qui, à côté de la production de blé, a développé celle de viande et a organisé pour ses adhérents sa propre zone de colonisation en Amazonie), avant d'être emportées par la crise financière. Mais leurs composantes continuent la même action, à moindre échelle et à moindres frais.

L'agriculture elle-même a connu simultanément une rapide modernisation, qui change parfois les équilibres — ou les déséquilibres — de naguère. L'opposition classique — et qui reste vraie dans ses grandes lignes — entre l'agriculture plus moderne des régions côtières et celle plus attardée de l'intérieur, entre grandes et petites exploitations, semble en voie d'atténuation, à mesure que des types nouveaux apparaissent : exploitations moyennes modernisées, grandes exploitations technifiées des fronts pionniers intérieurs.

Un des exemples les plus nets de cette capacité de l'agriculture brésilienne à modifier, presque du jour au lendemain, la carte de ses productions, est le déplacement des productions de soja et de café qui s'est produit depuis 25 ans.

Le Brésil ne produisait pratiquement pas de soja avant les années 1970, il est aujourd'hui le premier exportateur mondial de tourteaux, et l'un des tout premiers pour l'huile. Cette progression s'est faite par la mise en culture des *cerrados*, les savanes arborées du Mato Grosso, du Goias et de l'ouest de Bahia, à mesure que les « vieilles » régions de production (celles des années 1970) étaient abandonnées dans le Sud. Parallèlement, les gelées de 1975 ayant détruit les plantations de café du Sud, il s'est déclenché un mouvement de migration vers le Minas Gerais, devenu le premier État producteur, vers l'Espirito Santo et vers Bahia. Ces déplacements, sur des centaines de kilomètres, de deux des plus grandes cultures commerciales sont des exemples de la mobilité de la carte agri-

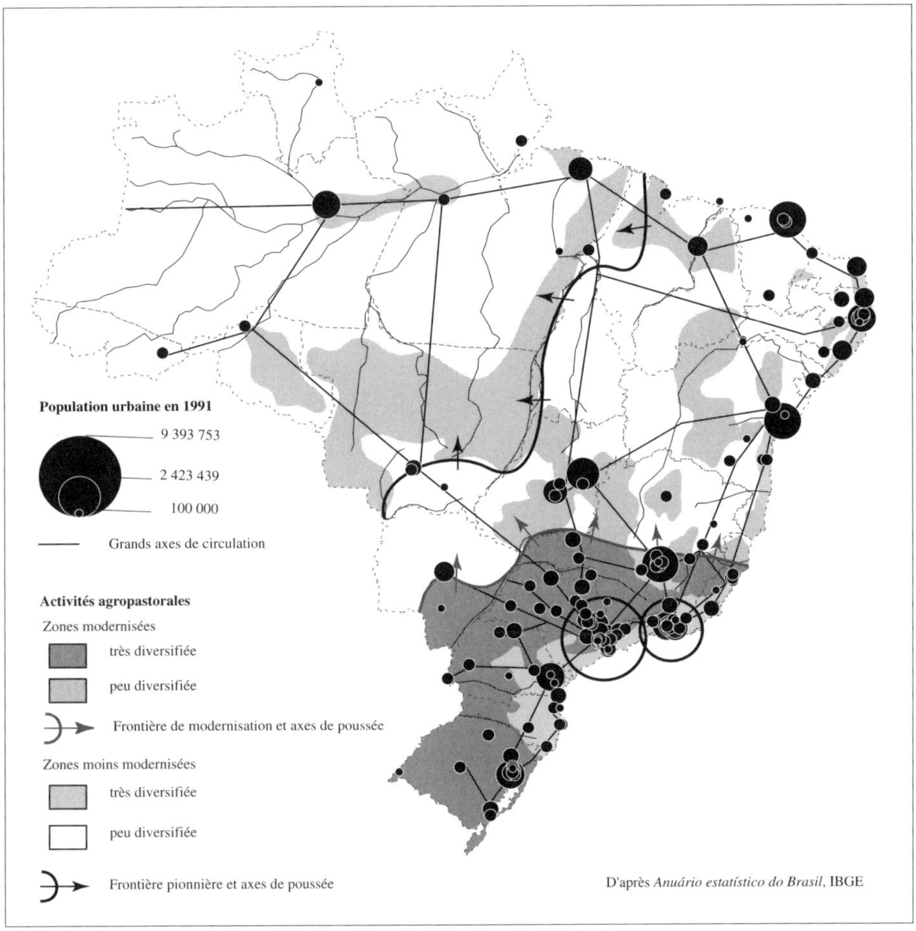

Figure 72 Organisation de l'espace rural

cole du Brésil, perpétuellement remise en question au gré des mouvements migratoires et des sollicitations des marchés mondiaux.

Il s'agit donc d'un monde mouvant, où bien des classifications deviennent inopérantes. La masse de recherches consacrées au monde rural brésilien, à ses transformations, à l'explication des mécanismes agissants, témoigne à la fois de l'ampleur des phénomènes et du dynamisme des universités et centres de recherches brésiliens. Un bon exemple en est donné par l'Université de Botucatu (São Paulo) qui, chaque année, consacre un congrès exclusivement à l'étude de la main-d'œuvre *volante* dans l'agriculture.

Des tendances plus claires d'évolution peuvent toutefois être dégagées, dont certaines sont inquiétantes pour l'avenir, et ont amené l'État à intervenir. La plus marquante est celle du développement des cultures d'exportation, qui se fait souvent au détriment des cultures vivrières. Les productions qui ont connu la progression la plus rapide sont les oranges, le soja. Ces produits nouveaux dans la gamme exportée ont eu des rythmes d'accroissement supérieurs à ceux

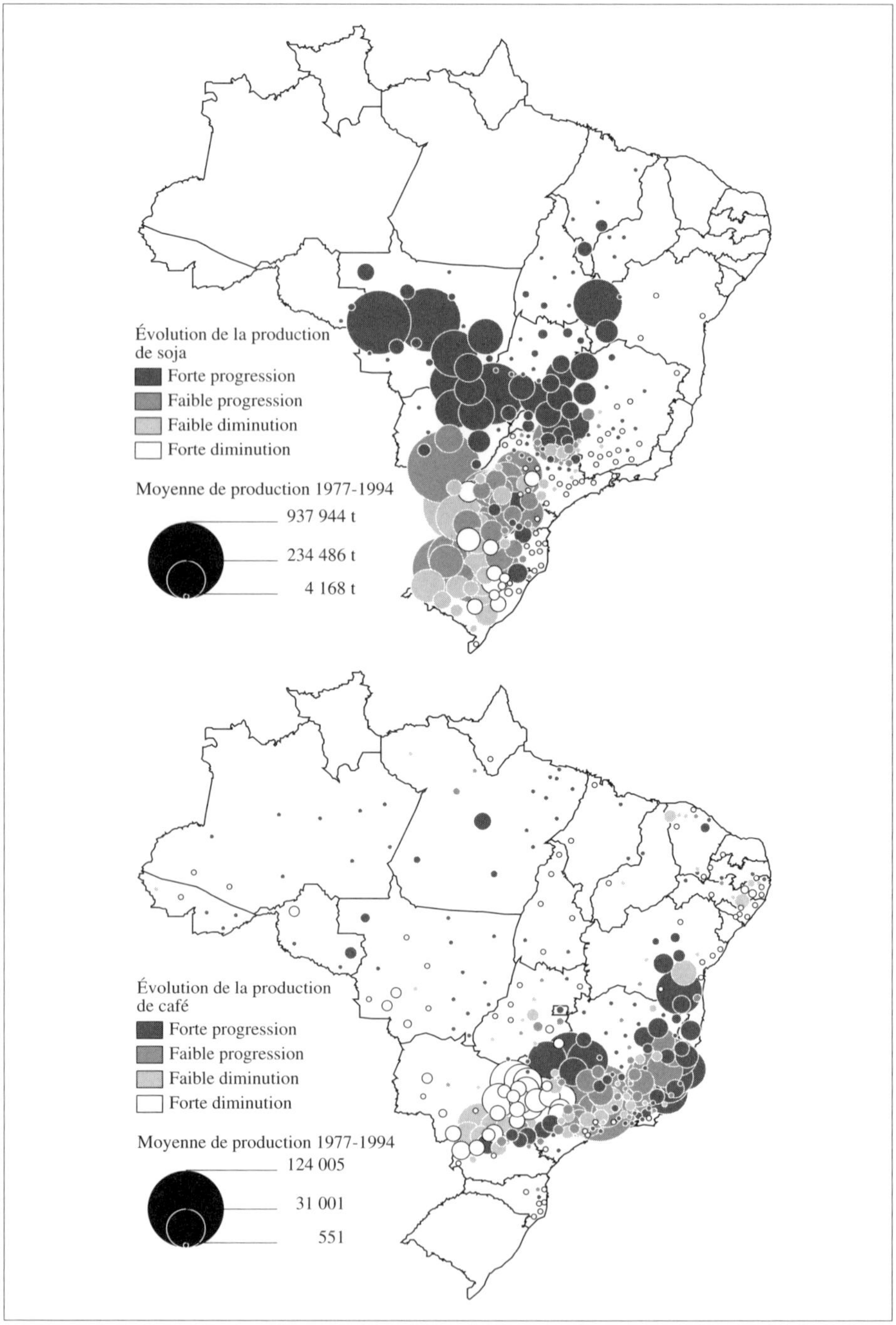

Figure 73 Café et soja

des produits plus traditionnels (café, cacao) et surtout à ceux des produits alimentaires de base (riz, maïs, haricots, manioc). On le comprend bien quand on sait que ces derniers sont pour l'essentiel cultivés dans les petites propriétés, dispersées, d'accès souvent mal commode, et qu'ils n'ont pas bénéficié des mêmes efforts de recherche et d'amélioration que les cultures d'exportation. Les progrès techniques ont de même surtout concerné les exploitations grandes et moyennes les plus dynamiques, qui sont de plus en plus tournées vers les produits les plus rentables : complexe blé-soja, sucre, élevages modernisés.

Photo 17 Oranges à Olímpia
Mise en valeur par le front pionnier du café, la région d'Olímpia s'est reconvertie, après son déclin brutal, à la culture des oranges, en profitant des grandes gelées de Floride. Une partie de la commune a ensuite été replantée en canne à sucre, avant de revenir récemment aux orangers (cliché H. Théry).

Touchées de plein fouet par l'exode rural, par la stagnation des prix de leurs productions, négligées par l'initiative privée et les organismes publics, les petites exploitations qui fournissaient l'essentiel de la production alimentaire du pays, nourrissaient ses villes géantes et permettaient de maintenir les salaires au plus bas, risquent aujourd'hui de ne plus pouvoir tenir leur rôle. Devant la menace de pénurie, ou du moins la perspective de devoir importer des aliments — un comble pour un pays si bien doté — certains correctifs ont été apportés à la politique agricole du gouvernement.

Pour orienter l'évolution du secteur agricole et agro-industriel, les gouvernements brésiliens ont choisi de privilégier une politique incitative. Les réformes agraires étant exclues et les actions d'assistance technique et sociale assez limitées, le contrôle des prix et le crédit ont constitué l'outil essentiel.

La politique des prix, dans les années 1970 et 1980, reposait sur la définition d'un prix minimum pour un certain nombre de produits, que l'agriculteur était assuré de toucher, quel que soit le cours du marché. Pour les produits d'exportation, les prix minimum, très en dessous du marché mondial, ne constituaient qu'une sorte d'assurance en cas de chute brutale, et autorisaient l'accès au crédit et aux assurances. Pour les produits alimentaires de base, la modulation des prix permettait de relancer la production quand le déficit menaçait : en 1981-1982, par exemple, le coup de pouce donné au prix du haricot a permis d'éviter d'avoir à importer, certains producteurs de soja s'étant alors tournés vers cette production redevenue intéressante. Dans l'ensemble pourtant l'intervention était trop faible pour éviter l'écart croissant entre les deux types de culture, les cultures d'exportations étant « tirées » par les cours mondiaux qu'il est impossible de suivre. L'abandon de cette politique n'a donc pas eu d'effets très sensibles, les prix ne sont plus administrés et seule joue désormais la loi de l'offre et de la demande.

La politique de crédit, de son côté, a également contribué à changer les modèles de production et de consommation, favorisant l'utilisation d'intrants *(inputs)*. Les taux extrêmement avantageux (15 à 20 % par an dans les années 1970 alors que l'inflation passait de 40 à 100 %) ont poussé à un recours massif au crédit, qui est passé de 38 % du revenu du secteur agricole à près de 85 % en 1975. Ce crédit a été toutefois très sélectif : entre 1969 et 1975, 55 % du volume total est allé à trois produits, soja, riz et blé (75 % si l'on ajoute café et canne à sucre) ; 20 % des agriculteurs seulement en ont bénéficié — car il faut un titre de propriété pour y accéder, ce qui est rarement le cas des petits agriculteurs — et plus de 43 % des crédits se sont concentrés sur deux États, Paraná et Rio Grande do Sul.

Les actions d'éducation, de recherche et de vulgarisation étant elles aussi concentrées sur les quelques produits et les quelques régions où elles sont les plus efficaces, les politiques agricoles semblaient devoir encourager et accélérer l'apparition d'une deuxième agriculture brésilienne, moderne et productive, complètement coupée des secteurs traditionnels, accentuant le dualisme du secteur.

Un virage a été pris dans les années 1980 devant les menaces de déficit alimentaire, qui allait peser sur la balance commerciale et diminuer le bénéfice attendu du développement des cultures d'exportation. Le relèvement substantiel des prix, l'élargissement des conditions de crédit (afin d'atteindre les petits producteurs), le financement de toute la production par divers mécanismes (dont l'achat sur pied de la récolte, qui évite le recours aux intermédiaires usuriers), tout cela devait permettre de développer la production d'aliments, en aidant les petits producteurs. Qu'il ait été nécessaire de prendre ces mesures montre bien quelle est désormais la place du secteur rural dans le Brésil d'aujourd'hui et quelles contradictions le traversent.

L'agriculture et l'élevage gardent donc une place importante dans l'économie brésilienne : générateurs de devises très nécessaires, pourvoyeurs d'aliments bon marché et de main-d'œuvre avide de travailler, ils donnent aux autres secteurs les moyens de maintenir les salaires au plus bas. Mais leur développement même peut menacer l'équilibre de l'ensemble du système. Trop miser sur les exportations amène un surcroît d'importations, trop « rationaliser » transforme la libération de main-d'œuvre en exode rural massif, ce qui aggrave les problèmes urbains et conduit à chercher des solutions pour retenir les travailleurs sur place.

Rigide, injuste (car il juxtapose trop souvent hommes sans terres et terres sous-utilisées), le monde rural brésilien est aussi dynamique, car il conquiert plus de terres nouvelles qu'aucun autre au monde et innove constamment en développant de nouvelles productions. Prédateur et gaspilleur, il est aussi riche d'immenses potentialités, naturelles et humaines. Privé de son ancienne prédominance, relégué au rang d'auxiliaire et de réserve, il est aussi un excellent révélateur des forces qui traversent la société brésilienne et des lignes de force du « modèle brésilien de développement ».

BIBLIOGRAPHIE

BRET (B.), « L'agriculture du Brésil, expansion agricole et crise agraire », *Problèmes d'Amérique latine,* n° 44, p. 65-84, 1977.

BERTRAND (J.-P.), « Les trois axes de la politique agricole brésilienne », *Problèmes d'Amérique latine,* n° 6, p. 62-101, 1980.

BERTRAND (J.-P.), LAURENT (C.), LECLERCQ (V.), *Le monde du soja,* La Découverte/Maspero, Paris, 1983.

BERTRAND (J.-P.) et HILLCOAT (G.), *Brésil et Argentine, la complicité agricole et agro-alimentaire en question,* L'Harmattan, 1996.

CONCEIÇAO DA (M.), *Cette terre est à nous,* Maspero, Paris, 1981.

LINHART (R.), *Le sucre et la faim,* Éditions de Minuit, Paris, 1980.

MATERNE (Y.), *Paysans du Brésil,* Cerf, Paris, 1980.

WANIEZ (Ph.), BRUSTLEIN (V.) et ALBUQUERQUE D., « Les mutations récentes de l'espace rural agropastoral brésilien (1985-1996) », *Mappemonde* n° 53, 1999.

Chapitre 10

Un nouveau pays industriel

L'EXPRESSION « nouveau pays industriel », forgée dans les années 1980 pour caractériser l'essor industriel de certains pays du Tiers-Monde, rapproche des situations assez diverses : celle des « petits dragons » d'Asie, qui ont suivi les traces du Japon et celle de pays comme l'Inde, le Mexique ou le Brésil. Alors que les premiers sont surtout des « pays ateliers », travaillant essentiellement pour l'exportation, les seconds disposent d'un large marché intérieur, qui donne une base plus ferme pour l'élaboration d'un appareil industriel complet. Moins induite par la « nouvelle division internationale du travail », leur industrialisation est le résultat d'un long processus, et juxtapose des éléments divers, secteurs anciens et nouveaux, nationaux et étrangers, publics et privés.

Dans le cas du Brésil, l'industrialisation est maintenant un fait acquis : au début des années 1990 l'industrie représentait 34 % du PIB, 60 % des exportations, occupait 23 % de la population active, et le Brésil figurait parmi les grands producteurs mondiaux pour toute une série de branches (tableau 35).

Tableau 35 Les performances de l'industrie

Produit	Unité	Production	Rang mondial	Part mondiale
Aluminium	1 000 t	1 189	6	6,3
Coton filé	1 000 t	736	6	4,1
Acier	1 000 t	26 153	7	3,4
Automobiles	1 000 véhicules	1 680	8	3,7
Électricité	millions kWh	275 400	10	2,1
Textiles synthétiques	1 000 t	227	15	1,1
Construction navale	1 000 tpl	75	21	0,2

Source : Images économiques du monde 1999.

Comment ce pays longtemps cantonné dans la fourniture de matières premières agricoles et minières a-t-il pu accéder au rang de puissance industrielle? On peut le comprendre en reconstituant le processus d'industrialisation, et en montrant comment, à chaque étape, l'intervention de l'État a été décisive.

Le décollage industriel des cinquante dernières années a profondément transformé le tissu industriel brésilien : on a assisté à la fois à la mise en place de secteurs de base indispensables au développement, à la création de quelques secteurs modernes, et au renouveau des secteurs traditionnels : leur dynamisme, la composition de leur capital sont très différents.

1 LA MONTÉE EN PUISSANCE

La puissance industrielle du Brésil ne s'est pas construite en un jour. Loin d'être encouragé, l'essor de l'industrie a été longtemps découragé par les gouvernants. Il a fallu une série de chocs et de prises de conscience pour que cette attitude change, et que l'État devienne le moteur de l'industrialisation : au Brésil comme dans beaucoup de pays en voie de développement, l'initiative publique, directe ou incitatrice, est à la base de la croissance industrielle.

1.1 La fin de la mentalité coloniale

À l'époque coloniale, la position des autorités portugaises était claire : l'industrialisation était indésirable. Se réservant le monopole de la fourniture de produits manufacturés, le Portugal alla jusqu'à interdire la production de l'eau de vie (1647) et du sel (1665), et un ordre royal interdit en 1785 toute manufacture, à part celles qui se cantonnaient à la fabrication de toiles grossières, bonnes à faire des sacs (pour exporter le sucre et le café) ou à vêtir les esclaves. Levée en 1808 seulement, lors de l'arrivée de la cour portugaise à Rio, cette mesure acheva de décourager les entrepreneurs potentiels, à supposer qu'il y en ait eu dans cette société terrienne.

Après cette date et l'ouverture des ports, jusque-là réservés aux navires portugais, des forces antagonistes jouèrent : le prince régent encouragea des techniciens étrangers à venir créer de petits établissements métallurgiques, des chantiers navals. Mais, dans le même temps, l'abaissement des tarifs douaniers sur les produits britanniques (1810) et tous les produits étrangers (1828) tua dans l'œuf cette proto-industrialisation fragile et sans doute prématurée : dans les années 1840 la plupart des objets manufacturés étaient importés.

Constituées principalement par des planteurs exportateurs, les classes dirigeantes brésiliennes étaient alors favorables au libre-échange, achetaient grâce aux devises gagnées sur le marché international les meilleurs produits anglais, français ou allemands, et se souciaient peu de développer des industries qui auraient renchéri le prix des esclaves.

Vers le milieu du siècle quelques encouragements apparurent : en 1844 le traité avec la Grande-Bretagne arriva à expiration, et une certaine protection douanière fut accordée aux producteurs nationaux. En 1850 l'interdiction du trafic des esclaves libéra des capitaux, et certains se reportèrent sur l'industrie. C'est alors que le vicomte Mauá, un des premiers grands entrepreneurs brésiliens, prit une série d'initiatives dont plusieurs, après un échec initial, ont survécu à leur fondateur. En 1846 il créa de grands chantiers navals à Rio de Janeiro, en 1852 la compagnie de navigation à vapeur de l'Amazone; en 1854 il illumina Rio au gaz et construit le premier chemin de fer brésilien (14 km); en 1851 il fonda la banque qui porte encore son nom, ouvrant bientôt des agences à Montevideo et Londres.

Le *boom* du café eut également une influence stimulante, en développant le réseau de transport, en permettant l'accumulation de capitaux, en induisant l'immigration de colons qui apportaient d'Europe un savoir-faire et des habitudes de consommation : parmi eux se trouvaient les ouvriers, les entrepreneurs et les clients dont le Brésil avait besoin.

Les années 1880-1910 constituèrent donc un premier essor industriel, encore modeste, les textiles et l'alimentation représentaient 63 % d'une production concentrée à 60 % dans les États de Guanabara (le district fédéral, un peu plus étendu que la ville de Rio de Janeiro), Rio de Janeiro, São Paulo et Minas Gerais. Plus de 90 % du millier de firmes recensées en 1895 employaient moins de quatre ouvriers, ce qui dit assez les limites de ce timide démarrage. L'exposition de 1908, avec ses 11 000 exposants et son million de visiteurs, marqua l'entrée dans l'âge industriel, et témoigna de la volonté modernisatrice d'hommes comme Afonso Pena (président de la République entre 1906 et 1909), et de la création d'un *lobby* industriel. Constitué par les entrepreneurs, dont les intérêts ne coïncident plus avec ceux des barons du café, de la nouvelle classe ouvrière, des classes moyennes urbaines, ce groupe de pression sut s'organiser, formuler ses revendications, faire sentir son poids économique et électoral, et convaincre les hommes politiques.

Déjà l'État avait commencé à intervenir dans l'économie, fixant prix et quotas à l'occasion d'une crise de surproduction du café, administrant une part croissante des chemins de fer. La Première Guerre mondiale, en coupant le Brésil de la plupart de ses fournisseurs et de ses clients, avait révélé les faiblesses d'une économie trop agro-exportatrice et dépourvue de toute capacité de production dans des secteurs stratégiques (l'acier en particulier) : déjà les mentalités avaient changé quand surgit la crise de 1929, qui ouvrit une ère de changements.

1.2 Le tournant : 1929-1950

La crise de 1929 a eu un effet déterminant sur l'économie brésilienne et l'attitude de ses dirigeants. À la mévente du café l'État répondit par une politique de stockage et de destruction, qui maintint les prix et une partie des capacités d'investissements des planteurs. Comme au même moment les fournisseurs habituels étaient en difficulté, les capitaux disponibles se détournèrent en partie du café pour lancer des industries capables de se substituer à eux, en commençant par les biens de consommation courante. Des industries de base commencèrent également à apparaître — dès 1938 le Brésil couvrait ses besoins en fonte et ciment — mais la structure restait traditionnelle : en 1940, 50 000 établissements industriels occupaient 780 000 personnes, mais les branches textile et alimentaire représentaient encore 54 % de la production.

Des changements profonds étaient cependant à l'œuvre, avec l'intervention croissante du capital étranger et de l'État : dès avant 1939 on trouvait implantées au Brésil des compagnies comme Ford, IBM, Firestone, Siemens, et le régime issu de la révolution de 1930, dont la base de pouvoir était surtout urbaine, entreprit d'orienter la croissance industrielle. À partir de 1937 l'importation de machines fut favorisée au détriment de celle de biens de consommation, le gouvernement appuya le développement d'une industrie nationale du papier et, à l'approche de la guerre, commença à se préoccuper des productions stratégiques.

La guerre accéléra fortement le mouvement, forçant le Brésil à produire toute une série de biens qu'il avait l'habitude d'importer, en accentuant l'intervention de l'État dans les mines, la chimie, la construction de camions. Cette action faisait partie d'un effort de guerre que le gouvernement de Getulio Vargas avait su faire récompenser par les États-Unis, le prix de l'entrée en guerre au côté des Alliés étant le complexe sidérurgique de Volta Redonda.

Dans le cadre de cette coopération, des missions nord-américaines d'évaluation économique et de planification avaient été envoyées (en 1942, 1943, 1948) et elles constituèrent l'amorce d'une stratégie de développement, reprise après la guerre, dont le but était de faire disparaître les « goulets d'étranglement » qui bloquaient la croissance de l'industrie. Ces objectifs furent la base du plan Salte (santé, alimentation, transports, énergie), qui devait s'appliquer de 1949 à 1953, mais commença en 1950 : les grandes lignes de l'action de l'État pour la période suivante étaient tracées.

Pendant ces vingt ans l'industrie brésilienne a donc beaucoup changé : la production industrielle s'est accrue de 5 % par an de 1930 à 1940, de 5,5 % de 1940 à 1945. La place des industries modernes a augmenté, la concentration s'est affirmée au profit de São Paulo, dont la part de l'emploi industriel est passée de 29 % en 1920 à 37 % en 1940, tandis que celle de Guanabara tombait de 20 à 14 %, aucun autre État ne représentant plus de 10 % : la masse critique était atteinte, et le modèle spatial déjà fixé.

1.3 Le *take off*

De 1947 à 1961 l'industrie fut le secteur le plus dynamique de l'économie brésilienne, croissant au rythme moyen de 9,7 % par an : le pays tripla sa production, dépassa l'Argentine en 1958 et devint la première puissance industrielle du continent. Alors qu'en 1940 le rapport entre les biens de consommation et les biens de consommation durables et équipements était de 70 %-30 %, en 1960 il était passé à 50 %- 50 %.

Dans ce contexte, l'action de l'État visait désormais moins à susciter une croissance déjà bien engagée qu'à l'orienter. Par la création de la Banque nationale de développement économique (BNDE) il s'en donna les moyens financiers et le groupe mixte BNDE-Cepal lui fournit des principes proches de ceux de la Cepal : l'État devait participer au développement, l'industrie étant le fer de lance, la planification économique le moyen d'organiser les effets d'entraînement, et le capital privé l'indispensable allié.

Ces principes furent mis en application dans le Plano de Metas (plan par objectifs) de 1956-1960, le plus important des plans de développement brésiliens, celui qui, à un moment crucial, fixa la structure sectorielle et spatiale de l'industrie, et dont les effets se font encore sentir.

Appliqué par le président Juscelino Kubitschek — l'homme de Brasília et des premières grandes routes amazoniennes — ce plan posait en principe que l'industrialisation permettrait de poursuivre le mouvement de substitution d'importation, de stimuler l'agriculture, et surtout d'absorber l'excédent de main-d'œuvre découlant de l'accroissement démographique et de la modernisation des campagnes.

Trente objectifs étaient donc fixés, à atteindre pour 1960, le financement venant pour les 2/3 des fonds publics, et 1/3 de l'investissement privé. Dix de ces objectifs concernaient directement l'industrie, à la fois les secteurs de base à développer (acier, ciment, chimie, mécanique, etc.) et des secteurs modernes à implanter (construction automobile, chantiers navals) l'État intervenant directement dans les premiers et offrant dans les seconds une série d'avantages destinés à attirer les investisseurs privés, étrangers notamment.

Un seul de ces objectifs fut atteint, mais pour la plupart des autres de gros progrès furent enregistrés : la production d'électricité fut doublée, le kilométrage de routes asphaltées triplé, la sidérurgie capable de mettre sur le marché près de 2 millions de tonnes d'acier par an, et l'industrie automobile près de 135 000 véhicules, à l'abri de barrières douanières qui leur garantissaient le monopole d'un marché en croissance. La production industrielle s'accrut de 11,3 % par an entre 1956 et 1961, et la part de l'industrie dans le produit national passa de 23 à 30 %. Les progrès dans le domaine de l'emploi avaient été plus limités, de 4,8 % de la population active en 1949 à 14,2 % en 1964, ce qui révèle que les industries modernes implantées, intensives en capital, ne pouvaient répondre à l'espoir que l'on avait indûment mis en elles. La part du Sudeste s'était fortement accrue, représentant 75 % de l'emploi et 83 % du produit industriel.

La période, politiquement troublée, de 1960 à 1964, fut une période difficile, au cours de laquelle les objectifs de la planification furent étendus, mais pas sensiblement altérés, et après le coup d'État de 1964 les militaires reprirent la même ligne : les capacités installées, même sous-utilisées, permettaient un redémarrage rapide, une fois la confiance des investisseurs, nationaux et étrangers, rétablie par ce régime « fort ». La période du « miracle » qui suivit, donnant au Brésil un record mondial d'expansion — 10 % par an pendant 10 ans — a donc bien ses racines dans l'époque populiste tant décriée, un peu à la manière — *mutatis mutandis* — des réalisations gaulliennes dont beaucoup étaient dues à la IVe République.

Les plans de développement successifs d'après 1964 n'ont guère changé les principes, faisant seulement une part plus large au capital étranger, et il nous manque des études détaillées (comparables à celle de Luciano Martins sur la période précédente) pour connaître le dessous des cartes dans les négociations entre l'État et le secteur privé. La crise économique, dont les premiers signes aigus sont apparus en 1974, a ralenti la croissance, mais la structure sectorielle et spatiale n'a guère changé : elle tendrait plutôt à se renforcer, voire à se caricaturer.

2 LES GRANDS SECTEURS

Le tableau 36 donne une idée de la composition par branches de l'industrie brésilienne, et de sa répartition sur le territoire national, au dernier recensement industriel en date, celui de 1985. La comparaison, pour chaque branche, de sa part dans le total en termes de nombre d'établissements, d'emplois et de valeur de la production permet de distinguer plusieurs secteurs. Il en est qui comptent de nombreux établissements mais n'emploient au total que peu de personnel, et comptent moins encore dans la valeur produite — le secteur du bois et des meubles par exemple —, d'autres qui ont une part plus importante de l'emploi, mais dont la production n'atteint pas le même niveau — comme la confection-maroquinerie —, certains enfin dont la part dans la production nationale est supérieure au poids qu'ils représentent dans le nombre d'établissements et l'emploi — comme la métallurgie.

Tableau 36 Les industries

Secteur	Établissements (%)	Personnel (%)	V.a. de la transformation industrielle (%)
chimie	8	7	17
alimentaire	20	15	12
matériel de transport	3	8	11
métallurgie	9	11	11
matériel électrique	5	6	9
mécanique	7	8	6
confection	8	11	5
textile	6	7	4
minerais non métalliques	7	4	4
papier carton	3	3	3
pharmacie et véterinaire	2	1	2
plastique	3	3	2
parfums et cosmétiques	1	1	2
édition graphique	3	3	2
boissons	2	2	2
caoutchouc	2	1	1
bois	3	2	1
tabac	1	1	1
meuble	3	2	1
cuirs et peaux	1	1	1
Divers	3	2	2
	100	100	100

Source : IBGE, Activité du secteur industriel, 1993.

Ces indices d'inégale concentration et d'inégale productivité permettraient de construire une typologie, mais il me semble plus intéressant de procéder autrement et de distinguer trois grands groupes d'industries, en fonction de la genèse esquissée plus haut, de la part qu'y prennent l'État et le capital étranger : les industries traditionnelles de consommation, les plus anciennes mais qui sont en pleine évolution, et où la part du capital privé national reste forte; les industries lourdes, où l'intervention de l'État a été très importante; les industries de pointe, où les firmes étrangères sont dans la plupart des cas majoritaires. Pour chacun de ces groupes, comme il n'est pas question de passer en revue toutes les branches, je prendrai un ou deux exemples qui me semblent significatifs des changements en cours.

2.1 Le renouveau des industries traditionnelles

Les industries alimentaires et textiles sont les plus anciennes du pays. Elles représentaient encore au dernier recensement industriel, en 1985, 23 % du nombre des établissements, 19 % de l'emploi, 18 % de la valeur produite, des chiffres qui disent leur dispersion et leur faible productivité, et qui montrent, si on les compare à ceux cités plus haut, à quel point leur poids dans le total national a diminué.

Pourtant dans ces deux secteurs on trouve, à côté de petits ateliers archaïques, et dont beaucoup sont condamnés à moyen terme, des unités modernes, tournées vers les marchés les plus porteurs, qui témoignent d'un certain renouveau.

L'industrie alimentaire juxtapose ainsi de tout petits établissements et les usines les plus modernes de congélation ou lyophilisation, de puissantes conserveries qui constituent la partie aval d'un vaste complexe agro-industriel : deux conserveries de São Paulo et du Pernambuco assurent 70 % de la production de conserves de légumes, et contrôlent des plantations dans plusieurs États; les installations de traitement du café de Londrina (Paraná) sont les plus modernes au monde : le Brésil a exporté sa technologie dans ce domaine jusqu'en URSS et pris une part importante du marché américain. Croissant désormais au rythme des nouvelles exportations brésiliennes — soja, jus d'agrumes — et non plus seulement à celui de l'accroissement de la population, ce secteur est en plein développement. Le capital national y reste dominant, mais les groupes étrangers commencent à s'y intéresser, entre autres le groupe BSN qui a introduit la fabrication de yaourt, sous la marque de Danone, multipliant par 70 la consommation brésilienne en quelques années.

L'industrie textile a connu également une évolution rapide, mais son avenir est moins prometteur. Née dans le Nordeste, où était produit le coton, elle s'est déplacée vers le Sud avec lui, d'abord vers Rio puis vers São Paulo, le Nordeste ne gardant que quelques spécialités comme les hamacs, très utilisés dans l'intérieur. Beaucoup d'usines ont des équipements anciens — en 1959 la Sudene avait constaté que plus de 30 % du matériel avait plus de 30 ans, et que certaines machines dataient de 1890 — et une modernisation brutale est en cours. Beaucoup de petits établissements doivent fermer, éliminés à la fois par la concurrence asiatique — d'autant plus vive que le gouvernement a baissé les tarifs douaniers protecteurs — et par l'apparition d'unités de grande taille, très modernes. Elles produisent des fibres synthétiques ou des fils et tissus de fibres naturelles, mais ont en commun d'être fortement automatisées, et de créer peu d'emplois. Dans le Nordeste, où ont pu s'installer, grâce aux avantages fiscaux consentis par l'État, des filiales de firmes du Sud, cette évolution se traduit donc par une série de faillites et de fermetures des dernières vieilles usines subsistantes.

Dans ce domaine donc la modernisation se traduit par des drames que les pays développés ont aussi connus, sans les mêmes garanties et alternatives pour les employés en surnombre. Ici également le poids des firmes étrangères se renforce (le leader du secteur des fibres synthétiques est la Rhodia, filiale de Rhône-Poulenc) et l'État n'accorde pas à ce secteur la même attention qu'aux industries de base.

2.2 Les industries lourdes

Certaines d'entre elles ont connu un développement rapide et autonome, comme l'industrie du ciment qui, inexistante jusqu'aux années 1930, a eu depuis une croissance vertigineuse. Elle a accompagné la frénésie de construction liée à l'urbanisation rapide et aux grands travaux, et connaît aujourd'hui les mêmes difficultés. Avec 38 millions de tonnes produites en 1997 (contre 24 en 1980), le Brésil est autosuffisant. Malgré la présence de groupes étrangers (comme les ciments Lafarge à Belo Horizonte), cette industrie est restée surtout nationale et privée, à la différence de la sidérurgie, qui a bénéficié depuis plus de quarante ans de l'appui actif de l'État.

Photo 18 Sidérurgie dans le Minas Gerais
Le grand atout de cette industrie est l'abondance des ressources en minerai de fer à haute teneur. Et faute de mines de charbon, on se sert de charbon de bois, tiré d'immenses plantations d'eucalyptus. La législation sur la protection de l'air est encore bien faible et le niveau de pollution est élevé (cliché H. Théry).

Les origines de la sidérurgie brésilienne sont lointaines : les premières forges ont été fondées en 1597 à Sorocaba (São Paulo) pour ferrer les mulets élevés dans les *campos* du Sud et vendus dans cette ville de foire, à tous les muletiers du pays. Lancée par le *boom* de l'or, la fabrication d'outils fut interdite par le roi du Portugal João VI. Son successeur fut en revanche à l'origine de l'installation du premier haut fourneau construit, en 1815, par des techniciens étrangers invités à son initiative : dès l'origine la sidérurgie avait donc partie liée avec l'incitation publique et la technologie étrangère.

Bien que stimulée par la construction des premiers chemins de fer, la production brésilienne restait faible et archaïque jusqu'à l'installation en 1925 du premier complexe intégré d'Amérique latine par la société Belgo-Mineira, qui suffit à couvrir les besoins nationaux, multipliés par six au cours des années 1930. Au début de la guerre, avant les négociations menant à la création de Volta Redonda (qu'analyse en détail Luciano Martins), la sidérurgie brésilienne était donc privée, et concentrée dans le Minas Gerais où se trouvaient le fer, le calcaire et le charbon de bois : 85 % de la fonte en provenait, 57 % de l'acier, 50 % des laminés. La fondation de la *Companhia Siderurgica Nacional* (CSN) en 1941 et la construction du complexe de Volta Redonda ont amorcé son étatisation et son glissement vers les marchés consommateurs : situées dans la vallée de Paraiba do Sul les usines sont à mi-chemin entre Rio et São Paulo.

Cette tendance s'est par la suite renforcée à mesure que de nouvelles installations étaient construites pour satisfaire la demande des nouvelles industries, celles du bâtiment (25 % des débouchés) et de l'automobile (12,5 %) en particulier, une demande constituée à 75 % par les deux principales villes. Le Minas Gerais a gardé un poids important grâce à ses avantages de localisation, recevant le complexe public de l'Usiminas à Ipatinga et l'usine du groupe Mannesmann à Cidade Industrial (près de Belo Horizonte), tandis que la nouvelle compagnie publique Cosipa (*Companhia siderúrgica paulista*) s'installait à Cubatão, entre São Paulo et Santos.

Grâce à ces nouvelles installations la production nationale est passée de 1 million de tonnes en 1955 à 5 en 1970, 11 en 1977, 15 en 1980 et 26 millions de tonnes en 1997 (7e rang mondial, devant la France, 9e avec un peu moins de 20 millions de tonnes). À l'apogée de ce système, les trois quarts des capacités productives sont propriété de l'État par l'intermédiaire de la société publique Siderbras. Un partage des tâches était fait, sous l'égide du Consider (Conseil national de la sidérurgie), les sociétés publiques produisant fonte et acier brut, ainsi que des produits plats, tandis que les firmes privées, grandes et petites, se consacrent plutôt aux profilés, à la fonderie et aux tubes. Depuis la grande vague des privatisations le panorama a changé et l'État s'est dégagé de beaucoup de secteurs de production.

Avec la baisse mondiale de la consommation d'acier, la perspective de création de nouveaux pôles sidérurgiques se fait plus improbable. Il est donc vraisemblable que la situation actuelle se prolongera quelque temps encore, et elle n'est pas si mauvaise pour le Brésil. Les ressources en minerai de fer, calcaire, manganèse sont immenses, le charbon national (qui doit être mélangé à du coke importé car il contient trop de cendres) couvre 20 % des besoins. Le reste est importé sur les minéraliers et les trains qui servent à exporter le fer, et la sidérurgie brésilienne est une des seules au monde à faire fonctionner ses hauts fourneaux au charbon de bois : 51 % de la fonte sont ainsi produits par la Mannesmann, qui dispose maintenant de plantations d'eucalyptus pour produire une bonne partie des 3 millions de tonnes de charbon de bois qu'elle utilise chaque année.

Ciment, acier, chimie lourde, papier, etc., les industries de base sont donc désormais solidement établies au Brésil et lui assurent l'autosuffisance. Installées relativement récemment, elles sont plus modernes qu'en Europe, et l'abondance des ressources nationales en matières premières, leur assure un avenir probablement plus serein que dans les pays développés. C'est toutefois dans le domaine des industries plus modernes que se joue l'avenir industriel du pays, et que les problèmes du contrôle des firmes étrangères sont les plus aigus.

2.3 Les industries modernes

Dans ce secteur la branche la plus importante est certainement la construction automobile, qui a été la véritable industrie motrice du développement de ces trente dernières années. Elle a été à la fois la forteresse du mouvement syndical et l'un des points forts des firmes étrangères. Importante dans le passé, elle l'est aussi pour l'avenir, car elle a gardé des capacités innovatrices qui en font une industrie de pointe, et la mettent en contact avec d'autres qui ont le même dynamisme.

Les premières automobiles produites au Brésil ont été des Ford, en 1919, et dès 1924 24 000 modèles T étaient montés à São Paulo, à partir des pièces importées. En 1997 le Brésil a produit un peu moins de 1,7 million de voitures (retrouvant ainsi son niveau de 1980, contre 446 000 en 1986), il en exporte dans toute l'Amérique latine et fournit moteurs et pièces pour les usines d'assemblage des firmes mères en Europe et aux États-Unis. Plus de 90 % des 27 millions de véhicules circulant au Brésil ont été fabriqués sur place, tant les voitures de tourisme (68 % de la production) que les véhicules utilitaires (11 %) et les bus et camions lourds (6 %).

Entre les modestes débuts et le succès d'aujourd'hui s'est déroulée toute une histoire de négociations entre l'État brésilien et les firmes étrangères, qui illustre bien les processus de l'industrialisation brésilienne.

Tableau 37 Les industries modernes

	Nombre d'entreprises	% du total	Personnel % du total	Recettes % du total
Chimie	100	13	10	20
Produits alimentaires	98	13	16	12
Métallurgie	79	10	11	12
Mécanique	62	8	7	6
Textile	57	7	6	3
Confection et chaussures	57	7	9	2
Matériel électrique et de télécommunications	55	7	7	7
Matériel de transports	53	7	14	17
Produits de minerais non ferreux	39	5	3	4
Papier et carton	28	4	3	3

Source : IBGE, Activité du secteur industriel, 1994, millions de R$.
Note : Les « entreprises leader » ont été choisies par l'IBGE à partir du recensement industriel de 1985.

Avant 1955 il n'existait au Brésil que des industries de montage. En 1956, sous la présidence de Juscelino Kubitschek, fut institué un comité chargé de coordonner l'action gouvernementale et de favoriser la construction automobile au Brésil. Des avantages furent accordés aux firmes qui s'engageaient à incorporer de plus en plus de pièces fabriquées localement, et le taux de « nationalisation » (fabrication dans le pays) augmenta progressivement jusqu'à atteindre 99 % (en poids) en 1966. Alors on imposa de lourdes taxes à l'importation de véhicules, ce qui en doublait ou en triplait le prix. Le marché était donc pratiquement réservé aux constructeurs qui s'étaient installés sur place, et parmi les onze du début la concurrence fit rage et élimina les plus faibles ou les plus timides, dont les constructeurs français. Quatre firmes se partagent aujourd'hui l'essentiel du marché : Volkswagen (31 %), Fiat (26 %), General Motors (26 %) et Ford (9 %), tandis que Mercedes domine le secteur des poids lourds avec près de 67 % des ventes, devant Scania (18 %) et Volvo (15 %). Peu de changements se sont produits entre 1960 et 1995 : Volkswagen et Ford s'étaient unies en formant en 1986 le groupe Autolatina, mais sa dissolution a été annoncée à la fin de 1994. Seule la Fiat avait réussi, avec l'aide du gouvernement du Minas Gerais, à entrer dans ce club très fermé, rompant du même coup le monopole de São Paulo, où la plupart des usines étaient jusque-là concentrées dans le fameux triangle de l'ABC (chap. 5), et en particulier à São Bernardo do Campo. Mais depuis 1995 la situation a profondément changé et l'on a assisté à une ruée des constructeurs.

Renault s'est installé à São José dos Pinhais, près de Curitiba (Paraná) et est devenu en un an le cinquième constructeur au Brésil. Peugeot construit une usine à Resende (Rio de Janeiro). Mercedes implante sa première usine de voitures hors d'Allemagne. Ford voulait s'installer dans le Rio Grande do Sul, mais devant les exigences du gouvernement du Parti des travailleurs élu en 1999, il a préféré Bahia. Au total près de 21 nouvelles implantations, qui feraient du Brésil, si elles sont toutes confirmées, le pays au monde qui compte le plus de constructeurs automobiles, après les États-Unis.

Industrie concentrée, l'industrie automobile est donc aussi une industrie dominée : Ford et Volkswagen ont un capital à 80 % étranger, les autres à 100 %, seule la Fiat ayant dû accepter de n'en détenir que 55 %. Volkswagen do Brasil est le plus grand investissement étranger au Brésil (et le plus grand investisseur allemand hors d'Allemagne), et étant donné les effets d'entraînement du secteur, les constructeurs sont une puissance avec laquelle le gouvernement doit compter. On l'a bien vu quand il s'est agi de lancer les modèles fonctionnant à l'alcool : les industries ont freiné le mouvement jusqu'à ce qu'ils y trouvent intérêt et s'allient au *lobby* sucrier, et mettent leur énorme puissance de recherche au travail. Alors, en quelques années, le Brésil est devenu le premier producteur mondial de véhicules à alcool : 100 000 véhicules en 1980, 300 000 en 1981, 550 000 en 1987. Cette vague est ensuite retombée avec les subventions accordées à l'alcool, et les véhicules à alcool représentent actuellement moins de 10 % de ceux qui sortent des lignes de montage.

Le cas de l'industrie automobile constitue un précédent évident pour une autre branche aujourd'hui en plein développement, celui de la construction aéronautique. D'abord parce que la présence de l'une est la condition du démarrage de l'autre, qui y trouve ses techniciens, ses ouvriers, une bonne part des pièces et des outillages dont elle a besoin. Ensuite parce que le gouvernement, quand il a voulu monter, pour des raisons d'indépendance nationale et de stratégie, une industrie aéronautique, a repris les procédés utilisés par ses prédécesseurs pour l'automobile.

Jusqu'aux années 1960 le Brésil, bien qu'il soit un marché évidemment important pour tous les types de transport aérien — du fait de sa taille et de la déficience d'autres types de transports — n'avait pratiquement pas de constructeur national, ne produisait que quelques dizaines d'avions légers et importait 90 % de ceux qu'il utilisait. La firme Cessna contrôlait alors 70 % du marché, et Piper 20 %, mais c'est avec cette dernière qu'un accord fut conclu, qui prévoyait de monter sur place, puis de construire sous licence Piper des avions à 75 % brésiliens (en valeur), dont la fabrication serait assurée par les deux constructeurs privés survivants et la société publique Embraer. À la suite de quoi des taxes d'importation prohibitives seraient imposées.

Il s'agissait donc largement d'une répétition des mécanismes employés pour l'automobile, à cette différence près que cette fois l'État participait directement au projet. Fondée par une loi d'août 1969 (à partir de divers services dispersés), l'Entreprise brésilienne d'aéronautique (Embraer), était à l'origine une société d'économie mixte mais la part publique y est passée progressivement de 51 % à 90 %. Elle avait commencé par produire le *Bandeirante,* destiné à succéder au Douglas DC3 dans son rôle de « jeep volante ». Robuste, économe, ce bimoteur à hélice, qui vola pour la première fois en 1968, a connu un très grand succès non seulement auprès de l'armée de l'air brésilienne, mais aussi auprès des compagnies de transport régional au Brésil et à l'étranger : le *Bandeirante* a été vendu dans 13 pays, dont l'Arabie Saoudite, les États-Unis et la France, où il équipe bon nombre de sociétés régionales, comme Air Littoral, basée à Montpellier. Fabriquant aussi un avion léger pour l'agriculture, *l'Ipanema,* un avion militaire d'entraînement, le *Xavante* puis un avion de combat, AMX, l'Embraer a produit de 1969 à 1991 plus de 4 000 appareils, de onze modèles différents. Elle employait à ses plus belles heures près de 4 500 personnes à São José dos Campos (État de São Paulo), débauchées d'autres branches industrielles ou formées sur place et assurées de bons salaires, installées dans une sorte de petit Seattle brésilien (chap. 5) : sa privatisation, en 1993, a ouvert une période d'incertitudes. Le nombre des employés a été réduit de plus de moitié, plongeant São José dos Campos dans un marasme profond. Mais la sortie de nouveaux modèles, dont des jets de transport régional, longtemps compromise par le manque de capitaux disponibles a permis d'inverser la situation et la signature d'un gros contrat avec une compagnie suisse, au Salon du Bourget 1999, a rempli les carnets de commandes pour plusieurs années et les embauches ont repris.

Dans un domaine de technologie assez complexe le Brésil a donc réussi à se doter d'une industrie encore débutante, mais qui n'a pas d'équivalent hors des pays développés, et à se dégager de la dépendance extérieure. Une réussite plus mitigée a été obtenue dans un domaine plus sensible encore, celui de l'informatique, et une fois de plus l'action de l'État a été décisive.

C'est en effet grâce à la décision de créer une « réserve de marché » pour les mini et micro-ordinateurs, contenue dans la loi du 29 octobre 1984, qu'une industrie brésilienne des ordinateurs a pu se développer. Grâce à des mesures préparatoires antérieures le pourcentage des équipements de ces deux gammes produits dans le pays était passé de 1980 à 1984 de 17 % à 95 % (mais seulement de 7 % à 25 % en valeurs, car les gros systèmes coûtent beaucoup plus cher). À la meilleure époque, plus de 30 % de ces machines ont été produites par des fabricants nationaux, mais ces firmes étaient souvent en fait des filiales de firmes étrangères (IBM, Xerox, Olivetti). Des firmes réellement brésiliennes sont néanmoins apparues, Cobra (Rio de Janeiro) et SID (Paraná), près de 30 000 emplois qualifiés ont été créés, et une précieuse expérience a été acquise. Mais l'ouverture progressive des frontières, décrétée en 1992, et l'arrivée sur le marché brésilien des PC et des Macintosh fabriqués à l'étranger a balayé ces ambitions : le consommateur brésilien y a gagné, en qualité et en prix, mais l'industrie nationale y a perdu. Visiblement le protectionnisme peut aider au démarrage d'une industrie stratégique, mais sans doute ce stade primitif est-il dépassé dans la plupart des branches de l'industrie brésilienne.

Il est un autre point sur lequel ce développement laisse à désirer, celui de l'équilibre spatial et de l'aménagement du territoire. La concentration dans la région est telle qu'il faut désormais envisager — sous peine de blocage — un certain redéploiement.

3 VERS UN REDÉPLOIEMENT ?

La figure 74 montre l'extrême concentration de l'industrie brésilienne : 55 % des entreprises industrielles et 61 % du PIB industriel sont localisés dans la région Sudeste, dont plus de 40 % dans le seul État de São Paulo. Sa prédominance serait plus grande encore si on détaillait la situation branche par branche — toutes les industries modernes y sont rassemblées — et par taille d'entreprise — les établissements y sont beaucoup plus grands, São Paulo rassemblant 45 % des entreprises de plus de 100 salariés. Mais plutôt que de regarder de près l'instantané donné par les recensements et les cadastres, il me semble plus important de comprendre les mécanismes de la concentration, ses limites, et les facteurs d'une possible déconcentration, qui commence à apparaître.

3.1 Concentration et déconcentration

L'évolution récente de l'industrie brésilienne a poussé à la concentration, et tout milite pour une localisation des nouvelles industries dans les régions centrales de

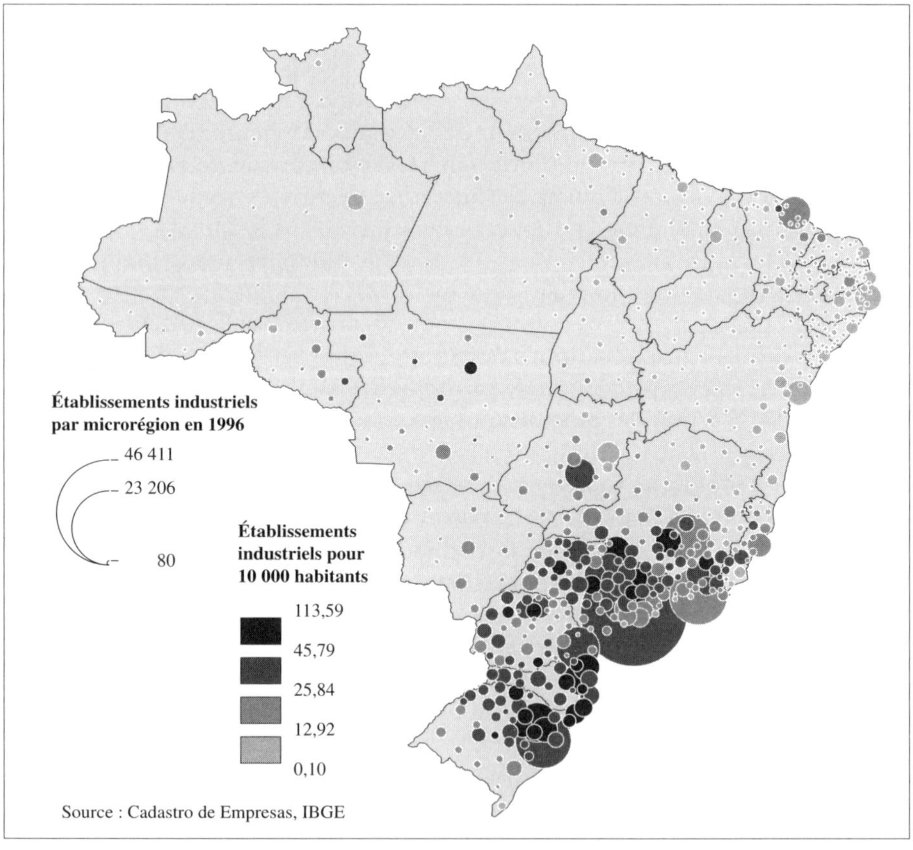

Figure 74 La concentration de l'industrie

l'économie industrielle sur les axes São Paulo-Rio de Janeiro-Belo Horizonte. Les processus de production y incitent, par le biais des économies d'échelle et d'agglomération, ainsi que la disponibilité des fluides et des infrastructures (quantitativement et qualitativement supérieurs dans les régions centrales). Les caractéristiques du marché y poussent également, par la concentration des consommateurs à hauts revenus, la concentration du système commercial moderne. Y contribuent également l'accès aux *inputs* nécessaires (comme la main-d'œuvre qualifiée et même les matières premières, à cause du dessin des réseaux de transport), la proximité des centres de décision, enfin des habitudes bien ancrées.

Mais dans le même temps l'hyperconcentration et les inégalités engendrées par le système finissent par mener à des déséconomies, à des blocages. On sait que le « miracle » a rencontré ses limites, et, pour s'en tenir au seul plan des localisations industrielles, il semble que l'on assiste au début d'un changement, car les inconvénients de la concentration commencent à l'emporter sur les avantages : les industriels doivent désormais se livrer à une concurrence serrée pour accéder aux terrains, aux fluides, aux infrastructures, ils ont à affronter des syndicats ouvriers que la concentration renforce; les pouvoirs publics, devant le coût croissant des infrastructures nécessaires aux métropoles industrielles, inquiets pour la cohésion du pays et plus ou moins acquis aux théories, sinon aux pratiques, de l'aménagement du territoire, commencent à peser dans le sens d'une certaine déconcentration industrielle.

Il faut toutefois distinguer deux types de redéploiement des industries. D'une part, on assiste à une certaine redistribution à l'intérieur de la région Sudeste, en particulier dans l'intérieur de l'État de São Paulo, sur les plateaux de l'Ouest où s'était faite la poussée caféière. Celle-ci s'organisait autour des voies ferrées, et les usines s'alignent désormais au long des routes qui leur ont succédé. Le même phénomène apparaît également dans le Minas Gerais, avec le développement des axes vers Rio (par Juiz de Fora) et vers São Paulo (par Uberaba et Uberlândia), les villes principales du *Triângulo mineiro* (fig. 75). Il s'agit là d'une simple déconcentration, qui est menée par le secteur privé, à la recherche de meilleures conditions de profit : l'espace et la main-d'œuvre disponibles sont les attraits principaux de ces nouvelles localisations, avec la proximité de São Paulo. L'action des pouvoirs publics se borne à fournir les infrastructures qui facilitent l'installation des entreprises, à gommer les quelques désavantages d'une ville de l'intérieur, à accompagner et devancer un mouvement spontané, limité pour l'essentiel à un rayon d'environ 500 kilomètres autour de São Paulo.

En revanche, pour lancer l'industrialisation des autres régions, l'État a dû offrir beaucoup plus dans l'espoir d'obtenir l'accord des industriels. Il doit même offrir tant, pour compenser les désavantages économiques, que bien souvent il a assumé seul l'investissement — par le biais des grandes firmes publiques — ou financé pratiquement la participation privée grâce aux exemptions fiscales et aux subventions. Dans certains cas — dans le Nordeste en particulier — ces aides ont pu représenter entre 70 et 90 % de l'investissement, si bien que l'on a pu dire que le gouvernement brésilien avait inventé les capitalistes sans capital. Conséquence des énormes déséquilibres régionaux, cette situation est responsable des échecs de l'industrialisation périphérique, en dehors de quelques grandes opérations très particulières, qui obéissent à une autre logique.

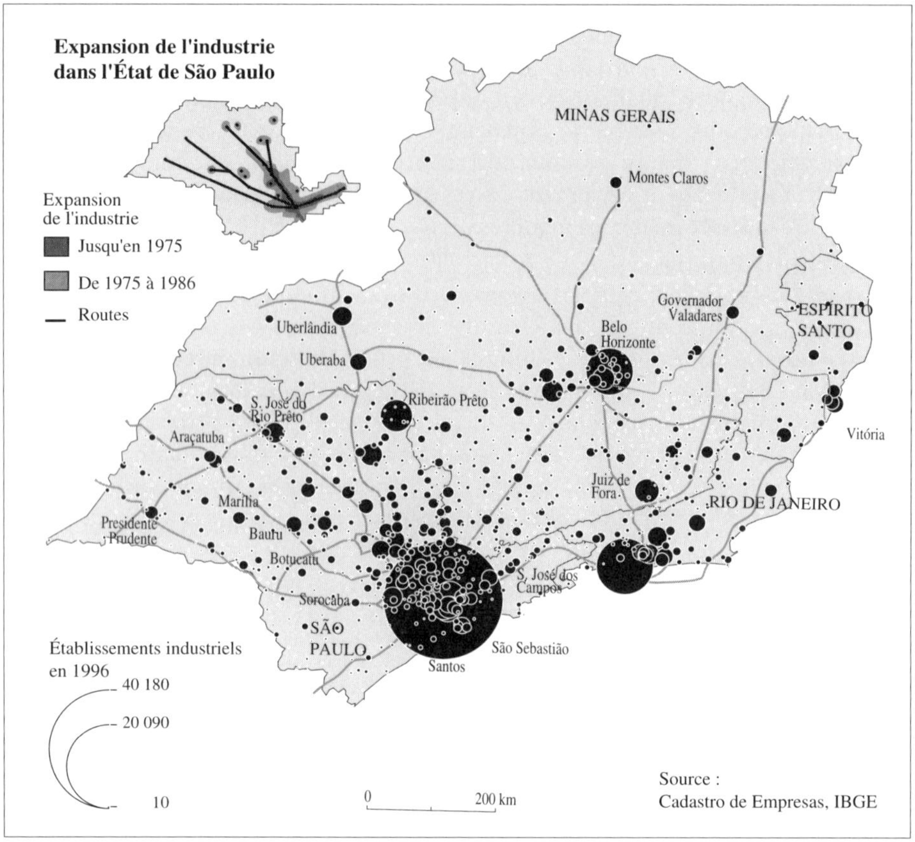

Figure 75 La déconcentration de l'industrie du Sudeste

3.2 Les logiques des nouveaux foyers industriels

Ces nouveaux foyers sont très différents les uns des autres, par leur taille, leur âge, par les branches industrielles représentées. Il y a en fait plusieurs logiques de localisation et les nouveaux « pôles industriels » témoignent de la prédominance de l'une ou de l'autre.

La première est d'ordre technique, c'est la classique installation sur le gisement, comme pour le pôle de Mossoro-Natal (gaz, pétrole, calcaire) ou celui de Maceió-Aracaju (sel, pétrole), ou au débouché des « corridors d'exportation », là où les matières premières sont embarquées. Dans la stratégie de valorisation des matières premières avant exportation, du transfert — vers les pays producteurs de minerai — de la première transformation métallurgique, du développement de la sidérurgie littorale, le site idéal pour l'édification d'un complexe sidérurgique est le terminus des lignes de chemin de fer qui descendent le minerai du bouclier brésilien vers l'Atlantique : les terminaux de Tubarão et Itaqui sont respectivement situés au bout de la ligne qui permet d'évacuer le minerai des gisements d'ltabira (Minas Gerais) et de celle qui conduit les minerais de la Serra de Carajás jusqu'à l'océan.

Un second cas de figure dans cette logique technicienne est l'utilisation des ressources énergétiques : celles du barrage de Tucuruí permettent depuis 1985 de faire fonctionner une puissante industrie de l'aluminium, élaboré à partir de la bauxite amazonienne, et située à Barcarena, à 40 km de Belém. Sur le gisement d'Imbetuba (Santa Catarina) on a de même envisagé de produire toute une gamme de dérivés du charbon, qui serait ainsi à la fois matière première et source d'énergie.

Dans cette première série de cas on est donc en présence de localisations dictées par le hasard de la géologie. Encore faudrait-il la volonté d'y implanter des industries au lieu de laisser le gisement inexploité — beaucoup des ressources minérales en question étaient connues depuis longtemps — ou d'en exporter le contenu. La meilleure preuve de la fragilité de cette volonté et qu'il n'est pas encore certain que tous les projets affichés atteignent le stade de pleine réalisation. La conjonction des deux conditions — possibilités techniques et volonté politique — apparaît donc nécessaire à la naissance de ces nouveaux foyers, et la logique politique est la deuxième possible.

C'est à elle que l'on peut rattacher en grande partie l'industrialisation du Nordeste (chap. 6), due pour l'essentiel aux initiatives et aux subventions de la Surintendance de développement du Nordeste (Sudene), dont le grand bénéficiaire a été l'État de Bahia et en particulier la ville de Salvador, avec le parc industriel d'Aratu, aux portes de la ville, et le « pôle pétrochimique » de Camaçari. On pourrait citer également dans cette catégorie la zone industrielle de Manaus, qui ne doit son existence qu'à la création d'une zone franche où les importations sont exonérées de lourdes taxes habituelles : ses produits, montés à partir de pièces importées, sont réputés brésiliens, donc autorisés à entrer sans acquitter de taxes sur le territoire national. De ces décisions politiques est né un foyer d'industries de main-d'œuvre, montage électronique surtout, fondé sur le travail des femmes et des Indiens, c'est là un cas rare au Brésil et qui n'est pas sans rappeler les industries du Sud-Est asiatique, ou les *maquiladoras* mexicaines.

La décision politique de l'État fédéral de favoriser l'industrialisation de telle ou telle région est donc dans plusieurs cas à l'origine de nouveaux foyers industriels dans des États qui en étaient jusque-là dépourvus. La logique sous-jacente est de réduire les disparités entre régions et de conforter l'unité nationale en répartissant mieux les grandes activités économiques. C'est là un point de vue que les représentants politiques et les *leaders* économiques des régions concernées appuient fortement, ils insistent même parfois plus fortement sur les intérêts particuliers de leur État que sur ceux de la région et ces assauts de particularisme les amènent parfois à rivaliser entre eux et à intriguer auprès du pouvoir central pour emporter sa décision en leur faveur.

Il semble bien, par exemple, que le projet du complexe industrialo-portuaire de Suape (Pernambuco) doive autant à la volonté des intérêts du Pernambuco qu'à ses avantages naturels de port en eau profonde, et que sa lente mise en place, ses difficultés à attirer des industries (les projets annoncés ont beaucoup varié) soient à mettre au compte de la traditionnelle rivalité entre Bahia et Pernambuco. De la même façon les efforts du gouvernement de Minas Gerais ont beaucoup pesé sur la décision prise par la Fiat d'installer à proximité de Belo Horizonte la première usine de construction automobile située hors de São Paulo (chap. 5), et ceux des groupes de pression de Bahia et du Rio Grande do

Sul sur la localisation du deuxième, puis du troisième pôle pétrochimique à Camaçari et Rio Grande.

On voit donc converger, dans ces exemples de projets qui aboutissent ou vont aboutir, les logiques diverses de plusieurs acteurs, à plusieurs échelles. D'abord, la logique proprement technique, souvent conçue à l'échelle mondiale par des firmes dont l'horizon est transnational; celle qui est conçue à l'échelle nationale par le gouvernement central quand il est maître d'œuvre de l'opération; enfin la logique politique qui peut se développer à l'échelle nationale de l'aménagement national... ou à l'échelle régionale des intérêts particuliers.

Si l'on se souvient en outre que les arguments techniques changent assez rapidement avec l'évolution de la technologie, qu'ils se doublent de considérations économiques et financières, et qu'ils sont rarement impérieux au point de ne pouvoir être discutés et même réfutés, on comprendra que toute nouvelle implantation est le résultat de négociations et de compromis où toutes sortes d'éléments interviennent, sans qu'il soit toujours facile de faire la part de chacun d'entre eux.

Il reste cependant à évoquer une question qui a été mise en avant par les promoteurs de ces opérations : ces foyers nouveaux peuvent-ils être des « pôles de développement » ?

3.3 Nouveaux foyers industriels et pôles de développement

Il est maintenant clair, même si certains ont cru de bonne foi que l'implantation de grandes unités industrielles entraînerait automatiquement le « décollage » régional, qu'il y avait au départ un certain nombre de malentendus. Le plus important est celui qui a fait confondre l'espace économique abstrait de la théorie des « pôles de développement », où la firme motrice a un effet d'entraînement, et l'espace géographique concret où l'installation de l'usine n'a pas que des effets positifs. Il peut parfaitement se faire que le nouveau complexe n'entretienne de relations qu'avec des partenaires économiques situés dans d'autres régions, c'est même le cas le plus fréquent pour ces unités à technologie sophistiquée, travaillant pour de larges marchés avec une main-d'œuvre peu nombreuse et qualifiée. On est alors en présence d'un cas classique d'implantation d'une usine moderne dans un environnement rural ou peu industrialisé, avec ses effets habituels de kyste ou d'enclave.

Le rôle de ces nouveaux foyers dans le développement local et régional est donc finalement sans grand rapport avec l'arrière-plan stratégique qui a justifié leur apparition, et dépend beaucoup plus de leurs particularités propres (nature de l'activité industrielle technologie choisie et marchés visés, politique de recrutement, etc.), et tous ces phénomènes peuvent faire changer considérablement les relations entre le pôle et la région réceptrice (effets physiques de pollution, effets de drainage de population et de déstructuration sociale, effets positifs de création d'emplois et d'élévation du revenu régional).

Les foyers industriels nouveaux peuvent donc être considérés de deux points de vue différents, complémentaires, ceux de l'amont et de l'aval. Ils sont la concrétisation d'une convergence de stratégies de divers ordres et à diverses échelles, la manifestation matérielle de coïncidences d'intérêts. Ils sont aussi le point de départ d'une série de phénomènes de transformation sociale et spatiale, une sorte de laboratoire d'observation de la modernisation, où l'on peut suivre *in vivo* la réaction du tissu social à la greffe d'un corps étranger.

Très spectaculaires, ces grandes opérations n'ont donc guère d'effet sur la répartition globale des industries, dont toute la partie moderne, celle qui a vraiment des effets moteurs, reste concentrée dans le Sudeste. Celles qui sont implantées dans le reste du pays en dépendent ou subissent sa concurrence, un type de dépendance qui apparaissait déjà dans le domaine agricole, et se retrouve dans le secteur tertiaire.

BIBLIOGRAPHIE

BAER (W.), « Industrialisation and Economic Development, in Brazil », Yale University Press, 1975.

BRASSEUL (J.), « L'internationalisation de l'industrie brésilienne depuis 1964 », *Problèmes d'Amérique latine,* n° 65, p. 81-114, 1982.

BRASSEUL (J.), « Le Brésil et la nouvelle Division internationale du travail », *Revue d'économie industrielle,* n° 14, p. 197-203, 1980.

DICKENSON (J.P.), *Brazil, Studies in Industrial Geography,* Dawson, Folkestone, 1978.

MARTINS (L.), *Pouvoir et développement économique,* Anthropos, Paris, 1976.

MAUPU (M.), « Aspects de la politique industrielle du Brésil », *Problèmes d'Amérique latine,* n° 38, p. 29-58, 1975.

THÉRY (H.), « Stratégies industrielles au Brésil », *Bulletin de l'Association des géographes* français, n° 495, p. 175-181, 1983.

THÉRY (H.), « Camaçari, un pôle de développement?, ou les glissements progressifs de l'aménagement », in *l'État aménageur en Amérique latine.* (Voir également les articles de H. RIVIÈRE D'ARC et L. MARTINS dans le même volume), Travaux et mémoires de l'IHEAL, n° 35, Paris, 1984.

VASQUEZ (S.), « L'informatique brésilienne dans la Nouvelle République », *Problèmes d'Amérique latine,* n° 80, 2e trimestre 1986, p. 109-118.

Chapitre 11

La nébuleuse tertiaire

LE SECTEUR TERTIAIRE est désormais le plus important de l'économie brésilienne, au moins en termes d'emploi : il occupait en 1991 55 % de la population active, après avoir connu une croissance rapide et continue (tableau 7). Mais la définition classique, et négative (ce qui n'est ni l'agriculture, ni l'industrie), peu satisfaisante dans les pays industrialisés, l'est encore moins au Brésil. Secteur divers, hétéroclite même, le tertiaire ne peut être abordé sans quelques remarques préliminaires. Et comme il n'est pas question d'en étudier tous les aspects, j'ai fait le choix de privilégier deux domaines qui me semblent capitaux pour le développement et la cohésion nationale, le secteur financier et les médias.

Car si les géographes n'ont pas l'habitude d'analyser ces secteurs, il me semble que leur poids géographique, dans le cas brésilien au moins, est très grand : les médias contribuent à façonner des types de comportement bien particuliers, et à les répandre dans tout le pays. Les mécanismes de financement mis en place facilitent ou freinent tel ou tel secteur, telle ou telle région, et sont en grande partie responsables des particularités sectorielles et régionales du développement brésilien. Ils ont donc des effets géographiques manifestes, et méritent qu'on leur fasse, parmi la vaste gamme des activités tertiaires, un sort à part.

1 LE FORMEL ET L'INFORMEL

L'expansion très rapide du secteur tertiaire a suggéré aux observateurs plusieurs types de métaphores, dont l'analyse permet de mieux cerner la nature du phénomène.

On a parfois utilisé des métaphores organiques, comparant tantôt le secteur tertiaire au système nerveux de l'économie — il fait circuler l'information — tantôt à une masse cancéreuse en pleine prolifération, qui se multiplie anarchiquement au détriment de la partie saine de l'organisme. D'autres auteurs ont eu recours au vocabulaire de l'astronomie, parlant d'une nébuleuse, ce qui évoque à la fois l'expansion du secteur, sa structure et la méconnaissance qu'on en a : pour quelques étoiles brillantes, bien visibles et dont l'influence rayonne largement, combien de trous noirs qui attirent et engouffrent tout ce qui se passe à leur portée, ne restituent rien — et interdisent toute observation.

L'ambiguïté de ces métaphores correspond à une difficulté d'analyse, que les spécialistes du Brésil n'ont pas été seuls à rencontrer : dans de nombreux pays en voie de développement, la croissance du secteur tertiaire a amené à distinguer une partie « moderne » et une partie « parasitaire », puis, un peu plus tard, un secteur « formel », et un secteur « informel ».

Cette distinction ne se limite pas au seul secteur tertiaire, le secteur informel existe aussi dans l'industrie, et plus encore dans l'agriculture, où les contrats de travail sont le plus souvent oraux, régis par la coutume ou les rapports de force les plus élémentaires. Mais il m'a paru utile de les aborder plutôt à propos du secteur tertiaire, car c'est là qu'il se développe le plus, avec ce secteur en rapide expansion, et prend des formes nouvelles.

Le secteur « tertiaire formel », caractérisé par le fait que les contrats de travail et les comptabilités y existent et obéissent à des normes connues, n'a rien de très original : l'appareil de l'État fédéral, des États fédérés et des communes, les secteurs des transports, de la gestion financière, de la diffusion de l'information et de la culture, etc., fonctionnent au Brésil comme ils fonctionnent dans le reste du monde, et y subissent les mêmes mutations technologiques que dans les pays développés, révolution informatique comprise.

Photo 19 Périphérie urbaine à Macapá
Construit sur une zone inondable, ce quartier a été équipé par les autorités locales de passerelles qui permettent de circuler à pied sec, et ses habitants peuvent donc désormais rejoindre la ville en restant propres. En revanche les branchements électriques sont illégaux, dérivés des lignes qui n'arrivent que jusqu'aux portes du quartier (cliché H. Théry).

Le secteur tertiaire dit « informel », en revanche, y est assez différent de ce que nous connaissons, et le travail « au noir » ne nous en donne qu'une faible idée. On le trouve principalement dans le secteur du commerce et des services, qui juxtaposent des établissements modernes (les hypermarchés Carrefour par exemple, ou les boutiques de haute couture de la zone Sud de Rio) et une foule de micro-établissements plus ou moins clandestins qui remplissent des fonctions comparables pour un public très différent. Le partage entre les deux n'est pas toujours tranché, et varie selon les branches, le tableau 38 fait apparaître celles où la part de l'« informel » est la plus forte : dans le total national, la part du personnel employé y est supérieure à celle des recettes perçues. Satisfaisant les besoins élémentaires du plus grand nombre, à bas prix, le secteur informel est souvent associé aux zones et

Tableau 38 Commerces et services

Commerces	Établissements	Personnel	Recettes (millions de reais)
Total	**86 810**	**1 777 159**	**197 032**
	% du total	% du total	% du total
Commerce de détail	80	77	60
Combustible	14	7	6
Tissus	12	10	4
Outils et matériaux de construction	10	6	3
Véhicules	9	13	18
Supermarchés	8	19	14
Produits alimentaires, boissons, tabac	5	3	2
Commerce de détail non spécialisé	1	1	1
Grands magasins	1	3	2
Autres magasins de détail	22	14	11
Commerce de gros	20	23	40
Produits alimentaires en gros	7	9	11
Commerce de gros spécialisé	6	7	10
Outils et matériaux de construction en gros	3	3	3
Produits agricoles en gros	2	2	3
Commerce de gros non spécialisé	2	2	2
Combustible en gros	1	1	11
Services	**Entreprises**	**Personnel**	**Salaires et rémunérations (1 000 R$)**
Total	**394 735**	**3 192 208**	**9 312 729**
	% du total	% du total	
Logement et alimentation	50	23	13
Services immobiliers et services aux entreprises	29	43	48
Santé	7	14	15
Autres services collectifs, sociaux et aux personnes	7	8	10
Éducation	6	11	13
Services à l'agriculture	1	1	1

aux régions les plus pauvres, et il n'est pas étonnant de constater que le décalage entre personnel employé et recettes se vérifie également au niveau régional, opposant une fois encore le Sudeste au reste du pays.

La connaissance réelle de ce monde du secteur informel est encore limitée, et les recherches réalisées montrent que les catégories économiques habituelles s'y appliquent mal. La distribution des types d'activités y est peu claire (au cours d'une recherche de terrain sur ce sujet, il m'est arrivé de rencontrer, par exemple, un serrurier-boucher, qui débitait à la demande les quartiers de viande suspendus aux poutres de son atelier), on ne peut toujours délimiter résidence et lieu de travail, les liens de parenté se confondent avec les relations de travail, les comptabilités sont confuses, la fréquence des faillites et des reconversions est stupéfiante : dans ce domaine un énorme travail d'analyse reste à faire, bien que de nombreux travaux aient déjà vu le jour.

En effet, comme l'Amérique latine a connu plus tôt que l'Afrique ou l'Asie une urbanisation accélérée, la « tertiarisation » y a été également plus précoce, et les études sur ce monde nouveau et mal connu s'y sont multipliées depuis les années 1960. Ce n'est pas le lieu ici de citer ou de résumer cette littérature, on peut en retenir simplement que l'on est passé de questions naïves — mais pas encore résolues — qui pouvaient être ramenées à « mais de quoi vivent donc tous ces gens? », à des analyses distinguant un « circuit supérieur » et un « circuit inférieur » (fournissant du travail et pourvoyant aux besoins de deux économies séparées), pour aboutir actuellement à des recherches montrant que le dualisme n'est qu'apparent et que les deux secteurs sont en rapport étroit.

S'il est évident en effet qu'il existe un abîme entre une agence de publicité de Rio de Janeiro (qui est organisée comme son homologue américaine de Madison Avenue) et une misérable boutique d'un bidonville du Nordeste (où l'on achète l'huile au verre et les cigarettes à l'unité), toutes deux regroupées sous la rubrique « secteur tertiaire », il est vrai aussi que des liens existent entre elles, ne serait-ce que parce que l'agence a peut-être assuré le lancement de la campagne de publicité pour les cigarettes vendues dans la boutique.

La prolifération du commerce de détail précaire assure donc en partie l'écoulement des produits du secteur industriel moderne, en le mettant à la portée des plus pauvres par le fractionnement et le crédit. D'autres liens existent, comme la sous-traitance : bien des établissements du secteur « moderne » incluent dans leur produit des pièces provenant d'ateliers du secteur « informel ». Plus généralement, l'existence d'un vaste secteur de commerces et de services bon marché permet de maintenir au plus bas les salaires du secteur moderne. À la fois parce que ses employés peuvent grâce à lui se nourrir, s'habiller, se meubler, vivre en un mot à meilleur compte, et parce que le salarié a la certitude que bien des gens seraient trop heureux de lâcher ces petits métiers pour le remplacer, s'il se montrait trop exigeant et revendicatif.

Loin d'être un parasite du secteur moderne, le secteur tertiaire informel lui est en fait très utile, il n'en est pas coupé comme on l'a longtemps cru, mais y est étroitement lié. Il est moyen de survie des foules d'immigrants qui se sont accumulés dans les villes brésiliennes et n'ont pu trouver place dans les circuits économiques classiques; à ce seul titre il serait déjà très important.

Longtemps méprisé par les responsables de la politique économique nationale, il fait aujourd'hui l'objet de multiples attentions, en particulier de celle des organismes, comme la Banque mondiale ou la BIRD, qui ont pour fonction de veiller à éviter les risques de crise sociale, en intervenant dans les secteurs sensibles. Créateur d'emplois, essentiel à la survie des foules pauvres, le secteur informel doit être encouragé, aidé, sans pour autant qu'on l'encadre trop, ce qui le tuerait : de multiples expériences sont en cours, et ce n'est pas par hasard que la Banque mondiale a choisi le Brésil pour essayer des méthodes à appliquer ensuite ailleurs.

Secteur économiquement important, le secteur tertiaire informel n'a pourtant pas d'effet très marquant sur la structuration de l'espace national — même s'il en a à l'échelle des quartiers — ni d'effet d'entraînement sur l'ensemble du développement économique, à la différence du secteur financier, qui en est un des leviers essentiels. Et s'il s'y crée un ensemble de comportements et de modes de vie dignes d'intérêt, les hommes et les femmes qui le composent vivent dans une société globale modelée et dans une certaine mesure homogénéisée par des médias particulièrement puissants et dont l'organisation est profondément différente de celle qui nous est familière.

2 TÉLÉCOMMUNICATIONS ET MÉDIAS

Parmi les secteurs qui ont le plus changé au cours des dernières années, et dont l'évolution a contribué à changer le Brésil dans son ensemble, le téléphone figure en bonne place. Partant de très bas, le pays a vu son équipement progresser très rapidement (fig. 76), mais la demande était si forte qu'il s'était créé une économie de pénurie, où l'on pouvait vendre très cher sa ligne téléphonique à qui ne voulait pas attendre deux ou trois ans. Cette situation a servi d'argument à ceux qui voulaient privatiser et parmi les premières exigences du cahier des charges de la privatisation de 1998 figurait en bonne place l'obligation de créer des millions de lignes nouvelles. Mais en attendant les effets des investissements consentis par les nouveaux propriétaires, le téléphone portable a connu un énorme succès, à la fois auprès de classes moyennes et aisées, qui y ont vu un nouveau symbole de leur statut social, mais aussi dans des groupes sociaux plus inattendus, notamment dans les favelas où l'on apprécie qu'il ne nécessite ni branchement fixe, ni adresse bien établie. Il s'est donc répandu dans toute la société, plus vite encore que la télévision, qui a mis des années à atteindre tous les Brésiliens, mais qui est aujourd'hui devenue un secteur économique à part entière.

L'organisation des médias au Brésil vaut la peine qu'on s'y arrête un moment, car ils constituent non seulement une part capitale du secteur tertiaire, mais aussi un poids économique non négligeable (on y retrouve la concentration économique et géographique d'autres industries de pointe), un enjeu de pouvoir (que se disputent notamment l'État et le capital étranger), et un des facteurs essentiels du modelage culturel de la population.

L'évolution technique et sociale a progressivement renforcé la place et le poids de la télévision, au détriment de la radio et surtout de la presse. Le premier journal publié au Brésil le fut par le gouvernement portugais en exil à Rio, en 1808 ; en

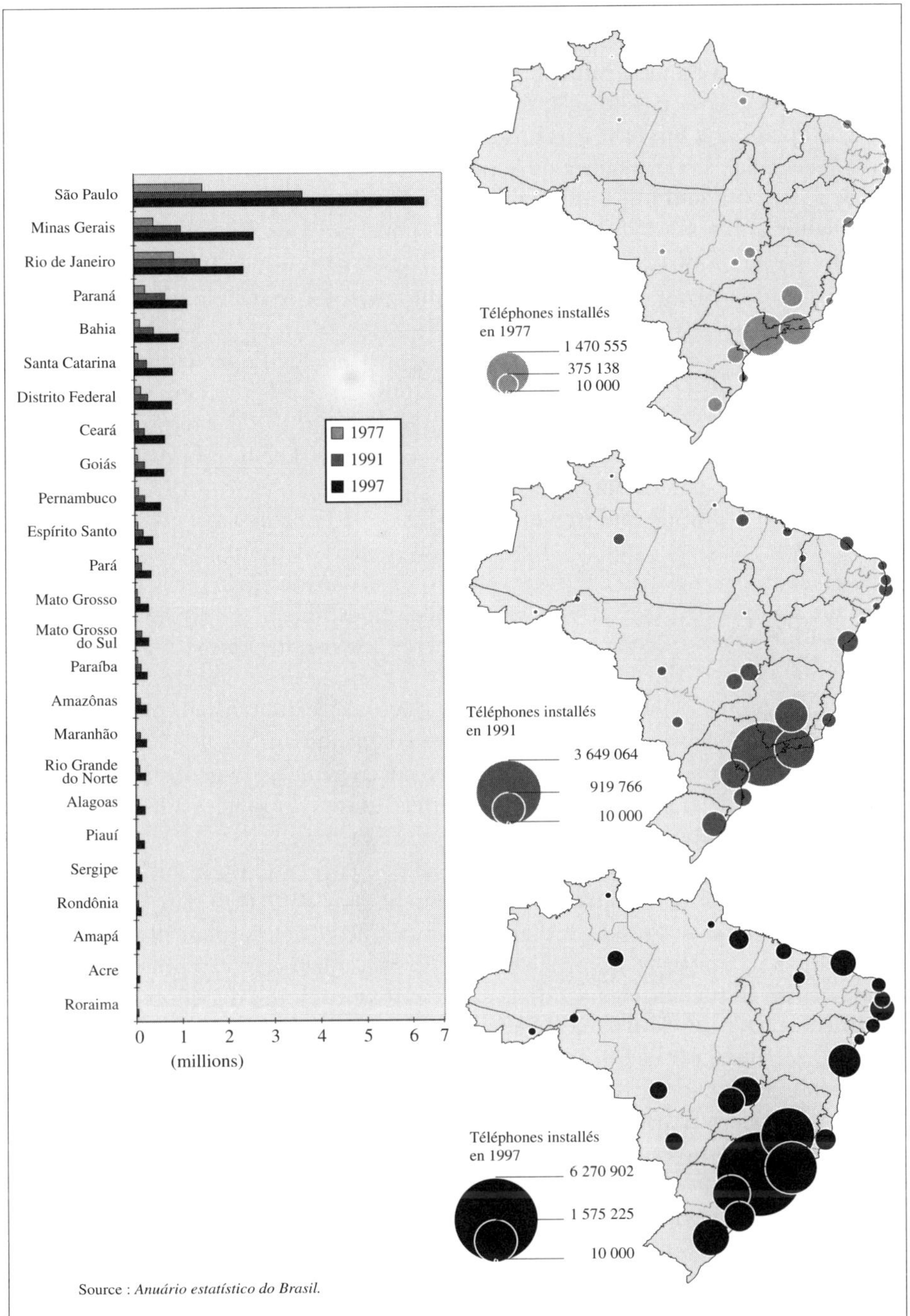

Figure 76 Évolution du parc téléphonique (1977-1997)

1871 le pays comptait un millier de titres, et actuellement plus de 1 600 sont disponibles. Sur ce total l'immense majorité est constituée de feuilles locales, employant moins d'une dizaine de salariés et utilisant un matériel archaïque. Privés des ressources de la publicité, qui vont de plus en plus à la télévision, les petits journaux peinent à survivre, certains disparaissent et le nombre total d'exemplaires vendus ne suit pas la croissance de la population : alors qu'en 1960 le Brésil disposait de 5,1 quotidiens pour 100 habitants, en 1970 il n'en comptait plus que 4,2, et seulement 1,5 en 1980. La diffusion totale de tous les journaux brésiliens n'atteint pas la moitié de celle du seul *Sun,* le premier quotidien britannique.

En réalité la plus grande partie de la diffusion est le fait de quelques grands journaux du Sudeste et du Sud (plus de 80 % des titres et 92 % des exemplaires vendus), une concentration à mettre en rapport avec le degré d'alphabétisation de la population et la présence de quelques titres importants, disposant de plusieurs centaines d'employés et tirant à plus de 100 000 exemplaires, parmi lesquels se détachent ceux de São Paulo (*O Estado de São Paulo, Folha de São Paulo)* et de Rio *(Jornal do Brasil).*

Réalisés par des journalistes qualifiés (l'accès à la profession est contrôlé par des règles strictes, on exige un diplôme universitaire de journalisme, préparé par des départements spéciaux des universités, et un an de stage), ces grands journaux se comparent à ceux des pays développés. La levée progressive de la censure sur la presse écrite, dans les dernières années du régime militaire, leur a rendu une liberté de ton et une capacité critique trop longtemps réduites, pendant les années noires de la dictature, alors que l'audiovisuel, plus accessible à la majorité de la population, est resté contrôlé jusqu'au bout.

Les dimensions du pays, sa fragmentation en régions bien distinctes, le bas niveau scolaire de la population sont en effet autant d'obstacles à la diffusion de l'écrit, et d'atouts pour les médias du son et de l'image.

La radio a été la pionnière dans ce domaine : la première station a été fondée en 1923 à Rio, et l'on en trouve actuellement plus de 2 000 dans le pays. Son atout principal est sa grande audience, puisque 80 % des familles disposent d'un récepteur, à la campagne comme en ville. Bien que les recettes publicitaires aient baissé depuis trente ans (la part de la radio dans le total des dépenses en publicité passant de 40 à 15 % du total) le réseau des émetteurs reste dense, associant radios indépendantes et chaînes publiques et privées. Passée au second rang, la radio reste cependant un support intéressant pour les groupes multimédias, qui y trouvent le moyen d'atteindre et de suivre les goûts des consommateurs de l'intérieur et pour le gouvernement, qui impose la diffusion d'une heure quotidienne d'informations élaborées par lui, précédées et suivies par l'hymne national.

C'est cependant la télévision qui constitue, de loin, le secteur le plus important, l'objet de rivalités à la mesure de l'enjeu économique et sociopolitique.

Au début des années 1950, la télévision brésilienne était une annexe de celle des États-Unis : téléviseurs et programmes en étaient importés. Ensuite on a pu distinguer dans son histoire deux périodes, avant et après 1964. La première, qui correspond au gouvernement Kubitschek et l'ère populiste, a été celle du monopole du groupe de presse des *Diarios Associados,* contrôlé par un baron de la presse, Assis de Chateaubriand. Son groupe, la Tupi Diffusora, compta à son apogée 34 journaux, 36 émetteurs radios et 18 émetteurs de télévision. Développé d'abord à Rio et São Paulo (1951-1953), le réseau s'étendit ensuite au Nordeste et au Sud à partir de 1959.

La deuxième période est celle de l'ascension d'un groupe nouveau qui est aujourd'hui le premier du pays et un des premiers au monde, le groupe Globo. Son point de départ est l'accord signé avec *Time/Life* en 1967 : le conglomérat américain cherchait alors à prendre pied au Brésil, ce qu'il ne pouvait faire, d'après la loi brésilienne, qu'en s'associant avec un groupe national. Repoussé par les plus puissants il signa avec la jeune société Globo un accord qui contournait l'article de la Constitution interdisant à une firme étrangère de contrôler une entreprise brésilienne culturelle ou intellectuelle.

Selon certaines interprétations l'objectif était à la fois de prendre part à une opération rentable et de favoriser la pénétration de l'influence et des produits américains, le gouvernement l'acceptant dans la mesure où il pourrait disposer d'un outil de mobilisation et de persuasion plus efficace et docile que celui que contrôlait la presse, et de fait la Tupi déclina, jusqu'à sa disparition en 1980.

Aujourd'hui la concentration est la règle : concentration géographique d'abord, au profit des régions les plus développées. La couverture du territoire national n'est complète que depuis mars 1985, avec la mise en place, par le lanceur Ariane, d'un satellite géostationnaire au-dessus de l'Amazonie. Jusque-là, la diffusion était assurée par de petits émetteurs qui répétaient le lendemain les programmes enregistrés sur bande dans les grandes villes. La concentration spatiale reflète la concentration économique aux mains de quelques grands groupes qui contrôlent, outre leurs propres émetteurs, une série de sociétés indépendantes auxquelles elles fournissent des programmes en direct (par la formation de réseaux à certaines heures) ou enregistrés.

Il faut ajouter que la diffusion de l'information est plus concentrée encore qu'il n'y paraît puisque les groupes de télévision contrôlent également d'autres types de médias : le groupe Globo, propriété de la famille Marinho, possède également neuf stations de radio, un grand quotidien, deux sociétés d'édition, un centre de production audiovisuelle, une banque de données et quatre galeries d'art. Le groupe des *Diarios Associados*, quant à lui, possède encore 28 journaux, 26 émetteurs de radio, une agence de presse, etc., et des groupes régionaux de moindre ampleur, parfois rivaux, existent dans la plupart des États.

Les programmes que diffuse la télévision brésilienne, toutes chaînes confondues, sont assez proches de ce que l'on trouve dans les pays développés, avec, par ordre décroissant d'importance, et selon les statistiques fournies par le ministère de l'Éducation :

- l'information (25 % des horaires, dont 12 % de journaux télévisés et 6 % de sport);
- les émissions classées « culturelles » (20 %, dont 13 % de feuilletons et de séries);
- les émissions pour enfants (en portugais *programacão infantil*);
- les émissions récréatives (12 %);
- les émissions éducatives (6 %).

Dans la production nationale se détachent les *telenovelas*, des feuilletons s'étendant sur des mois ou des années, joués par les meilleurs acteurs de cinéma et de théâtre, écrits par les meilleurs scénaristes et développés — voire étirés —

en fonction des réactions du public. Plusieurs de ces séries se succèdent au cours de l'après-midi et de la soirée, correspondant aux goûts de divers publics, les plus tardives se risquant dans le domaine des problèmes sociaux et culturels du moment (la place des femmes dans la société, la préservation du Pantanal, l'homosexualité, le Sida). Immensément populaires, suivies dans tout le pays, ces séries font beaucoup pour la diffusion de modèles de comportement et de références communes à toute la nation. Elles rapportent en outre des devises car elles ont été vendues dans toute l'Amérique latine et, pour le « haut de gamme », au Portugal et même en France.

Car la télévision est aussi un secteur économique. La vente des téléviseurs en est un des aspects : le Brésil en produit près de deux millions par an, et en vend à ses voisins. Depuis 1972 l'équipement pour la couleur a relancé les ventes et en 1991 43 % des ménages, soit plus de 18 millions de foyers, en disposaient d'un. Le secteur de la publicité est également en rapport étroit avec la télévision, car il y consacre 40 % de ses investissements (et 60 % pour les 50 plus grandes agences), ce qui n'est pas sans importance puisque la part du PIB qui lui est consacrée est passée de 0,80 % en 1964 à 1,32 % en 1973. La publicité représente 16 % du temps d'émission, et quand on sait que, sur les dix premiers annonceurs en 1980, un seul était brésilien (contre 3 en 1960), que les trois quarts des unités émettrices utilisent du matériel nord-américain, que 70 % des films diffusés sont nord-américains, si l'on y ajoute l'influence indirecte (celle qui découle de la diffusion des modes de vie, de la création de besoins), on ne peut que constater que dans ce secteur clé l'influence étrangère reste dominante.

Face à cela la présence de la puissance publique paraît très modeste : la Radiobrás ne contrôle que la TV Nacional et la Radio Nacional de Brasília. La télévision et la radio éducatives, prises en charge le plus souvent par des fondations (dont la plus importante est la Padre Anchieta, de São Paulo) ne rassemblent que moins de 1 % de l'audience, et, malgré des expériences intéressantes, pèsent peu face aux géants commerciaux.

L'État n'est pourtant pas sans moyens de contrôle, et son poids se fait encore sentir aujourd'hui : c'est lui qui attribue les concessions pour l'émission radiophonique et les canaux télévisés — il a su jouer de la pression pour orienter certains programmes — et le ministère de la Communication, créé en 1967, a joué un rôle de contrôle effectif du secteur audiovisuel. En 1974 l'association professionnelle des sociétés de radio-télévision et le gouvernement ont mis au point en commun les objectifs et la philosophie de la communication, destinée à favoriser le développement, l'« intégration » et la sécurité nationale. Sur ce dernier point l'accord reprenait les termes de la Loi de sécurité nationale qui interdisait d'inciter, entre autres, à la haine ou à la discrimination raciale, à la lutte par la violence entre les classes sociales, à l'animosité contre les forces armées, sous peine de 10 à 20 ans d'emprisonnement, ou de 15 à 30 ans si le délit avait été commis à la radio ou à la télévision.

Sur cette base, une très étroite censure a été exercée par le régime militaire. Tatillonne, pudibonde et obsédée par la menace de subversion, elle a bridé l'information et la création trop longtemps, elle a contraint à l'autocensure et laissé des traces qui ont été longues à effacer. Aujourd'hui la situation est tout autre, la liberté de presse est entière, limitée seulement, au Brésil comme ailleurs par les lois en vigueur et par les lois du marché, qui interdisent de faire trop de peine aux annonceurs dont la publicité fait vivre le « support », journal ou entreprise audiovisuelle...

Géographiquement concentrés, partagés entre l'influence du capital étranger et la puissance de l'État, les médias ont beaucoup fait pour modeler et renforcer le « modèle de développement » que connaît le Brésil depuis 30 ans, et surtout depuis 1964 : toutes ces caractéristiques se retrouvent dans un autre élément important du secteur tertiaire, celui du financement.

3 LE SECTEUR FINANCIER

La mise en place d'un système capable de collecter l'épargne et de l'orienter vers les branches qui en ont besoin, de favoriser une croissance harmonieuse et des échanges fluides, d'offrir crédit et facilités de paiement, est plus qu'une nécessité technique, c'est une des clés du développement. Le Brésil a longtemps manqué d'un tel instrument, et c'est le régime militaire issu du coup d'État de 1964 qui a tenté de le mettre en place. La remise en question liée au changement de régime a fait ressortir les distorsions qui sont apparues et les défauts d'un système conçu pour un type de développement bien particulier.

Malgré des tentatives audacieuses dans les années 1850, le système bancaire brésilien est resté très embryonnaire jusqu'à la Première Guerre mondiale (le pays comptait alors 21 banques, dont cinq étrangères). Entre les deux guerres les réseaux se sont étoffés, les dépôts et le crédit ont été multipliés par onze, les premiers organismes de contrôle, de compensation et de réescompte sont apparus, mais l'essentiel du crédit restait tourné vers le financement des opérations commerciales et spéculatives. Le décollage industriel de l'après-guerre a été accompagné par une diffusion et une concentration de l'appareil bancaire, et une intervention croissante de l'État : la Surintendance de la monnaie et du crédit (Sumoc) devait assurer un certain contrôle, la Banque nationale de développement économique (BNDE) était chargée du financement à long terme, appuyée dans les régions les plus sous-développées par la Banque du Nordeste du Brésil (BNB) et la Banque de crédit de l'Amazonie. Elle bénéficiait à la fois des dépôts d'organismes publics, d'une fraction de l'impôt sur le revenu et des prêts d'organisations internationales. Utilisées pour les grands programmes industriels et d'infrastructures, ces ressources ont été un des plus puissants leviers du développement.

Simultanément sont apparus des organismes de crédit parallèles aux banques, les *financeiras*, orientées vers le crédit à la consommation ou le financement à court terme des entreprises. Créées pour tourner une loi sur l'usure de 1933, elles reposaient sur un échafaudage de prêts et de lettres de change, et ont proliféré jusqu'en 1964, où l'on en comptait 134, presque toutes situées à Rio et São Paulo.

Il existait donc à cette date un système hétéroclite, mal structuré et incapable de mobiliser l'épargne : en 1965 il en canalisait moins de 3 %, contre 10 à 15 % dans le reste de l'Amérique latine. Les besoins étaient pourtant immenses, avec le développement des industries de base, la nécessité de mettre en place un système de crédit qui stimule la consommation, la crise du logement attisée par l'exode rural.

Les « révolutionnaires » de 1964 ont saisi l'occasion de réformer tout le système, pour l'adapter à leur projet global de « modernisation conservatrice ». De 1964 à 1965 fut créé un système d'indexation, dit de « correction monétaire », s'appliquant aux titres émis par le Trésor national, les dépôts de la nouvelle Banque nationale d'habitation et à divers instruments de mobilisation de l'épargne. Par ailleurs le Banco Central était créé, pour coordonner et contrôler tout un édifice de caisses et de banques publiques, locales ou fédérales. Enfin la réforme du système fiscal, avec la création d'un impôt sur la valeur ajoutée et d'incitations à l'épargne compléta la remise en ordre.

Au terme de ces réformes, le Brésil disposait d'un appareil financier complet et complexe, surveillé et divers (tableau 39). Le Conseil monétaire national a pour fonction de contrôler monnaie et crédit, de coordonner l'ensemble du système, public et privé. Banco Central et Banco do Brasil se partagent les attributions classiques d'une banque centrale (banque d'émission, banque des banques, banquier du gouvernement) et la gestion de fonds et programmes spéciaux créés par l'État pour le développement de secteurs et de régions particulières. Enfin le BNDES (qui a succédé au BNDE quand le « S » — pour social — a été ajouté au sigle) et le réseau des caisses économiques ainsi que les banques publiques locales complètent un impressionnant appareil bancaire public.

Dans le secteur privé le fait notable est le développement de banques d'investissement, dont la fonction principale est de servir de médiateur dans les relations financières avec l'extérieur, de négocier les emprunts et de fournir leur garantie. Les sociétés de crédit et d'investissement se consacrent à plus de 90 % au crédit à la consommation, le marché des valeurs mobilières étant très étroit : la place de l'État et des firmes étrangères, la fermeture du capital national, essentiellement familial, ne laissent que peu de champ d'action aux bourses.

Dans ce domaine, comme dans bien d'autres, Rio de Janeiro a perdu une de ses dernières chasses gardées : le volume de la Bourse de São Paulo a dépassé le sien en 1982. Ce système est aujourd'hui en crise, parce qu'il souffre de divers types de déséquilibres, et parce qu'il était l'instrument d'un modèle maintenant bloqué. Le déséquilibre entre les régions est évidemment très sensible (et grave pour l'avenir des plus pauvres), et l'action correctrice de la puissance publique est limitée (tableaux 39 et 40).

Tableau 39 La distribution régionale du financement public

	Crédits accordés par le Banco do Brasil	Prêts de la Caixa Economica Federal/PIS	Assurance chômage payée par la CEF
BRÉSIL	**623 445**	**351 279**	
Nord	3	5	4
Nordeste	28	33	24
dont Bahia	*12*	*3*	*11*
Sudeste	30	40	54
dont Rio de Janeiro	*11*	*9*	*36*
São Paulo	*15*	*12*	*6*
Sud	31	13	13
Centre-Ouest	8	9	5

Total en millions de reais, répartition en %.

Tableau 40 La répartition des impôts

	Impôt total	%	Sur les produits industrialisés	%	Dépenses	%	Transferts (total)	%
São Paulo	29 498 917	*52*	8 241 935	*55*	17 394 423 061	*21*	1 294 709	*7*
Rio de Janeiro	7 627 403	*13*	1 504 776	*10*	12 819 152 800	*15*	431 447	*2*
Minas Gerais	3 538 637	*6*	1 216 765	*8*	8 345 162 949	*10*	1 682 986	*9*
Rio Grande do Sul	2 944 246	*5*	1 023 673	*7*	7 557 577 251	*9*	923 426	*5*
Distrito Federal	2 879 585	*5*		*0,0*	7 527 019 388	*9*	96 651	*0*
Paraná	2 299 120	*4*	567 695	*4*	3 656 693 055	*4*	949 309	*5*
Espírito Santo	1 472 387	*3*	630 025	*4*	1 108 301 902	*1*	312 604	*2*
Santa Catarina	1 246 304	*2*	446 374	*3*	2 311 172 500	*3*	537 632	*3*
Bahia	1 168 161	*2*	409 882	*3*	3 058 026 951	*4*	1 749 818	*9*
Pernambuco	785 956	*1*	267 150	*2*	3 097 751 996	*4*	1 131 314	*6*
Ceará	620 236	*1*	148 019	*1*	2 343 218 308	*3*	1 175 297	*6*
Amazonas	479 330	*1*	137 522	*1*	840 449 612	*1*	397 634	*2*
Goiás	452 308	*1*	122 525	*1*	1 525 068 702	*2*	639 799	*3*
Pará	307 062	*1*	48 798	*0,3*	1 600 645 398	*2*	946 577	*5*
Maranhão	206 389	*0,4*	47 637	*0,3*	1 466 704 186	*2*	1 131 412	*6*
Mato Grosso	203 476	*0,4*	60 462	*0,4*	761 340 766	*1*	423 969	*2*
Paraíba	203 243	*0,4*	73 238	*0,5*	1 514 223 741	*2*	799 138	*4*
Rio Grande do Norte	170 391	*0,3*	53 195	*0,4*	1 197 962 952	*1*	635 261	*3*
Mato Grosso do Sul	153 054	*0,3*	19 002	*0,1*	938 307 874	*1*	268 250	*1*
Alagoas	151 045	*0,3*	49 293	*0,3*	949 008 363	*1*	616 837	*3*
Piauí	143 051	*0,3*	51 112	*0,3*	991 311 906	*1*	730 119	*4*
Sergipe	117 840	*0,2*	17 569	*0,1*	616 028 120	*1*	532 017	*3*
Rondônia	59 605	*0,1*	8 780	*0,1*	628 891 758	*1*	381 188	*2*
Amapá	24 135	*0,0*	6 854	*0,0*	331 823 764	*0,4*	374 125	*2*
Tocantins	24 019	*0,0*	9 111	*0,1*	201 365 143	*0,2*	614 484	*3*
Acre	21 263	*0,0*	2 968	*0,0*	318 363 921	*0,4*	390 152	*2*
Roraima	17 482	*0,0*	4 614	*0,0*	316 228 872	*0,4*	275 737	*1*

Source : Ministério do Planejamento e Orçamento.

La place qu'occupe l'État dans le système financier n'est guère conforme aux principes des créanciers étrangers et du FMI, dont le droit de regard sur l'économie brésilienne s'accroît avec l'endettement du pays. Et surtout le système financier perpétue un développement centré sur la consommation et une répartition des revenus et patrimoines très inégalitaires : le crédit offert pour la trésorerie des entreprises et l'achat de biens de consommation durables manque chroniquement pour la consommation populaire, et la charge de l'investissement à long terme est reporté sur l'État. Comme celui-ci doit porter à bout de bras le crédit au logement et à l'urbanisation, le crédit rural et le financement à moyen et long terme de l'industrie, le recours à l'endettement intérieur et extérieur s'est accru. Il s'est créé alors un cercle vicieux, car la demande de l'État absorbe les disponibilités et alimente, par les mécanismes de la correction monétaire, une inflation accélérée, qui à son tour oriente les épargnants vers les valeurs refuges, une évolution extrêmement dangereuse.

Les réformes de 1964-1967 ont donc mis sur pied un système dont les caractéristiques et les dysfonctionnements sont ceux de tout le « modèle de développement » : distorsions régionales et sociales, hypertrophie de l'État et du capital étranger, surendettement chronique et diminution de l'indépendance

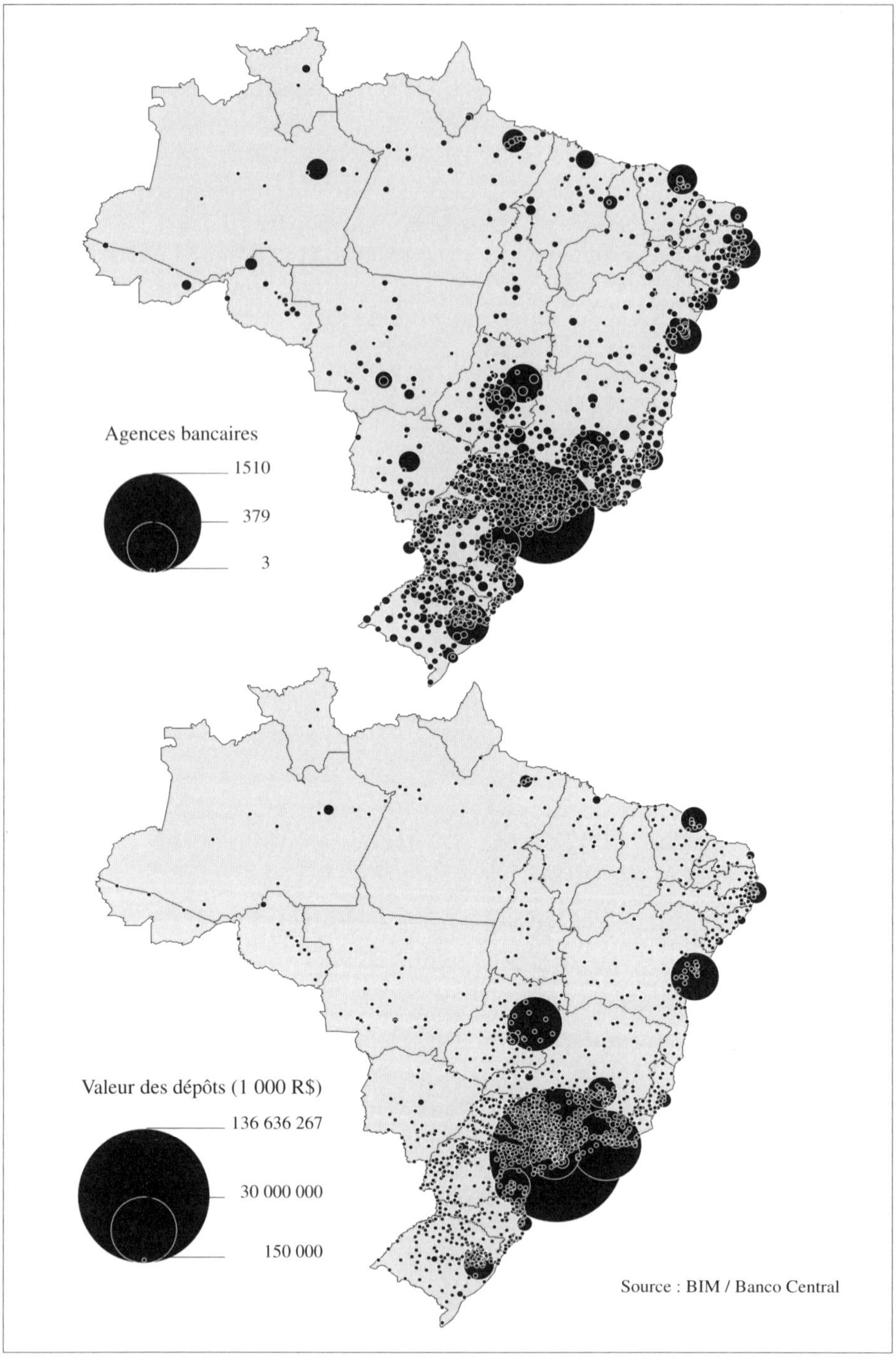

Figure 77 Agences et dépôts bancaires

nationale, et on a le net sentiment, dans ce domaine comme dans bien d'autres, que de profonds changements sont nécessaires. Lancées parce que le taux d'inflation était en 1963 de 87,8 % et le taux de croissance de l'économie de 2,6 % seulement, les réformes ont amené à une situation où, en 1986, l'inflation a été de plus de 62 %. Il est évident que de nouvelles réformes s'imposaient. Plusieurs plans ont donc été lancés par les gouvernements successifs, sous les mandats de José Sarney, Fernando Collor de Mello et Itamar Franco. Associant à des degrés divers blocages des prix et des salaires, réductions des dépenses publiques, privatisations, ils n'ont pas atteint leurs objectifs puisque l'inflation, après avoir un temps baissé, est à chaque fois repartie, atteignant 1 764 % en 1989 et 2 708 % en 1994. Rien de solide ne pouvait être construit tant que toute l'économie reposait sur une indexation générale (prix, épargne et salaires, ces derniers réajustés seulement tous les six mois).

La réussite du *Plano Real* (du nom de la nouvelle monnaie) tient au moins autant à la création de cette monnaie, à la désindexation et à la « dollarisation » de l'économie brésilienne, une recette qui a déjà assez bien réussi en Argentine. Sur le plan de la réduction de l'inflation, le succès a été spectaculaire : selon la BID, le taux moyen de croissance de l'indice des prix au consommateur avait été de 1 008 % en 1992, 2 148 % en 1993 et 2 688 % en 1994, année de l'entrée en vigueur du *Plano Real* : en 1995 il est tombé à 84 %, en 1996 à 18 %, en 1997 à

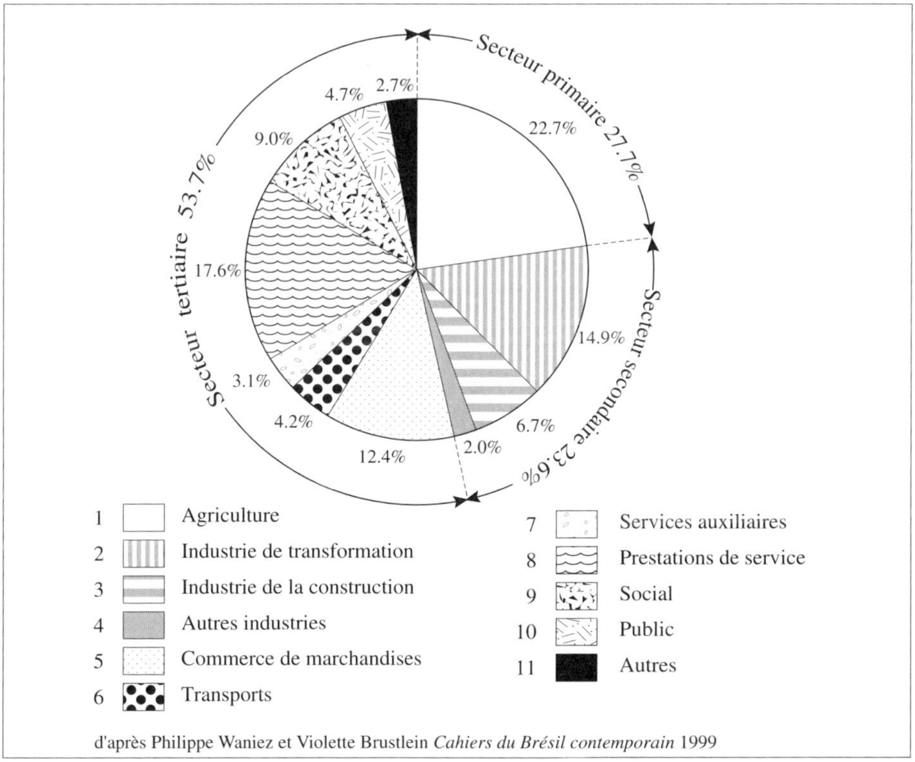

Figure 78 Secteurs d'emploi

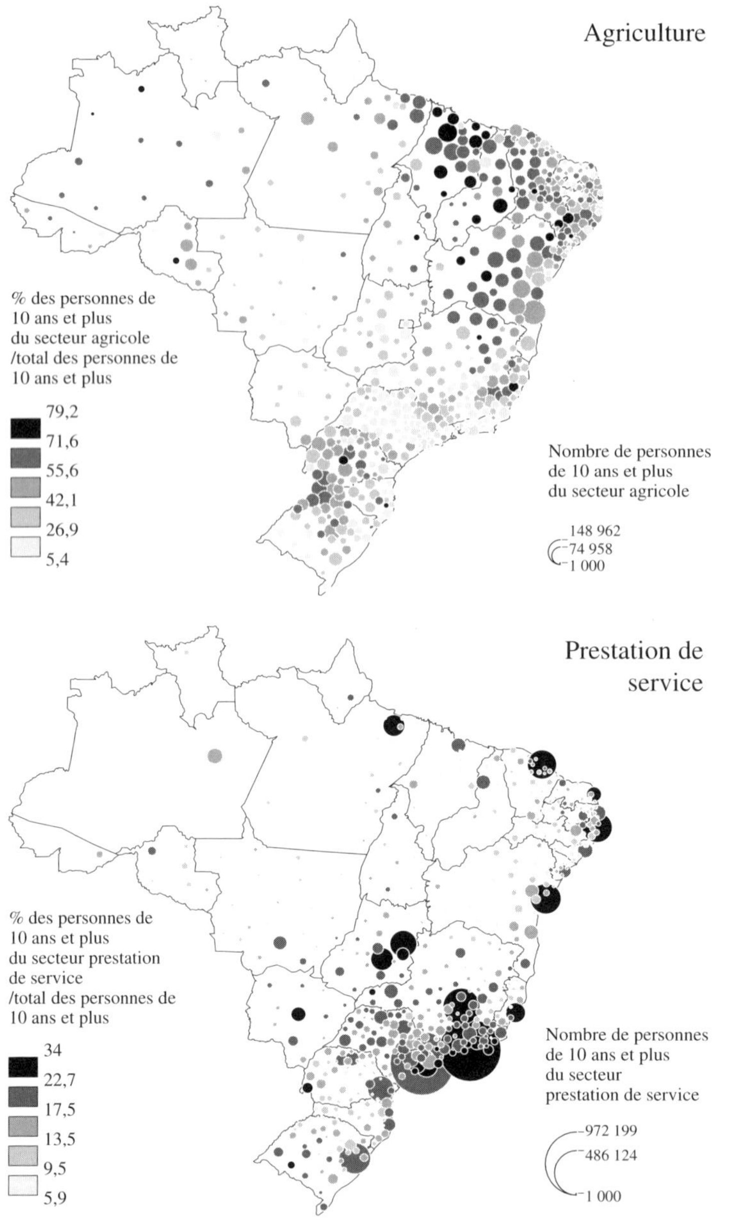

d'après Philippe Waniez et Violette Brustlein
Cahiers du Brésil contemporain 1999

Figure 79 Grands secteurs d'emploi
a. Agriculture et prestation de service

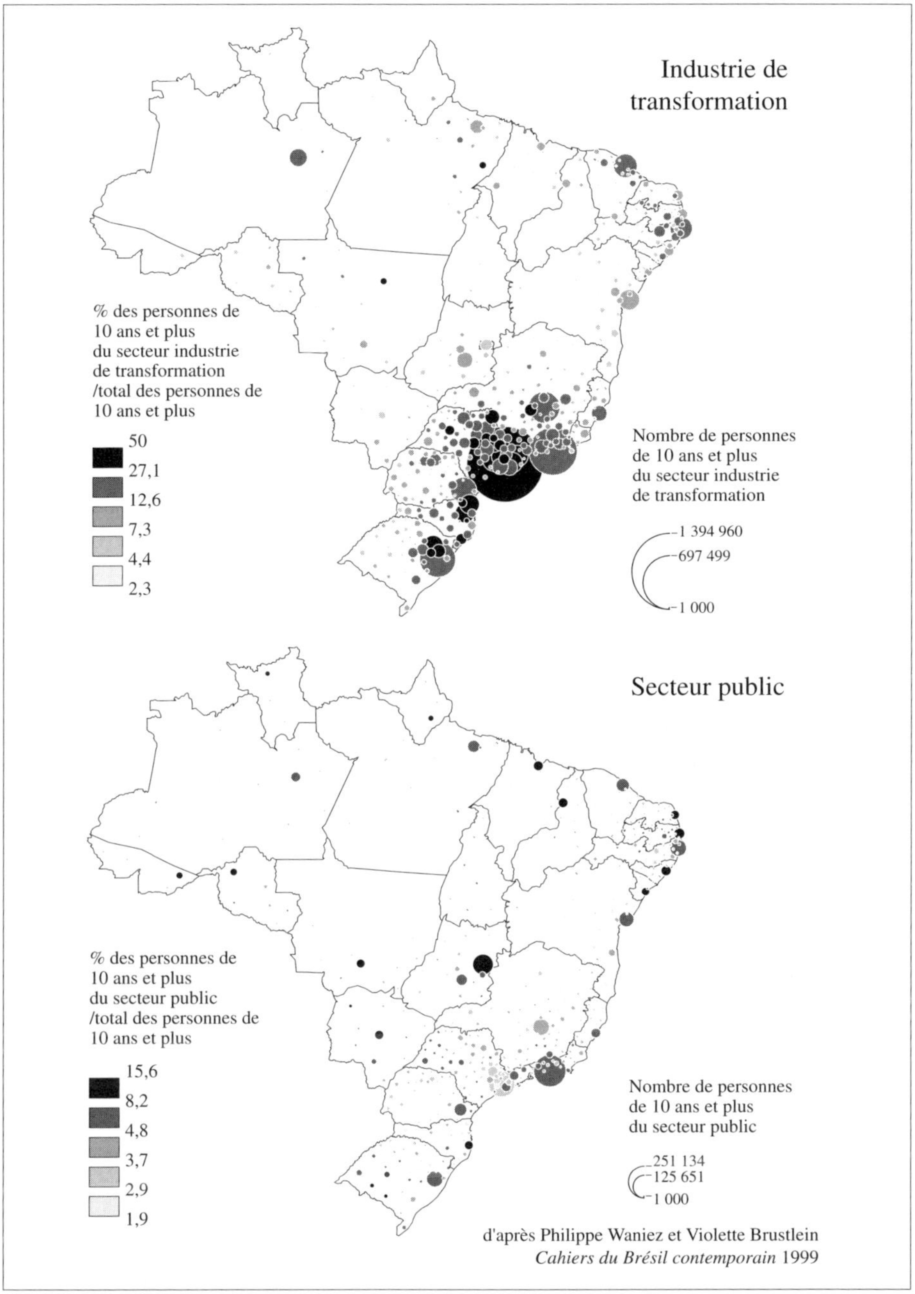

Figure 79 Grands secteurs d'emploi
b. Industrie de transformation et secteur public

7,5 %. Il semble donc que l'on ait réussi à enrayer une dépréciation de la monnaie très prononcée depuis au moins cinquante ans (tableau 46). Mais cette stabilisation a eu son prix : une considérable distorsion des prix relatifs, une stagnation des salaires qui n'ont pas suivi l'inflation résiduelle, ce qui se traduit par une réduction du taux d'épargne (de 19,7 % du PIB en 1994 à 17,3 % en 1996), des taux d'intérêt élevés, un ratio préoccupant entre le déficit courant et les recettes en devises. Les effets sur le secteur financier, qui, lui, vivait bien en régime d'inflation, ont été redoutables, le seul secteur bancaire a supprimé 600 000 emplois, à la fois parce que la population a cessé de retirer de l'argent au jour le jour et parce que l'informatisation y a progressé à grands pas (photo 20).

En définitive, c'est le secteur tertiaire tout entier qui est à l'image du « modèle de développement » brésilien, il reflète ses choix et ses impasses. Certains sous-secteurs, les deux analysés ici, mais aussi les transports (chap. 8), l'organisation du secteur public (l'enseignement par exemple) sont de ceux qui ont le plus efficacement modelé l'économie et la société que nous avons sous les yeux. La concentration géographique des activités motrices et les choix d'investissements y sont plus nets encore que dans les deux autres secteurs. La figure 77 montre ainsi la prédominance des grandes villes du Sudeste dans les dépôts bancaires, bien plus grande que celle des agences bancaires, un bon indice du pouvoir de commandement et de la puissance de ces centres, d'où émanent les ordres et les commandes.

Photo 20 Mutations de l'appareil bancaire
Après une période faste, celle où l'inflation était galopante, le système bancaire a connu de brutales compressions d'effectifs. Beaucoup d'emplois ont été supprimés par l'installation de machines automatiques grâce auxquelles les clients gèrent eux-mêmes leurs comptes (cliché H. Théry).

Car le secteur tertiaire, tout diffus et complexe qu'il soit, n'en est pas moins un des facteurs de structuration du territoire, comme le montrent les enquêtes sur les zones d'attraction urbaine (dossier p. 254).

Secteur en croissance rapide — trop rapide peut-être — le secteur tertiaire est donc tout aussi concentré que les deux autres, et nettement partagé entre l'influence du capital étranger et de l'État, les deux principaux acteurs du système brésilien. C'est donc dans ces domaines surtout, et en particulier dans celui de la maîtrise de l'information et de l'organisation, que le Brésil joue son avenir de puissance indépendante.

BIBLIOGRAPHIE

HUGON (P.) (sous la dir. de), « Secteur informel et petite production marchande dans les villes du Tiers Monde », *Tiers Monde,* n° 82, 1980.

SERRA (C.), *Les médias Brésiliens,* Mémoires du Ceila, Paris, 1983.

ZANTMAN (A.), « Notes sur l'histoire récente du système monétaire brésilien : du financement de la croissance... au financement de la crise », Équipe Brésil, Document de travail, n° 5, IHEAL, 1984.

Dossier

L'aire d'attraction des villes

L'IBGE a réalisé en 1993 une enquête sur les aires d'influence des villes, l'enquête Regic. Fondées sur des batteries d'indicateurs (commandement administratif, aire d'attraction des services éducatifs et de santé, aire de chalandise, etc.), les enquêtes ont permis de classer les villes en huit niveaux et de déterminer pour chacune d'entre elles vers quelle métropole de rang plus élevé se tournent ses habitants quand ils ne trouvent pas sur place ce qu'ils cherchent.

La figure 81, produite à partir de ces données, rassemble toutes les villes du niveau 1 (« centralité maximale ») et quelques-unes de celles qui ont été classées au niveau 2 (« centralité très forte »). Elle fait ressortir la taille de l'aire d'attraction de São Paulo, qui englobe désormais une grande partie du Centre-Ouest. Rio garde de son passé lointain de capitale fédérale quelques positions dans les anciens territoires fédéraux d'Amazonie mais son aire propre est désormais bien réduite. Goiânia rayonne sur une aire bien plus importante que celle de Brasília, décidément plus capitale fédérale que métropole régionale.

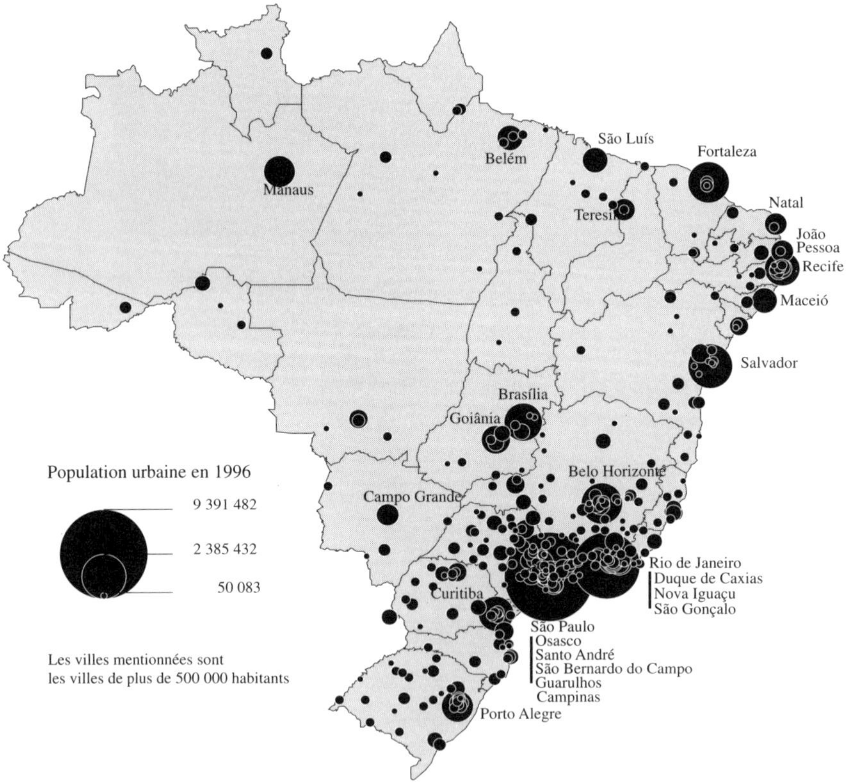

Figure 80 Les réseaux urbains

À plus grande échelle et en descendant la hiérarchie des aires d'attraction, on verrait apparaître, dans les blancs de la figure, d'autres centres qui offrent des services moins rares et rayonnent moins loin. Ils sont nombreux et proches les uns des autres dans le Sud et le Sudeste, notamment dans l'intérieur de São Paulo, moins nombreux et plus espacés, voire absents, dans le Nordeste et en Amazonie.

Au total l'enquête et la carte confirment la dissymétrie entre les grandes métropoles du Sud-Sudeste, efficacement relayées par des réseaux de villes moyennes, et les villes du Nord-Nordeste, qui ne se hissent que rarement au niveau maximal d'attraction et manquent le plus souvent de relais de rang inférieur.

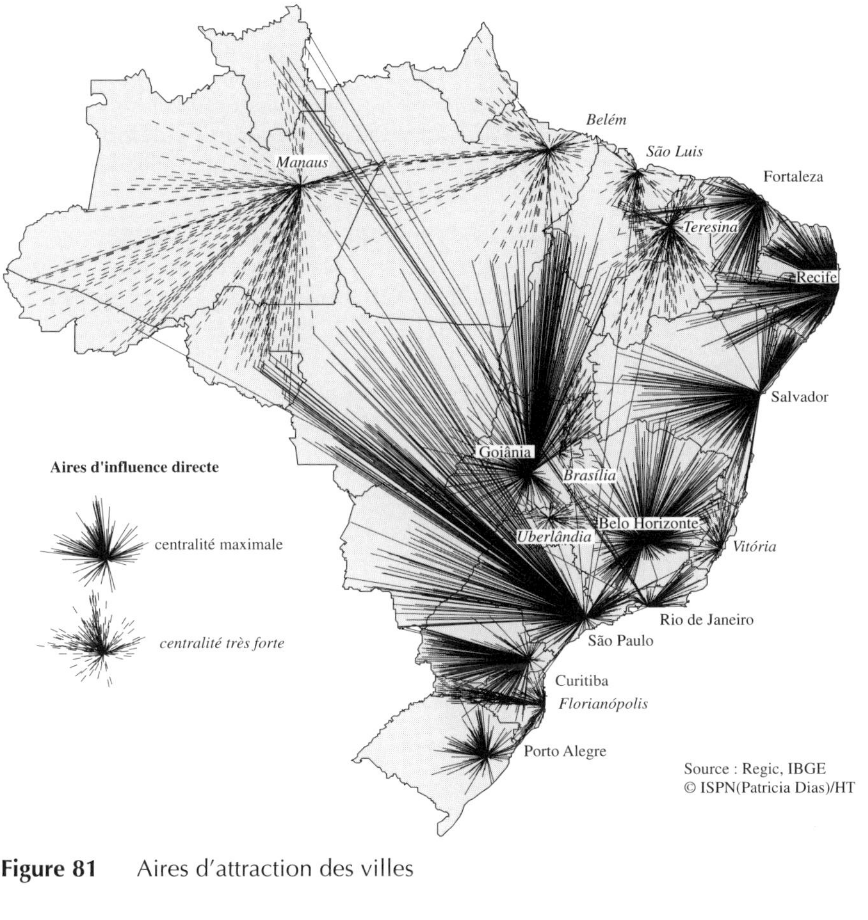

Figure 81 Aires d'attraction des villes

Chapitre 12

Le Brésil et le monde

LE BRÉSIL est-il une des grandes puissances de demain, comme l'ont souvent affirmé ses dirigeants militaires de 1964 à 1985, ou est-ce un pays dominé, une marionnette aux ordres des pays développés, comme le répétaient les détracteurs du régime ?

À cette question simple on ne peut donner qu'une réponse ambiguë : sur les plans diplomatique, militaire et politique, le Brésil adopte de plus en plus souvent les comportements d'une grande puissance — au point que l'on a parfois parlé d'un « impérialisme brésilien » — alors que sur le plan économique et financier il reste nettement dépendant. La structure de ses échanges se modifie, s'écarte du modèle classique des pays dominés, mais d'autres types de contrôle subsistent, plus subtils et tout aussi puissants, dont le moindre n'est pas celui que permet l'énorme endettement extérieur.

1 UN IMPÉRIALISME BRÉSILIEN ?

Depuis que le Brésil existe, ses pionniers ont porté leur volonté de conquête au-delà de ses frontières reconnues, et ses diplomates ont fait reconnaître le fait acquis : le mouvement se poursuit, avec d'autres moyens et sur une autre échelle, et le poids économique acquis par le pays depuis trente ans offre de nouveaux moyens de pression.

La constitution de l'énorme territoire actuel du Brésil a été rendue possible par l'action des *Bandeirantes* (chap. 2), mais aussi par l'activité des diplomates portugais, puis brésiliens : les traités de Madrid (1750) et de San Ildefonso (1777) avaient sanctionné les conquêtes du 18e siècle; au début du 20e siècle une série d'accords, signés avec tous les voisins du Brésil dans le bassin Amazonien, établissaient des frontières très avantageuses pour lui. Animée par le baron de Rio Branco, la diplomatie brésilienne réussit à faire adopter le principe de l'*uti possidetis,* ce qui revenait à reconnaître en droit l'occupation de fait réalisée par les Brésiliens. C'est ainsi que les 190 000 km^2 de l'Acre furent détachés de la Bolivie et annexés au Brésil en 1903, par le traité de Petropolis, en échange de quelques compensations.

Dans la période récente, on n'a plus assisté à des modifications de frontières aussi considérables, bien que la poussée pionnière brésilienne n'ait pas cessé. Simplement le Brésil vise plus haut, et entreprend de se poser en chef de file du continent, et de satelliser ses voisins les plus faibles.

On peut interpréter ainsi l'offensive diplomatique brésilienne en Amazonie, qui a abouti à la signature du « Pacte Amazonien ». Assistant à la poussée brésilienne (ouverture de routes, colonisation agricole, mise en valeur minière) les pays hispanophones voisins avaient donné des signes d'inquiétude, dont le plus net avait été leur refus de prolonger au-delà de leur frontière les nouvelles routes brésiliennes. À partir de 1973 l'Itamarati (le ministère brésilien des Relations extérieures) entreprit de les calmer en les associant au projet d'une action commune. Il présenta au Pérou, au Venezuela, à la Bolivie, à l'Équateur et à la Colombie le projet d'un organisme multinational commun chargé d'une intégration frontalière fondée sur le développement économique et social de noyaux de peuplement installés au long des frontières jusque-là désertes. Le changement de régime au Pérou, conduisant au pouvoir des militaires idéologiquement proches de leurs homologues brésiliens, facilita le rapprochement, et après des réticences diverses la première réunion du Pacte eut lieu en décembre 1977. On n'est pas allé beaucoup plus loin, notamment parce que le Pérou et la Bolivie rejettent l'idée d'« intégration physique » des régions frontalières contenue dans le texte, mais le but visé était atteint : bien que rien n'ait été réalisé, l'initiative du Brésil avait été acceptée et un texte liait, autour de lui, presque tous les pays du continent, isolant ainsi l'Argentine, le rival traditionnel.

Or, dans le même temps, le Brésil marquait aussi des points dans des régions plus sensibles pour ce pays, attirant dans son orbite la Bolivie et le Paraguay, jusque-là féaux de l'Argentine.

Dans ces deux pays, la pression brésilienne a pris plusieurs formes. Les colons brésiliens ont franchi la frontière, acheté ou occupé des terres en Bolivie et au Paraguay, créant une zone que l'orientation des flux commerciaux, la langue et la monnaie employées rattachent sans ambiguïté au Brésil. Le phénomène est particulièrement marqué au Paraguay, où la région orientale est pratiquement devenue une annexe du Brésil.

D'autre part de vastes opérations sont prévues, qui lieront les économies des deux pays à celle du Brésil. Avec la Bolivie il s'agit de la mise en valeur des gisements de fer de El Mutum, à la frontière du Mato Grosso : selon un accord de 1974, le Brésil s'engageait à aider la Bolivie à monter sa première usine sidérurgique (en la finançant et en achetant une partie de la production), en échange de la fourniture de gaz naturel et de pétrole boliviens. Avec le Paraguay, les projets ont été réalisés avec la construction commune du barrage d'Itaipú, sur le Paraná : une société binationale en a assuré la construction commune, mais la part paraguayenne a été financée par un crédit brésilien, remboursable par la fourniture au Brésil d'une énergie électrique que le Paraguay ne pouvait de toute façon utiliser. Financé, construit, utilisé par le Brésil, ce barrage est en fait une victoire de l'influence brésilienne, car il a été construit sans que soit fait droit aux protestations de l'Argentine, qui déclarait qu'on l'empêchait ainsi de construire ses propres barrages en aval, et qui ne se résout pas à perdre pied au Paraguay.

Car l'influence brésilienne dans ces deux pays s'accentue tous les jours. En Bolivie, moins bien placée pour jouer sur la rivalité entre les deux grands pays, l'objectif brésilien est la riche région de Santa Cruz, dont le développement depuis vingt ans a été rapide, avec la découverte du pétrole, du gaz, l'essor de la production de sucre, de riz et de coton. Appuyant les aspirations séparatistes de la province, les Brésiliens lui ont offert des débouchés et des moyens de transport qui évitent le franchissement des Andes (route, chemin de fer, zone franche à Santos), détachant de plus en plus cette zone stratégique de son cadre national.

Au Paraguay la construction du « pont de l'Amitié », de la route Asuncion-Paranaguá, l'offre de facilités fiscales et douanières ont le même sens, et risquent de reporter l'ensemble du commerce paraguayen du fleuve — et donc de l'Argentine — vers la route et le Brésil.

L'influence brésilienne s'accroît donc nettement, tant sur le plan diplomatique que sur celui des relations économiques. On peut avancer plusieurs raisons. D'une part le Brésil a besoin de matières premières et de marchés : intéressé par le pétrole vénézuélien, équatorien et péruvien, le charbon colombien, le cuivre chilien, il les paie avec ses ventes de véhicules, d'électroménager, de produits agro-industriels que l'on trouve maintenant sur tout le continent. D'autre part cette expansion, dont l'économie donne les moyens, correspond aux doctrines géopolitiques professées par les militaires brésiliens, notamment le général Golbery do Couto et Silva, longtemps l'éminence grise du régime militaire. Ses écrits des années 1950 soulignaient déjà l'importance stratégique de la région de Santa Cruz et du bassin de la Plata, et dans sa pensée le « destin manifeste » du Brésil était de contrôler tout le continent en échange d'un appui inconditionnel à la politique extérieure des États-Unis et de l'ouverture de l'économie à leurs capitaux : de ce point de vue le programme tracé se réalise.

La création du Mercosul, qui l'associe à l'Argentine, à l'Uruguay et au Paraguay, a en effet été pour le Brésil l'occasion de développer les échanges avec ces pays, mais aussi d'étendre son influence sur ces petits pays, traditionnellement plus liés à son rival. Les produits industriels brésiliens y ont trouvé des débouchés, un projet de renforcer la navigation sur le Paraná-Paraguay, de Corumbá au Rio de la Plata a vu le jour, des ponts et des connexions routières sont prévus. Si les difficultés récentes liées à la dévaluation du real ne mettent pas en péril la fragile construction politique qu'est le Mercosul, il est très probable que ce nouvel espace économique sera largement dominé par le Brésil.

Il existait en outre des projets plus ambitieux, et ceux-là semblent moins bien engagés : le Brésil se voyait devenir une des puissances dirigeantes de l'Atlantique Sud, avec des vues sur les anciennes colonies portugaises d'une part, l'Antarctique d'autre part. Il est difficile de juger aujourd'hui de l'avenir de ces ambitions, mais il est certain que la politique africaine du Brésil est active, et aura des suites. Par ailleurs le Brésil commence à disposer de produits capables de rivaliser avec ceux des pays développés, souvent plus frustes, mais ingénieux et robustes : les entreprises brésiliennes remportent des marchés pour la construction de routes, d'universités, de ports. Durant les dernières années du régime militaire le Brésil avait beaucoup vendu et était devenu un important marchand d'armes, depuis le « kit de modernisation » qui permettait de monter un moteur diesel sur le char américain M-41 jusqu'aux blindés totalement brésiliens

Carcara et *Cascavel* (très appréciés, paraît-il, au Moyen-Orient et au Tchad) et aux pièces détachées et manuels techniques pour les chars soviétiques (le Brésil assurant l'après-vente que les clients ne veulent plus ou ne peuvent plus demander au constructeur). Grâce à ces ventes, qui en faisaient le premier vendeur de blindés au monde, le Brésil s'était hissé en 1985 au 5e rang des exportateurs d'armes.

Depuis lors la situation a changé avec la fin du régime militaire au Brésil et surtout de la guerre froide qui a déprimé le marché des armes. La principale firme de production de blindés, l'Engesa, a fait faillite et le Brésil a renoncé à ses ambitions sur ce marché, ce qui est probablement une bonne chose.

Ayant déjà accédé au rang de « puissance régionale » du continent, il se peut que le Brésil ait d'autres ambitions politiques et commerciales. On a pourtant mis en doute la réalité de cette puissance nouvelle, affirmant qu'elle n'était politiquement que celle d'un valet ou d'un gendarme délégué, et économiquement que celle d'un relais. Sur le premier point la discussion reste ouverte, puisque même les militaires ont toujours proclamé leur allégeance aux États-Unis, mais parfois marqué une certaine autonomie, en refusant par exemple l'aide militaire quand Jimmy Carter voulait la lier à un meilleur respect des droits de l'homme ; sur le second on peut examiner la situation de plus près.

2 UNE ÉCONOMIE EXTRAVERTIE

2.1 Le commerce extérieur

On peut se faire une idée des échanges du Brésil avec le reste du monde en examinant la liste de ses principaux partenaires, dans divers domaines (tableau 41) : si l'attraction touristique de Rio et de Bahia attire les voisins argentins et uruguayens, on constate également une forte présence européenne et nord-américaine. Les échanges téléphoniques font une place plus grande à l'hémisphère Nord, ce qui est un indice de la direction préférentielle des flux commerciaux et financiers. On en a confirmation avec la figure 82 et avec la liste des clients, d'où l'Amérique latine disparaît presque complètement, et celle des fournisseurs, où ne figurent plus guère que pays industrialisés et pays pétroliers (le Brésil importe un peu moins de 40 % de son pétrole du Moyen-Orient, 24 % d'Afrique et 37 % d'Amérique latine). Il semble donc, à lire ces chiffres, que la direction des échanges amène à classer encore le Brésil parmi les pays dépendants qui commercent plus avec les pays développés qu'avec leurs voisins. On pourrait en dire autant de l'organisation du réseau de la Varig et de la Vasp (fig. 83) qui privilégie nettement l'Europe, les États-Unis et le Japon.

On doit cependant réviser cette idée quand on étudie la nature des échanges (tableau 42). On constate alors que le Brésil est totalement sorti du schéma classique (exportation de produits primaires, importation de produits industrialisés) : les exportations industrielles représentent 60 % du total, et même 79 % si l'on y ajoute les produits des industries agro-alimentaires. Quant aux importations, elles sont constituées principalement par le pétrole, et non plus par les machines et articles manufacturés.

Tableau 41 Les principaux partenaires du Brésil

Pays	Touristes 1996 (milliers)	%	Pays	Téléphone 1996 1000 minutes taxées	%	Pays	Exportations 1996 millions $ Fob	%	Pays	Importations 1996 millions $ Fob	%
	2 666	100		68 691	100		47 747	100		53 296	100
Argentine	857	32	États-unis	30 578	45	États-Unis	9 183	19	États-Unis	11 700	22
États-Unis	350	13	Argentine	7 093	10	Argentine	5 170	11	Argentine	6 782	13
Uruguay	204	8	Italie	4 014	6	Pays-Bas	3 549	7	Allemagne	4 777	9
Allemagne	148	6	Portugal	2 880	4	Japon	3 047	6	Italie	2 915	5
Italie	115	4	Allemagne	4 505	7	Allemagne	2 083	4	Japon	2 757	5
Paraguay	110	4	Royaume-Uni	3 370	5	Italie	1 531	3	France	1 341	3
Chili	90	3	France	2 919	4	Belgique	1 397	3	Canada	1 258	2
France	79	3	Uruguay	2 566	4	Paraguay	1 325	3	Royaume-Uni	1 247	2
Espagne	70	3	Japon	2 146	3	Royaume-Uni	1 324	3	Arabie Saoudite	1 196	2
Portugal	67	2	Paraguay	2 334	3	Chine	1 114	2	Corée du Sud	1 158	2
Royaume-Uni	60	2	Espagne	2 029	3	Chili	1 055	2	Chine	1 129	2
Suisse	49	2	Chili	1 635	2	Espagne	937	2	Venezuela	969	2
Japon	44	2	Suisse	1 469	2	France	911	2	Mexique	947	2
Venezuela	38	1	Mexique	1 153	2	Corée du Sud	838	2	Uruguay	932	2
Bolivie	36	1				Uruguay	811	2	Chili	918	2
Total des 15 premiers	2 317	87		68 691	100		34 273	72		40 028	75

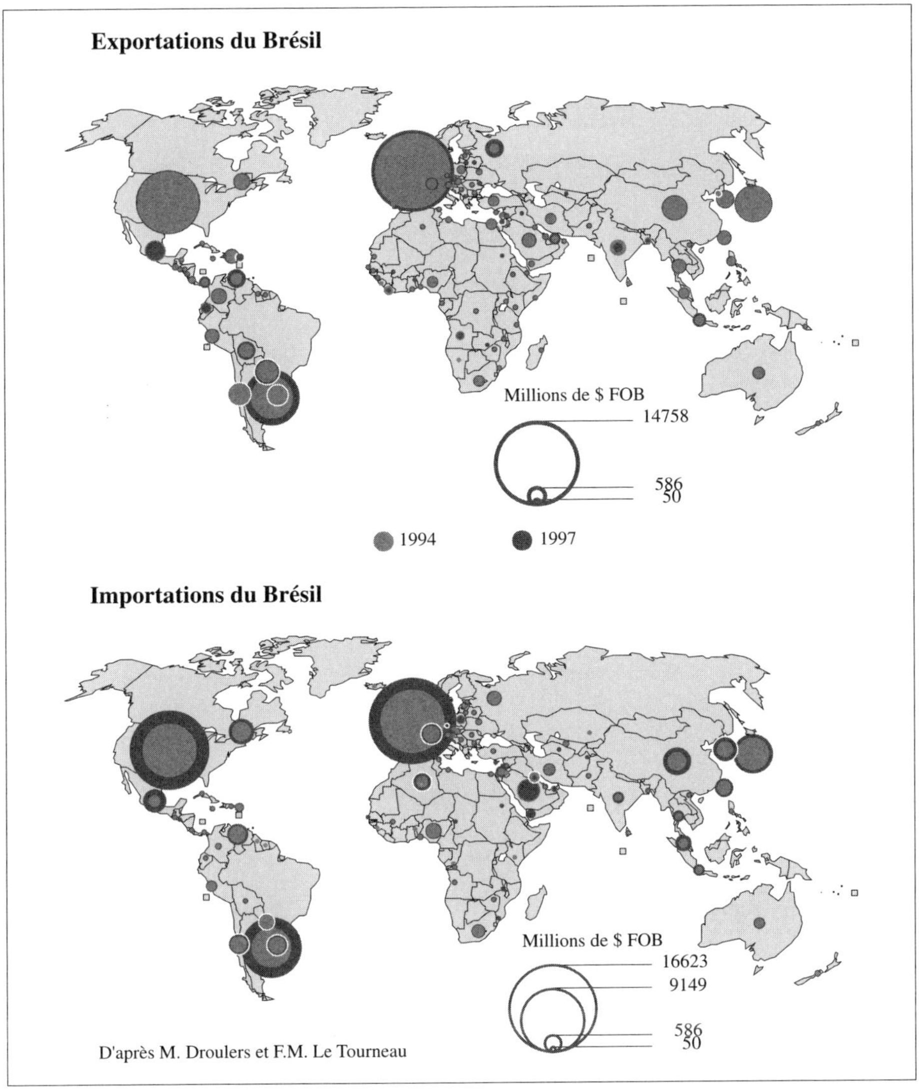

Figure 82 Le commerce extérieur

Il faut ajouter, de surcroît, que le commerce international n'est plus un très bon moyen de juger de la dépendance du Brésil. D'une part les exportations ne représentaient en 1998 que 6,8 % du PNB, ce qui revient à dire que l'économie brésilienne est plus fermée que naguère, et que l'on donne désormais la priorité au marché intérieur. D'autre part, peut-on être totalement convaincu de l'accession du Brésil au rang d'exportateur de produits industriels quand on sait que plus de 40 % des exportations de produits manufacturés sont le fait de firmes étrangères implantées au Brésil : quand Volkswagen do Brasil expédie dans le monde entier, et en particulier en Allemagne, ses voitures fabriquées à São Paulo, qui exporte ? La question de la dépendance est donc reportée à l'intérieur du pays.

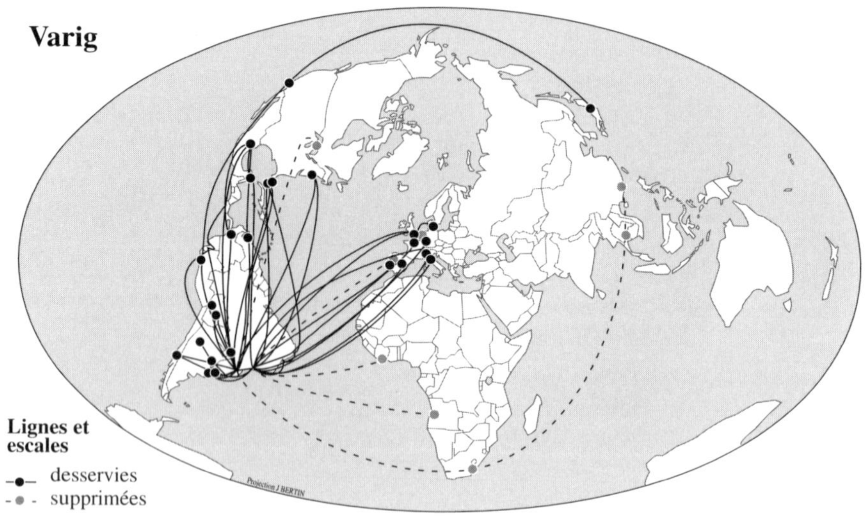

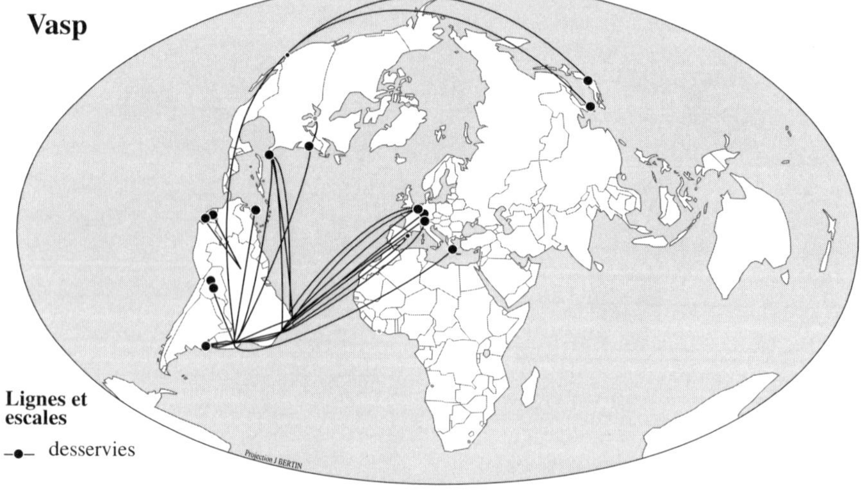

Figure 83 Les réseaux internationaux de la Varig et de la Vasp

2.2 La domination industrielle

C'est au cœur de sa nouvelle puissance, l'industrie, que l'on doit chercher la marque de la domination (ou de l'indépendance) du Brésil. La revue *Melhores e maiores*, recense tous les ans les 500 plus grandes entreprises du Brésil. Sur les 20 premières, la moitié sont étrangères et réalisent 44 % des ventes, et la proportion est plus élevée encore dans les secteurs modernes : plus de 94 % dans la construction et les équipements automobiles, 77 % dans l'industrie pharmaceutique,

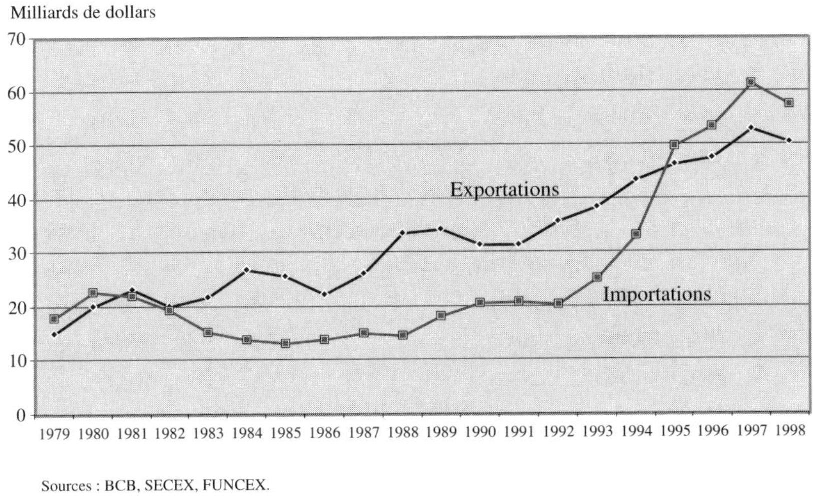

Figure 84 Évolution de la balance commerciale

Tableau 42 La balance commerciale (en millions de dollars US)

Produits	**Exportations 1996**	%	**Importations 1996**	%
Total	47 747	*100*	53 296	*100*
Produits agricoles et agro-alimentaires	14 519	*30*	6 128	*11*
dont				
produits bruts	5 664	*12*	4 822	*9*
produits des industries agro-alimentaires	8 855	*19*	1 306	*2*
Minerais et combustibles	3 502	*7*	7 476	*14*
dont				
pétrole	421	*1*	6 908	*13*
Produits industrialisés	28 626	*60*	39 077	*73*
dont				
métaux	6 532	*14*	2 308	*4*
machines et appareils électriques	5 764	*12*	15 713	*29*
textile, chaussures	2 946	*6*	2 567	*5*
chimie, plastiques	4 188	*9*	9 636	*18*
matériels de transport	3 721	*8*	4 517	*8*
cuir, bois, papier	3 809	*8*	1 689	*3*
intruments et appareils de précision	222	*0*	2 133	*4*
Transactions spéciales	637	*1*	87	*0*

68 % dans l'informatique. Cette domination ne se limite toutefois pas à ces seuls secteurs, puisque la présence étrangère est également forte dans les tabacs (contrôlés à 100 %, dont 80 % pour la seule Souza Cruz, filiale du groupe britannique British American Tobacco), et les textiles (avec la Rhodia Française, la Santista Argentine, et divers groupes japonais).

Pourtant, à première vue, le volume des investissements étrangers est limité, au final moins de 3,5 % du capital total du pays. Mais à partir de cette base limitée, les capitaux étrangers contrôlent une part importante de l'économie brésilienne : ils y ont été encouragés, et ont tiré le meilleur parti possible de la situation.

En réalité, en dehors de brèves périodes où un certain nationalisme l'emportait (après le retour au pouvoir de Getulio Vargas, de 1951 à 1954, ou sous le gouvernement Goulart, de 1961 à 1963), les gouvernements brésiliens ont tout fait pour attirer les capitaux étrangers, allant au devant de leurs désirs. P. Schlieman cite ainsi le cas de la Mannesmann, qui désirait profiter des gisements de fer brésiliens pour implanter une usine sidérurgique. On lui permit, pour constituer les 51 % du capital qui lui donnaient le contrôle de l'opération (des capitaux brésiliens constituant le reste), de compter sa compétence technique et commerciale pour 18,75 % et d'emprunter le reste au Banco do Brasil.

D'autres mesures favorables au capital étranger ont été prises, en matière de rapatriement des bénéfices et de réinvestissements par exemple; des taxes à l'importation des biens de consommation ont été instituées, si bien qu'il devenait très intéressant de s'installer au Brésil, pour y profiter d'un large marché intérieur protégé et en pleine croissance : une bonne part de l'industrialisation récente du Brésil a reposé sur cette conjonction de facteurs.

Qui a donc investi, et où? La ruée des industriels a eu pour conséquence de diversifier quelque peu la composition des investissements : les parts nord-américaine et britannique ont diminué au profit de celle des Allemands et des Japonais. Cela tient à ce que les nouvelles entrées de capital se font dans le secteur industriel le plus moderne et le plus concentré, tandis que les pays anglophones, plus anciennement installés, étaient également présents dans l'alimentaire ou les services (transport, électricité), et ont négligé certaines occasions. Alors que les Britanniques avaient une position dominante au Brésil depuis le 18e siècle, et qu'ils détenaient encore, en 1930, 35 % de leur capital industriel investi en Amérique du Sud, ils n'y ont plus aujourd'hui que 4 % du total, et sont distancés au Brésil par des concurrents actifs. Les Japonais en revanche, arrivés tard (moins de 10 % de leurs investissements datent d'avant 1970) ont beaucoup progressé, en particulier dans les textiles (coton et synthétiques) et l'agro-alimentaire.

Plus récemment encore les privatisations ont vu arriver (ou plutôt revenir) de nouveaux investisseurs européens, espagnols et portugais, qui ont par exemple emporté des marchés lucratifs (São Paulo et Rio de Janeiro) lors de la mise aux enchères du système téléphonique. Des esprits chagrins y ont vu « une nouvelle Reconquista », mais on peut aussi penser que le Brésil est pour ces pays en pleine croissance le marché idéal, le débouché rêvé pour une expansion qu'ils ne peuvent envisager de mener en Europe, où la concurrence est trop rude. Le mouvement a été suffisamment fort pour que l'Espagne ait été en 1998 le deuxième investisseur au Brésil, juste derrière les Etats-Unis.

Quelles sont les conséquences de cet afflux? Une des premières est la mise en faillite ou le rachat d'entreprises brésiliennes dans les secteurs les plus modernes. Les entreprises étrangères peuvent ainsi accroître leur position dominante, diminuer la concurrence, faire l'économie de nouvelles implantations. La seconde, suite logique de la première, est une dénationalisation croissante de l'industrie brésilienne, dans ses secteurs les plus dynamiques, avec ce que cela suppose de perte d'autonomie nationale, un sujet de préoccupation pour un pays qui aspire au rang de puissance internationale.

Une dernière conséquence enfin est le prix financier, que paie l'économie brésilienne dans son ensemble, de cette domination étrangère sans contrôle. P.U. Schliemann a montré que les principaux investisseurs étrangers ont tiré du Brésil bien plus qu'ils n'y avaient apporté : en moyenne ils ont exporté 2,5 dollars pour chaque dollar qu'ils y ont investi, et en comptant ce qu'ils y ont réinvesti ils ont multiplié leur mise par 4,9, certains faisant même bien mieux (11 pour la Rhodia, 62 pour Exxon, 81 pour Johnson et Johnson).

Si l'on ajoute à cela divers procédés, comme le paiement d'intérêts à des filiales du même groupe, la manipulation du prix des échanges avec la maison mère (sous-facturation des ventes et sur-facturation des achats), les transferts pour brevets et royalties, il est probable que l'entrée en force du capital étranger a coûté plus au Brésil qu'elle ne lui a rapporté. Une de ses conséquences a notamment été un accroissement de la dette extérieure, dont le Brésil subit aujourd'hui le poids.

Tableau 43 Les entreprises étrangères

Entreprises leader Répartition	Nombre d'entreprises (%)	Personnel (%)	Salaires (%)	Recettes (%)
Nationales	82	71	58	60
Étrangères	17	23	30	28
Publiques	1	5	11	12

Source : IBGE, Activité du secteur industriel, 1994, millions de R$.
Note : Les « entreprises leader » ont été choisies par l'IBGE à partir du recensement industriel de 1985.

2.3 Le poids de la dette

Le Brésil, qui aime accumuler les records, en a battu un dont il se serait bien passé : il est devenu un des pays les plus endettés au monde et le total de sa dette dépasse actuellement 260 milliards de dollars. Il lui a fallu, pour éviter la banqueroute, renégocier les échéances, emprunter pour payer les intérêts. Il a plusieurs fois suspendu le paiement des intérêts et du principal entre 1982 et 1994, et ses relations avec le Fonds monétaire international ont été tumultueuses. Plus grave, le service de la dette, qui absorbait déjà en 1982 près de 80 % du produit des exportations (qui ont presque quadruplé entre 1973 et 1982), en représente encore 70 %, après être tombé à 40,4 % en 1993.

Sous la pression de cette dette, ses dirigeants ont dû appliquer des programmes d'austérité, limiter la hausse des salaires en dessous du taux de l'inflation, lancer une série de plans de stabilisation (*plano Cruzado*, *plano Verão*, etc.). La plupart d'entre eux n'ont pas eu de résultats durables, malgré des mesures spectaculaires, comme le « gel » de tous les comptes bancaires lors de l'arrivée au pouvoir de Fernando Collor de Mello en 1990.

Comment en était-on arrivé là? L'endettement a en fait commencé avec le « miracle » et lui est lié, plus à cause du dérèglement des mécanismes financiers qui l'ont accompagné que parce qu'il l'a financé. En fait la meilleure utilisation

Tableau 44 Le poids de la dette

	Dette 1998 (milliards $)	Service de la dette/ exportations 1998 (en %)	Intérêts de la dette/ PNB 1998 (en %)
Brésil	262	71	2,1
Russie	176	29	5,5
Mexique	165	24	3,2
Chine	163	11	0,9
Corée	151	14	2,8
Indonésie	144	28	10,5
Argentine	140	54	2,7
Inde	108	27	1,6
Turquie	96	29	2,6
Thaïlande	91	25	5,7
Philippines	58	14	5,3
Pologne	58	8	1,7
Malaisie	37	9	3,6
Venezuela	32	32	2,5

Source : Emerging Perspectives, Oct. 1999.

de la capacité productive déjà installée et la demande de biens de consommation par les classes supérieures et moyennes avaient suffi à lancer la machine, et la captation de l'épargne extérieure n'a joué qu'un rôle mineur.

En réalité l'emprunt massif à l'extérieur, dans les années 1970 et 1980, était dû pour l'essentiel à la structure du système financier brésilien : les banques et les entreprises publiques ont eu recours aux capitaux étrangers parce qu'ils étaient moins chers et prêtables à plus long terme que les capitaux nationaux (drainés par l'État, qui offraient une épargne indexée, à l'abri de l'inflation). Après avoir longtemps nié la gravité de la situation, le gouvernement brésilien a dû chercher des parades.

Il s'est d'abord efforcé de développer de nouvelles exportations, en développant et diversifiant l'appareil industriel du pays, en privilégiant les produits les plus demandés sur le marché mondial. Cette politique obtint un certain succès puisqu'à partir de 1981 le Brésil réussissait à dégager un fort excédent commercial, près de 11 milliards de dollars en 1991. Ce retournement de situation résultait de l'entrée en production de quelques grands investissements passés, mais plus encore de la chute des importations, elle-même liée à la baisse des prix du pétrole, et au ralentissement de la croissance brésilienne. Le développement d'exportations nouvelles devait beaucoup à l'intervention de l'État dans les secteurs de base moins rentables, et a donc créé un nouvel endettement, intérieur (par le développement de nouvelles formes d'épargne obligatoire) et extérieur, causé à la fois par les emprunts des firmes privées, qui n'avaient plus accès au marché intérieur, et ceux des firmes publiques, encouragées à emprunter directement. Beaucoup de ces nouveaux emprunts n'ont eu que des effets différés, comme ceux qui étaient destinés au projet minier de la Serra de Carajás : jusqu'en 1985 la valeur des exportations a été très faible, et les colossaux investissements qui ont été consentis n'ont commencé à produire leurs effets que plusieurs années plus tard.

Malgré l'augmentation de ses exportations, le Brésil était dans une situation très difficile : il lui fallait à la fois tenter d'augmenter son excédent commercial, éviter que le service de la dette n'absorbe une trop grande part de sa capacité d'importation, et retrouver la confiance des investisseurs pour pouvoir emprunter.

Il fallait pourtant accepter ce pari, car c'était le seul espoir d'éviter la banqueroute, avec ses conséquences en chaîne sur le système financier international. Les créanciers du Brésil l'ont bien compris, ils se sont bien gardés de le prendre à la gorge et ont fait preuve de beaucoup de compréhension. La taille même de sa dette donnait d'ailleurs au débiteur un moyen de pression sur ses banquiers, et dans le jeu de chantage réciproque que jouaient le Brésil et ses créanciers on ne savait plus très bien qui tenait qui. Le Plan Brady de 1994 a permis de reconvertir les crédits bancaires en titre au porteur, souvent achetés par des fonds d'investissement, et depuis lors la question de la dette a perdu de son acuité. Elle est en tout cas moins souvent évoquée que naguère : d'autres préoccupations accaparent l'attention et beaucoup pensent que tant que le Brésil est solvable — et il l'est manifestement — des aménagements techniques pourront toujours être trouvés.

Les investisseurs et les banquiers avaient repris confiance avec la réussite du *Plano Real*, qui a de fait très fortement réduit l'inflation. Selon la BID, le taux moyen de croissance de l'indice des prix au consommateur avait été de 1 008 % en 1992, 2 148 % en 1993 et 2 688 % en 1994, année de l'entrée en vigueur du *Plano Real*, il est tombé en 1995 à 84 %, en 1996 à 18 %, en 1997 à 7,5 %. Mais cette stabilisation a son prix, une considérable distorsion des prix relatifs, ce qui se traduit par une réduction du taux d'épargne (de 19,7 % du PIB en 1994 à 17,3 % en 1996), des taux d'intérêt élevés, un ratio préoccupant entre le déficit courant et les recettes en devises. Or la situation politique rend difficiles les réformes des finances publiques qui permettraient de dégager des marges de manœuvre, parce que changer des dispositions de la Constitution extrêmement détaillée de 1988 est laborieux et suppose de coûteux accords politiques. La réélection du président — et le changement constitutionnel qu'elle supposait — a été la priorité jusqu'en octobre 1998 et depuis lors sa marge de manœuvre a été réduite par les concessions et les alliances qu'il a dû faire.

La crise asiatique de 1998 a sans doute été, paradoxalement, une bonne chose, car elle a fait apparaître les fragilités du pays et en donnant à tous un sentiment d'urgence nationale. Le Brésil était apparu alors comme un bon candidat pour la prochaine grande crise financière, malgré les dénégations du gouvernement brésilien et de son équipe économique. Une première attaque spéculative avait été repoussée grâce aux réserves de change, mais ces taux ne pouvaient évidemment être maintenus longtemps car ils étranglaient la consommation et la production, et conduisaient à un nouvel accroissement de la dette publique. Il a donc fallu se résoudre à dévaluer, à chaud, si bien que la monnaie a fléchi au-delà du nécessaire, perdant au cours de la crise de janvier 1999 près de 40 % de sa valeur au lieu des 25 à 30 % qui auraient été nécessaires. Les journaux étaient alors pleins de prévisions sinistres, d'annonces de catastrophes, mais dès le mois de juillet la situation était stabilisée et l'optimisme revenu, malgré les faiblesses persistantes de l'économie brésilienne.

Il y a là une série étonnante de retournements de situation, qui n'est probablement pas la dernière, le pays vivant tous les jours des contradictions qui pour tout autre pays seraient le début de la fin. Les Brésiliens ne sont pourtant pas désespérés, car le Brésil s'est fait une spécialité de trouver de nouvelles ressources aux pires moments, et peut-être — bien que certains en doutent — le miracle va-t-il encore se produire. Les Brésiliens en on vu d'autres, eux qui en cinquante ans ont au total enlevé 18 zéros à leur monnaie (tableau 45), qui vaut donc nominalement moins d'un milliardième de milliardième de sa valeur de 1942…

Tableau 45 La dépréciation de la monnaie

Période	Dénomination	Dépréciation cumulée
Jusqu'en 1942	Milreis	-
1942-1966	Cruzeiro	1/1 000
1966-1986	Cruzeiro Nôvo, puis Cruzeiro	1/1 000 000
1986-1989	Cruzado	1/1 000 000 000
1989-1993	Cruzado Nôvo, puis Cruzado	1/1 000 000 000 000
1993-1994	Cruzeiro Real	1/1 000 000 000 000 000
1er juillet 1994	Real	1/2,75 × 1 000 000 000 000 000 000

Source : CVM.

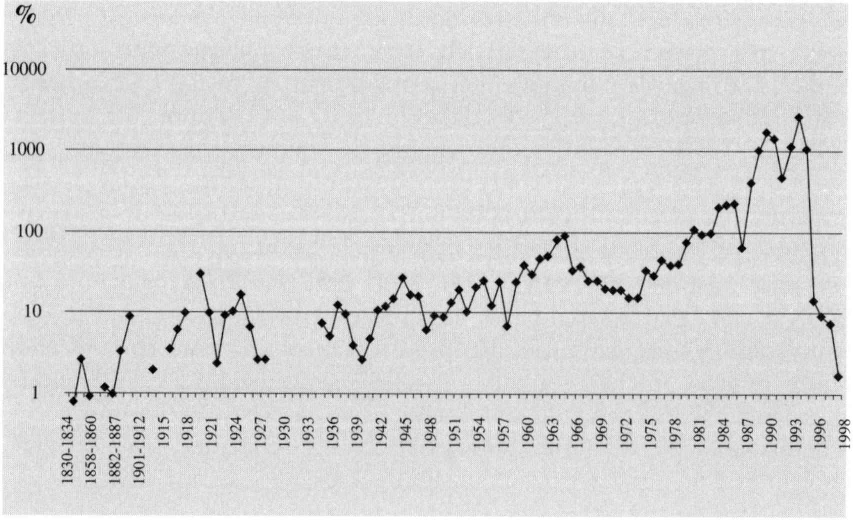

Échelle logarithmique : les années de déflation ne sont pas représentées.

Figure 85 Inflation

BIBLIOGRAPHIE

APESTÉGUY (C.), MARTINIÈRE (G.), THÉRY (H.), « Frontières en Amazonie : la politique du Brésil et l'intégration de l'Amérique du Sud », *Problèmes d'Amérique latine,* n° 53, p. 76-98, 1979.

FOUCHER (M.), *Brésil, l'impérialisme économique,* Universalia, 1975, p. 173-179.

FURTADO (C.), « La dette extérieure brésilienne », *Problèmes d'Amérique latine,* n° 66, p. 115-136, 1982.

SCHLIEMANN (P.U.), « Les investissements étrangers au Brésil », *Problèmes d'Amérique latine,* n° 55, p. 30-61, 1980.

PEIXOTO (A.C.), SORJ (B.), « Le Brésil dans le système international », *Problèmes d'Amérique latine,* n° 78, p. 79-96, 1985.

Conclusion

Dieu est-il Brésilien ?

DEUS É BRASILEIRO, « Dieu est brésilien ». Cette affirmation péremptoire fait partie des vérités admises au Brésil, et elle semble confirmée par la suite de « miracles » qui jalonnent l'histoire du pays.

Mais les Brésiliens qui ont le sens de l'humour, et donc une certaine lucidité, racontent aussi une autre histoire plus cruelle. Au premier jour de la création, Dieu dit : « Je vais créer un pays immense, où des fleuves colossaux couleront au milieu de forêts immenses, où l'on trouvera de l'or, du fer et des diamants, où l'on pourra cultiver la canne à sucre, le café et le soja, et on l'appellera Brésil. » Entendant cela, les anges et les archanges firent respectueusement observer qu'il n'était guère juste pour les autres Nations de tant privilégier celle-là. « Peut-être », dit Dieu, « mais attendez seulement de voir les gens que Je vais y mettre… »

Cette histoire, et d'autres du même genre que l'on raconte parfois au Brésil, reflètent le sentiment qu'ont certains Brésiliens (et leur opinion est partagée par bon nombre d'observateurs étrangers) d'appartenir à un pays trop grand et trop bien doté, qui a gâché ses meilleures chances par négligence, par insouciance ou en adoptant des modes de mise en valeur de ses richesses qui le menaient à des impasses.

La conjoncture de ces dernières années amène à ces réflexions moroses : après des années de croissance, le Brésil a connu un net ralentissement, et même le recul de sa production dans plusieurs domaines cruciaux. Le poids de sa dette extérieure l'écrase, l'oblige à une fuite en avant et le soumet au bon vouloir de ses créanciers et du FMI. Les coupes claires dans les budgets sociaux, que réclame ce dernier, atteignent gravement les classes populaires, tandis que les classes moyennes, par qui et pour qui a été réalisé le miracle des belles années 1964-1974, souffrent de la crise du secteur privé, perdant le pouvoir d'achat et de consommation qui était leur raison d'être, et se sentent sur le point de retomber au niveau du peuple, ce qui est pour elles l'abomination de la désolation.

De surcroît on ne peut tout expliquer par la crise économique ou financière. Dans bien des cas le « modèle » de développement meurt de ses propres choix et de ses contradictions : l'envolée des prix du pétrole n'aurait pas été aussi dramatique si une telle proportion des transports ne se faisait par la route ; le programme de production d'alcool combustible mis en place pour y remédier, et l'accent mis sur les cultures d'exportation, ont eu pour conséquence une crise de l'agriculture vivrière, qui a obligé à importer des aliments, et donc coûté des devises, qui ont alors manqué pour acheter du pétrole; comme il fallait absolument se procurer des devises pour payer les importations et essayer de se tenir à jour des intérêts de la dette extérieure, on a essayé de développer de nouvelles exportations, ce qui a supposé d'investir dans de nouvelles infrastructures et de nouveaux équipements, donc d'emprunter et d'alourdir la dette; et comme, pour réaliser ce projet, l'État absorbe la plus grande partie de l'épargne disponible, il ne reste pas assez de capitaux pour développer une industrie tournée vers le marché national, c'est-à-dire vers les 160 millions de Brésiliens et non plus vers les trente ou quarante millions de privilégiés que favorisait un système très inégalitaire.

Car les mécanismes qui ont permis une accumulation rapide — la concentration des revenus au profit d'une mince élite, l'inégale distribution des ressources disponibles, des activités et du pouvoir entre régions centrales et périphériques — sont aujourd'hui devenus des facteurs de blocage et de tensions : la saturation du centre, l'étroitesse des marchés solvables menacent le fonctionnement de l'économie, les inégalités régionales minent l'unité nationale, les disparités des revenus et des patrimoines peuvent mener à des explosions.

Pour le moment ces menaces ne se révèlent pas, masquées qu'elles sont par des mythes qui ont la vie dure : l'espoir d'une ascension sociale rapide, permise par la mobilité géographique vers les « frontières » agricoles ou l'eldorado industriel du Sudeste, a longtemps désamorcé les revendications en absorbant l'énergie des plus dynamiques et en faisant rêver les autres.

On pouvait s'enrichir en partant à São Paulo ou en Amazonie, en construisant Brasília, la Transamazonienne ou Itaipú, en trouvant de l'or, en devenant une vedette du *futebol* ou en gagnant à la Loterie sportive (le concours de pronostics sur les matchs de football). Le relatif échec de l'aventure amazonienne, de plus en plus réservée aux porteurs de capitaux, est un tournant important : même s'il reste au Brésil beaucoup d'espaces vacants, le pays commence à rencontrer ses limites, la « frontière » pionnière se rapproche de la frontière politique, le mythe d'un espace illimité et de ressources infinies commence à se dissiper.

On ne peut guère espérer d'un nouveau *boom* agricole : le dernier en date, celui du soja, s'est traduit par une expulsion massive de paysans, car on lui consacre des terres naguère plantées de caféiers, et quand il conquiert des terres nouvelles comme dans les *cerrados*, c'est dans le cadre d'un système très mécanisé et peu pourvoyeur d'emplois.

Le ralentissement de l'activité industrielle, l'arrêt de l'embauche, leur contrecoup sur les activités urbaines, la diminution des budgets sociaux, réduisent les possibilités d'absorption des villes au moment où l'exode rural les gonfle et les rend ingouvernables. Le chômage et le sous-emploi contribuent au développement d'une délinquance dont on ne peut que s'étonner qu'elle ne soit pas plus importante quand on observe l'étalage insolent du luxe à proximité immédiate de la misère. La peur des classes moyennes, tous les jours plus perceptible (les classes supérieures ont les moyens d'émigrer ou de se protéger), si elle n'est pas encore vraiment justifiée, le sera sans doute bientôt.

Les tensions s'accumulent donc et le fond d'optimisme qui caractérisait les Brésiliens semble parfois s'épuiser. Ce que l'on supportait hier parce qu'on avait le sentiment de faire partie d'un grand pays plein d'avenir, on le prend plus mal à mesure que le doute s'infiltre. Les grands travaux s'achèvent, la croissance se ralentit, et il devient difficile de faire croire — comme on y parvenait hier encore — au dernier *favelado* ou au dernier des paysans sans terres du Nordeste qu'il a sa part de l'épopée amazonienne, des grands barrages ou de la conquête des cerrados.

Sur le plan politique l'heure n'est plus aux grands enthousiasmes. L'euphorie du début de la « Nouvelle République » est retombée, l'échec des divers plans économiques a ramené aux politiques d'austérité et aux éternelles négociations avec les créanciers. Les interminables discussions pour l'élaboration de la Constitution (finalement votée le 5 octobre 1988) ont abouti à un document beaucoup trop long et détaillé, inapplicable et inamendable. En fait, les discussions les plus passionnées entre les Constituants ont porté sur la durée du mandat présidentiel (4 ou 5 ans), la nature du régime (présidentiel ou parlementaire), toutes questions qui ne mobilisent guère l'opinion, ne lui inspirent pas grand respect pour la classe politique et ne sont guère de nature à résoudre les vrais problèmes du pays.

Après l'épisode grotesque de la présidence Collor, élu grâce aux médias puis foulé aux pieds par eux quand il est apparu que le champion de la lutte contre les « maharadjahs » était encore plus corrompu que ses prédécesseurs, on pouvait pu penser que les Brésiliens auraient été tentés de ne plus attendre quoi que ce soit du changement politique, et même de l'État. Les Brésiliens le savent bien, et ils ont inventé un dicton qui résume leur scepticisme, et leur optimisme : « Le Brésil grandit la nuit, pendant que les politiciens dorment. »

L'élection triomphale de Fernando Henrique Cardoso a montré le contraire. Il est vrai que cet intellectuel (ancien professeur de sociologie à l'université de São Paulo, professeur inivité en France et aux États-Unis) avait des analyses qui tranchent sur la langue de bois habituelle. Dans une interview donnée à l'hebdomadaire *Veja*, le candidat avait fait des déclarations qui laissaient bien augurer de son action à venir : « Nous devons nous rendre compte que le Brésil n'est plus un pays sous-développé. Nous sommes une des dix plus grandes économies du monde. Les problèmes du Brésil sont internes. Nous sommes un pays injuste. Le talon d'Achille du Brésil est l'injustice sociale. » Cinq ans plus tard, après un mandat, une réélection et un an de nouveau mandat, le bilan est assez décevant. Les rigidités et les clivages de la société brésilienne demeurent, les inégalités persistent. Le Plan Real avait sensiblement amélioré la situation des plus pauvres, mais son effet s'est estompé et leur situation se dégrade à nouveau. La gestion de l'État s'est sûrement améliorée, sa place a été réduite et recentrée mais son rôle de régulation et de redistribution pourra-t-il être maintenu ?

Même si la puissance publique dispose encore de leviers efficaces, la dépendance vis-à-vis de l'extérieur (financière et technique, structurelle et psychologique) est telle que pour longtemps encore le destin du Brésil se décidera hors de ses frontières, et échappera largement aux dirigeants officiels du pays.

Faudra-t-il donc un nouveau miracle pour que la situation du Brésil s'améliore et qu'il devienne réellement une grande puissance ? Ce ne sera peut-être pas nécessaire, car il dispose d'atouts très importants, que la crise actuelle a fait un moment perdre de vue, mais qui n'en permettent pas moins d'envisager son avenir avec un certain optimisme.

Le Brésil est une des toutes premières puissances agricoles au monde, et déjà une des dix plus grandes puissances industrielles. Il dispose d'un espace immense, libre de toute malédiction majeure, de terres et de ressources disponibles, ce qui le distingue d'une foule de pays moins bien dotés. Il est occupé par une population jeune, dynamique, instruite, dont la croissance ne bute pas encore sur des frontières trop étroites ni ne constitue un problème insoluble, comme pour beaucoup de nations d'Asie, d'Afrique ou même d'Amérique latine. Malgré des clivages importants — mais non insurmontables ni irréversibles — sa société est unifiée par une langue et une culture communes à l'immense majorité de la population, ce qui contraste avec bien des situations africaines et asiatiques, même dans des pays beaucoup plus petits. Un appareil d'État ancien et puissant a pu assurer la continuité administrative et l'intégrité du territoire, avant de se doter d'outils de production considérables et des moyens, matériels et humains, de gérer le pays. Ses ingénieurs, ses universitaires valent bien souvent ceux d'Europe, et les meilleures universités françaises et brésiliennes ont décidé en 1994, en créant le réseau Santos Dumont, de reconnaître mutuellement leurs diplômes.

Enfin, bien qu'une certaine désillusion soit perceptible ici et là, il règne encore dans ce pays la conviction qu'un grand destin attend le Brésil, qu'il a encore son avenir devant lui, à la différence de l'Europe, et la mentalité pionnière survit et survivra à la prochaine fermeture des frontières : de ce point de vue, le Brésil c'est aussi l'Amérique (tableau 46).

Tableau 46 Le Brésil parmi les grands

	Superficie (km²)	Population 1998	PNB US$	Rang	Part mondiale %
Canada	9 970 610	30 600	570	9	1,9
États-Unis	9 363 520	270 200	7 434	1	25,4
Brésil	**8 511 965**	**162 100**	**710**	**8**	**2,4**
Russie	17 075 400	146 900	356	15	1,2
Chine	9 598 031	1 242 500	906	7	3,1
Inde	3 287 590	988 700	358	14	1,2
France	551 500	58 800	1 534	4	5,2

	PNB/tête US$	IDH	Rang IDH	Dette	Service de la dette/exportations %
Canada	18 624	0,96	1		
États-Unis	27 511	0,942	4		
Brésil	**4 378**	**0,809**	**62**	**179 047**	**41**
Russie	2 423	0,769	72	124 785	7
Chine	729	0,65	106	128 817	9
Inde	362	0,451	139	89 827	24
France	26 082	0,946	2		

Source : Images économiques du Monde, 1999.

Parmi les raisons d'espérer on comptera le dynamisme local et régional, fondé selon les régions sur des activités différentes : ici un front pionnier qui occupe de nouvelles terres, là un développement récent de l'agriculture irriguée, ailleurs la croissance de nouvelles industries. Au total tous les États de la Fédération ont un ou plusieurs de ces foyers de dynamisme (fig. 86).

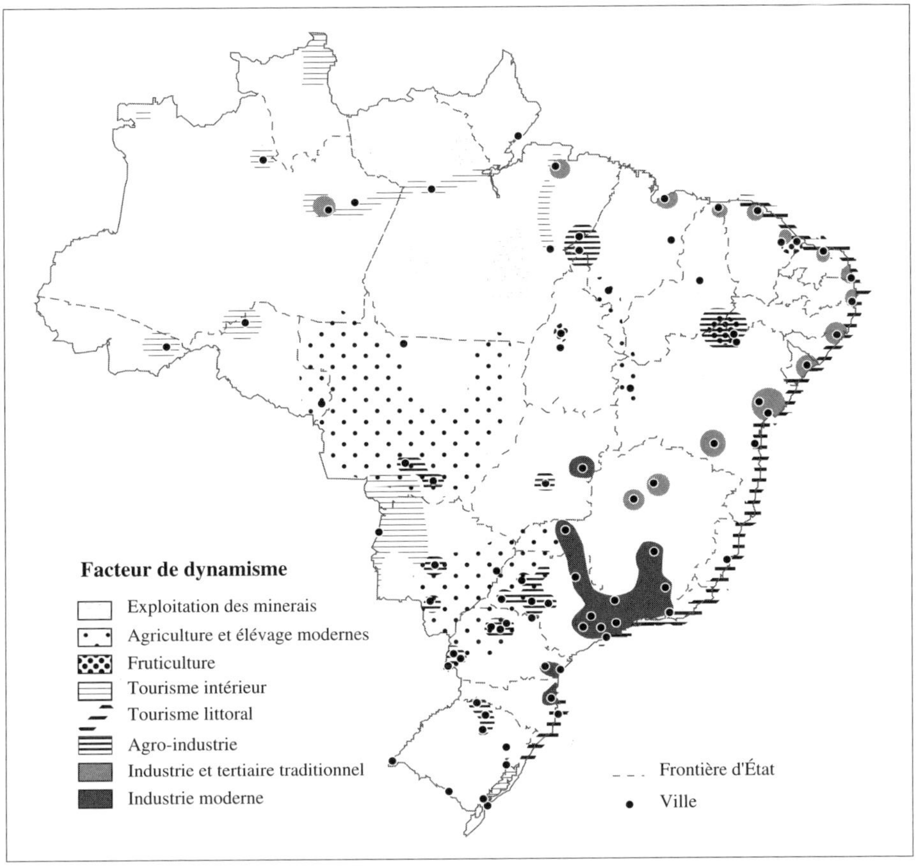

Figure 86 Les moteurs de la croissance

Tout cela est disponible, et peut demain être mobilisé au service d'un autre modèle de développement, que l'on ne peut encore deviner, et qui, s'il apparaît un jour, ne le fera pas sans bouleversements de grande ampleur. Après tout le Brésil a connu à ce jour trois siècles et quart de domination coloniale, un siècle et quart de domination néo-coloniale et à un peu moins de cinquante ans de croissance dépendante : il lui faudra certainement quelques années encore pour trouver la voie du développement, par l'illumination divine ou par la magie du *jeito*, la débrouillardise nationale.

Si les tensions, les injustices et les scandales d'aujourd'hui sont les voies impénétrables vers un avenir meilleur, le prix — terrible — à payer pour un futur développement plus juste et plus durable, si le Brésil tient — enfin — ses promesses, il ne serait trop difficile d'admettre qu'après tout il est bien possible que Dieu soit brésilien, un Dieu joyeux et cruel, un peu fou, un Dieu paradoxal et imprévisible, à l'image du Brésil.

Décembre 1999

Glossaire

Quelques mots brésiliens d'usage courant sont utilisés dans le texte : on en trouvera ci-dessous la liste et la traduction.

Açude. Barrage-réservoir, généralement construit en barrant d'une digue de terre le cours d'un ruisseau temporaire.

Bandeira(nte). Littéralement « bannière », expédition lancée vers l'intérieur en quête d'esclaves ou de métaux précieux. Les *bandeirantes* sont devenus le symbole de l'esprit pionnier brésilien.

Boia-fria. Littéralement « bouffe-froid », journaliers agricoles, ainsi nommés parce qu'ils n'ont pas la possibilité de faire chauffer leur gamelle.

Brejo. Oasis du sertão, plus humide que son environnement grâce à l'altitude ou à une ligne de sources.

Caatinga. Littéralement (en tupi) « forêt blanche », brousse sèche du sertão.

Caboclo. À l'origine, métis de Blanc et d'Indienne, puis synonyme de paysan pauvre.

Cafezinho. « petit café », un rite essentiel de la sociabilité brésilienne.

Carioca. Habitant de Rio de Janeiro.

Cerrados. Savane arborée, par extension la région du plateau central qu'elle recouvre.

Chapada. Plateau horizontal à bords escarpés.

Condominio fechado. Quartier privé, enclos de murs et protégé par des vigiles privés qui ne laissent entrer que les résidents et leurs invités.

Coronel. Titre officieux des grands propriétaires fonciers de l'intérieur. Récemment encore ces potentats locaux accaparaient en fait tous les pouvoirs locaux et faisaient régner l'ordre.

Engenho. Littéralement « engin », moulin à sucre et, par extension, plantation traditionnelle de canne à sucre, de plus en plus souvent supplantée par l'*usina* moderne.

Favela. Bidonville, du nom d'un lieu-dit de Rio de Janeiro (*morro da favela*) devenu nom générique.

Fazenda. Grande propriété, le plus souvent d'élevage extensif, mais aussi plantation de café. Équivalent de l'*hacienda* ou de l'*estancia* de l'Amérique hispanophone.

Flagelados. Littéralement « flagellés », les victimes de la sécheresse du sertão, appelés *retirantes* quand ils doivent le fuir.

Futebol. Sport collectif se jouant avec les pieds, inventé par les Anglais, totalement acclimaté au Brésil, jusque dans la graphie du mot.

Garimpo(eiro). Gisement alluvial d'or, de diamants ou de métaux rares, et le prospecteur qui l'exploite.

Gaúcho. À l'origine cavalier gardien de troupeau du Rio Grande do Sul, par extension habitant de cet État.

Mineiro. Habitant du Minas Gerais.

Paulista. Habitant de l'État de São Paulo. Parfois francisé sous la forme « Pauliste ». Les habitants de la ville de São Paulo sont les *Paulistanos*.

Posseiro. Agriculteur occupant sans titre des terres publiques ou privées.

Sêca. Sécheresse catastrophique du sertão.

Seringueiro. Collecteur de latex, obtenu en saignant les hévéas (*seringueira*).

Sertão. Zone semi-aride de l'intérieur du Nordeste, autrefois plus généralement l'intérieur inexploré, équivalent de « brousse » ou de « bled ».

Shopping centers. Centres commerciaux, sur le modèle des *shopping malls* nord-américains, associant grands magasins et boutiques sous un même toit, à l'abri de la chaleur (grâce à l'air conditionné) et de l'insécurité de la rue (grâce à la protection de vigiles).

Telenovelas. Feuilletons télévisés, de grande consommation. Grand succès de consommation locale et même pour l'exportation puisque certains ont été diffusés dans d'autres pays d'Amérique latine ainsi qu'en Europe.

Várzeas. Plaines d'inondation au long des fleuves amazoniens.

Index des noms de lieux

A

ABC, 111, 128
Acre, 152, 153, 165, 256
Aguapei, 33
Alagoas, 135, 178
Alta Sorocabana, 43
Altamira, 154, 193
Amapá, 60, 151, 157, 160, 161, 174, 185
Amazonas, 157, 193
Amazone, 18, 20, 30, 31, 33
Andradina, 188
Angra dos Reis, 183
Apui, 160
Aracaju, 232
Araguaia, 150, 155, 162, 193, 211
Aratu, 211

B

Bahia, 20, 52, 54, 56, 70, 110, 137, 174, 179, 212, 228, 233, 259
Bananal, 150
Barcarena, 233
Barcelos, 151
Barra da Tijuca, 119, 123
Belém, 33, 38, 41, 131, 151, 153, 155
Belo Horizonte, 76, 100, 108, 111, 112, 113, 130, 224, 231, 233
Belterra, 153
Betim, 112
Boa Vista, 18, 130, 154
Botafogo, 123
Botucatu, 213
Bragantina, 152
Brasília, 18, 53, 59, 60, 74, 76, 77, 82, 84, 92, 99, 114-118, 130, 131, 153, 155, 157, 162, 165, 191, 221, 244, 254, 272

C

Caatinga, 24, 26
Cachimbo, 154
Camaçari, 143, 233, 234
Camboriu, 104
Campina Grande, 38
Campinas, 108, 111
Campo Grande, 99, 131
Campos, 178
Carajás, 21, 81, 157, 173, 174, 185, 232, 266
Ceará, 37, 59, 139, 210
Cerejeiras., 166
Cerrados, 24, 26
Chuí, 10
Cîdade Industrial, 226
Contagem, 112
Copacabana, 118, 123
Cubatão, 111, 181, 226
Cuiabá, 52, 99, 154, 157, 162, 165, 166, 175, 192

D

Distrito Federal, 210 (voir aussi Brasília)
Duque de Caxias, 112

E

Espírito Santo, 54, 55, 58, 92, 99, 100, 107, 212

F

Faria Lima, 125
Feira de Santana, 38
Fordlandia, 153
Fortaleza, 131

G

Goiás, 35, 36, 56, 59, 74, 77, 107, 108, 110, 118, 149, 156, 212
Goiânia, 130, 254
Guajara-Mirím, 166, 169
Guanabara, 220, 221
Guaporé, 33, 38, 165, 170
Guará, 115

H

Humaitá, 154, 160

I

Ijuí, 212
Ilheus, 42, 137
Imbetuba, 233
Imperatriz, 99
Ipanema, 119
Ipatinga, 226
Irati, 179
Itabira, 232
Itabuna, 42, 137
Itaipú, 84, 99, 173, 182-183, 257, 272
Itajuba, 112
Itaqui, 143, 232

J

Jacarepaguá, 122
Jari, 162
Ji-Paraná, 166
João Pessoa, 153
Juazeiro, 147
Juiz de Fora, 231

L

Lagoa de Freitas, 119
Lagoa dos Patos, 113
Leblon, 119
Londrina, 224

M

Macapá, 130, 237
Maceió, 232
Madeira, 33, 165, 193
Mamoré, 33, 165
Manaus, 38, 41, 131, 151, 154, 157, 160, 166, 178, 181, 193, 233
Marajó, 178
Maranhão, 27, 37, 59, 93, 99, 141, 149, 155, 159, 174
Mato Grosso do Sul, 77, 107, 108, 110, 131, 149
Mato Grosso, 33, 35, 36, 38, 54, 59, 60, 70, 93, 110, 149, 155, 156, 159, 162, 193, 212, 231, 257

Minas Gerais, 20, 35, 36, 46, 55, 59, 77, 92, 93, 100, 101, 107, 110, 112, 118, 149, 155, 156, 159, 162, 193, 212, 231, 257
Mogiana, 43
Mossoró, 232

N

Natal, 18, 232
Noroeste, 43
Nova Iguaçu, 112
Nova Olinda, 178
Novo Hamburgo, 113
Núcleo Bandeirante, 115

O

Oiapoque, 10
Olímpia, 215
Ouro Prêto, 36

P

Palmas, 60, 130, 131, 157
Pantanal, 20, 25, 162, 244
Pará, 59, 60, 70, 77, 155, 161
Paragominas, 156
Paraiba do Sul, 42, 107, 111, 179, 225
Paraiba, 19, 210
Paraná, 33, 55, 58, 59, 70, 75, 77, 103, 105, 107, 108, 149, 165, 179, 180, 181, 191, 216, 229, 257
Paranaguá, 191, 258
Paulo Afonso, 146, 181
Pernambuco, 37, 210, 224, 233
Petrópolis, 256
Piauí, 37, 89
Pico da Neblina, 18
Pimenteiras, 166
Pirapora, 147
Porto Alegre, 18, 113, 131
Porto Velho, 52, 130, 154, 157, 160, 165, 166, 175, 192, 193
Príncipe da Beira, 38

R

Recife, 131, 142, 153
Recôncavo, 32, 177
Resende, 228
Ribeirão Preto, 108, 111
Rio Branco, 130
Rio de Janeiro, 37, 46, 54, 70, 92, 100, 107, 108, 111, 112, 113, 114, 118-124, 130, 131, 181, 185, 187, 216, 219, 220, 224, 225, 229, 231, 239, 242, 243, 246, 254, 259
Rio Grande do Norte, 178
Rio Grande do Sul, 19, 22, 56, 58, 70, 75, 76, 103, 105, 106, 108, 112, 113, 187, 201, 210, 228, 233
Rio Grande, 113, 234
Rio Machado, 166
Rio Jequitinhonha, 56, 60
Rio Pinheiros, 115
Rondônia, 59, 60, 70, 77, 154, 155, 157, 161, 165-170, 174, 175, 193
Roraima, 60, 151, 157, 160, 162, 193

S

Salvador, 37, 130, 131, 142, 147, 177, 233
Santa Catarina, 58, 75, 103, 105
Santa Marta, 78
Santarém , 154
Santo André, 111
Santos, 74, 111, 193
São Bernardo do Campo, 111, 128
São Caetano do Sul , 111
São Francisco, 19, 32, 35, 36, 37, 108, 143, 145-147, 181, 193
São Joaquim, 105
São José dos Campos, 34, 111, 229
São José dos Pinhais, 228
São José da Tapera, 135
São Leopoldo, 113
São Luís, 143, 174
São Paulo, 33, 34, 36, 37, 43, 45, 46, 54, 55, 58, 74, 76, 89, 92, 99, 100, 107, 108, 109, 110, 111, 112, 113, 114, 124-128, 130, 131, 139, 149, 156, 162, 166, 180, 181, 183, 184, 185, 186, 187, 195, 201, 220, 221, 224, 225, 227, 228, 230, 231, 233, 242, 243, 244, 246, 254, 261, 272
São Vicente, 31, 33
São João de Meriti, 112
Sepetiba, 112
Sergipe, 177
Serra de Carajás, voir Carajás
Serra do Mar, 33, 107, 111, 181
Serra Pelada, 161
Sobradinho, 146
Sorocaba, 37, 111, 225
Suape, 143, 233

T

Tapajos, 153
Teófilo Otoni, 56
Tietê, 33, 125, 181
Tocantíns, 56, 60, 93, 131, 149, 155, 156, 157, 199
Tordesillas, 30, 38
Trombetas, 157, 174
Tubarão, 185, 232
Tucuruí, 193, 233

U

Uberaba, 231
Uberlândia, 231
Urubupunga, 181
Urucu, 193

V

Vitória, 54, 112
Volta Redonda, 221, 225

Liste des figures

Figure 1	Les cinq régions du Brésil, les États et leur capitale	8
Figure 2	Le Brésil, cinquième pays du monde	16
Figure 3	L'étendue du Brésil	16
Figure 4	Relief et structure	19
Figure 5	Géologie	22
Figure 6	Précipitations	22
Figure 7	Températures et amplitude	22
Figure 8	Végétation	22
Figure 9	Régions et limites naturelles	24
Figure 10	16e siècle	30
Figure 11	17e siècle	31
Figure 12	18e siècle	35
Figure 13	19e siècle	41
Figure 14	Modèle de l'évolution historique	44
Figure 15	Pyramide des âges (1940-1996)	52
Figure 16	Espérance de vie (1991)	53
Figure 17	Évolution de la natalité et de la mortalité	54
Figure 18	Densité de peuplement en 1996	55
Figure 19	Le poids des États	56
Figure 20	Gains et pertes (1980-1996)	57
Figure 21	Soldes migratoires 1970-1980	59
Figure 22	Les migrations internes 1991-1996 a. Échanges entre États b. Migrations locales et interrégionales	61
Figure 23	Le poids des migrants	63
Figure 24	Couleur de peau a. Analyse b. Synthèse	66
Figure 25	Couleur de peau et revenus	68
Figure 26	Typologie des pauvres et des riches	69
Figure 27	Rural/urbain	71
Figure 28	Taux de masculinité	72
Figure 29	L'équipement des domiciles	75
Figure 30	Indice de développement humain	77
Figure 31	Indicateurs de développement	93
Figure 32	Les régions standard et les zones de développement	93
Figure 33	Les régions géopolitiques	93

Figure 34	Microrégions et mésorégions	95
Figure 35	*Municipios* et États	94
Figure 36	Six structures élémentaires	97
Figure 37	Une synthèse graphique	. 98
Figure 38	Les cinq Brésils	100
Figure 39	Sudeste	103
Figure 40	Agriculture du Sud-Sudeste	104
Figure 41	Agriculture de São Paulo	109
Figure 42	Plan de Brasília	116
Figure 43	Croissance de Brasília	117
Figure 44	Plan de Rio de Janeiro	121
Figure 45	Plan de São Paulo	127
Figure 46	Croissance des capitales (1872-1996)	131
Figure 47	Le Nordeste	133
Figure 48	Agriculture du Nordeste	134
Figure 49	La vallée du São Francisco	145
Figure 50	Déboisements en Amazonie	158
Figure 51	Flux de bois amazoniens	159
Figure 52	Action de l'État et structuration du territoire en Amazonie	160
Figure 53	Ouro Prêto	167
Figure 54	Routes en Rondônia (1974-1993)	168
Figure 55	Routes en Rondônia (1993)	169
Figure 56	Répartition des principaux minerais	176
Figure 57	Hydroélectricité	179
Figure 58	Évolution des sources d'énergie	183
Figure 59	Le réseau routier	186
Figure 60	Transports	187
Figure 61	*Brasil em ação*	194
Figure 62	Contraction de l'espace rural	199
Figure 63	Cultures commerciales	200
Figure 64	Cultures spécialisées	201
Figure 65	Élevage	202
Figure 66	Les régions de cueillette	203
Figure 67	Valeur de la production agricole	204
Figure 68	Types d'usage du sol	205
Figure 69	Structures agraires	207
Figure 70	Tensions agraires	209
Figure 71	Mourir pour la terre	210
Figure 72	Organisation de l'espace rural	213
Figure 73	Café et soja	214

Figure 74	La concentration de l'industrie	230
Figure 75	La déconcentration de l'industrie du Sudeste	232
Figure 76	Évolution du parc téléphonique (1977-1997)	241
Figure 77	Agences et dépôts bancaires	248
Figure 78	Secteurs d'emploi	249
Figure 79	Grands secteurs d'emploi a. Agriculture et prestation de service b. Industrie de transformation et secteur public	250
Figure 80	Les réseaux urbains	254
Figure 81	Aires d'attraction des villes	255
Figure 82	Le commerce extérieur	261
Figure 83	Les réseaux internationaux de la Varig et de la Vasp	262
Figure 84	Évolution de la balance commerciale	263
Figure 85	Inflation	268
Figure 86	Les moteurs de la croissance	275

Liste des tableaux

Tableau 1	Chronologie politique	47
Tableau 2	Croissance et répartition de la population	51
Tableau 3	Échanges migratoires (1991-1996)	60
Tableau 4	Composition ethnique	64
Tableau 5	Ethnies et développement	65
Tableau 6	Taux d'urbanisation	70
Tableau 7	Population active et PIB par secteur	73
Tableau 8	Répartition des revenus	74
Tableau 9	Inégalités devant la mort	76
Tableau 10	Paramètres de revenus	76
Tableau 11	Les privatisations	82
Tableau 12	Indicateurs économiques	90
Tableau 13	Indicateurs socio-économiques	91
Tableau 14	Situation du Sudeste et du Sud	105
Tableau 15	Industrie de São Paulo	110
Tableau 16	Population de São Paulo	124
Tableau 17	Les capitales	130
Tableau 18	Situation du Nordeste	132
Tableau 19	Situation du Nord et du Centre-Ouest	148
Tableau 20	Les performances minières	173
Tableau 21	Production régionale de minerais	174
Tableau 22	Bilan énergétique	177
Tableau 23	Production électrique régionale	178
Tableau 24	Gaz et pétrole	180
Tableau 25	Les chemins de fer	188
Tableau 26	Les ports	189
Tableau 27	Les aéroports	190
Tableau 28	Routes et bus a. Routes b. Véhicules	191
Tableau 29	Les performances de l'agriculture a. Évolution de la production b. La place mondiale	196
Tableau 30	Exportations agricoles et agro-industrielles	196
Tableau 31	Agriculture et espace	197

Tableau 32	Répartition de la production agricole a. Répartition des productions les plus localisées b. Répartition des productions les plus omniprésentes	206
Tableau 33	Structures agraires régionales	208
Tableau 34	Taille et performance des exploitations	208
Tableau 35	Les performances de l'industrie	218
Tableau 36	Les industries	223
Tableau 37	Les industries modernes	227
Tableau 38	Commerces et services	238
Tableau 39	La distribution régionale du financement public	246
Tableau 40	La répartition des impôts	247
Tableau 41	Les principaux partenaires du Brésil	260
Tableau 42	La balance commerciale (en millions de dollars US)	263
Tableau 43	Les entreprises étrangères	265
Tableau 44	Le poids de la dette	266
Tableau 45	La dépréciation de la monnaie	268
Tableau 46	Le Brésil parmi les grands	274

Liste des photographies

Photo 1	Distances	17
Photo 2	Pantanal	25
Photo 3	Ouro Prêto	36
Photo 4	L'Acre, territoire brésilien depuis 1903	39
Photo 5	L'unité nationale	64
Photo 6	Quartiers chics et *favelas*	78
Photo 7	Balneário de Camboriú	104
Photo 8	Brasília	115
Photo 9	Le site de Rio de Janeiro	119
Photo 10	Avenida Paulista	122
Photo 11	*Fogão de lenha*	135
Photo 12	*Vaqueiros* du *sertão*	137
Photo 13	L'île du Bananal, côté Tocantins	150
Photo 14	Waiãpi	161
Photo 15	Bus interurbain	185
Photo 16	Gare-musée à Andradina	188
Photo 17	Oranges à Olímpia	215
Photo 18	Sidérurgie dans le Minas Gerais	225
Photo 19	Périphérie urbaine à Macapá	237
Photo 20	Mutations de l'appareil bancaire	252

Table des matières

Introduction 7

PREMIÈRE PARTIE
La scène et les acteurs

Chapitre 1 L'espace brésilien 15
1 L'immensité et ses conséquences 15
1.1 Un espace démesuré 17
1.2 Un pays horizontal 18
1.3 Effets réels, potentiels et psychologiques 20
2 Ressources et handicaps 21
2.1 Pas de barrières mais des facettes diverses 21
2.2 Grandes limites et grands ensembles naturels 24

Chapitre 2 L'archipel brésilien 28
1 Les fondations : 16e-17e siècle 29
1.1 L'époque du bois de braise 30
1.2 Le cycle du sucre 31
1.3 Les *bandeiras* 33
2 L'âge de l'or et de l'expansion territoriale : le 18e siècle 34
2.1 Le cycle de l'or 35
2.2 La poussée des éleveurs 37
2.3 La conquête de l'Amazonie 38
3 La consolidation : 19e et 20e siècle 40
3.1 L'occupation des marges 40
3.2 L'essor du Centre-Sud 42
3.3 L'héritage : déséquilibres régionaux et mentalités pionnières 44
Dossier : Histoire politique contemporaine 46

Chapitre 3 Les Brésiliens 50
1 La transition démographique 50
2 La dynamique spatiale 53

2.1 Les flux migratoires 58
3 Les clivages et leur évolution 63
3.1 Les grandes catégories 63
3.2 L'inégalité des revenus et des conditions de vie 72
3.3 Les clivages sociaux 77
Dossier : L'État et les autres 81

DEUXIÈME PARTIE
La Suisse, le Pakistan et le Far West

Chapitre 4 **Combien de Brésils?** 89
1 Les disparités 89
2 Interprétation et évolution des contrastes 90
3 Les régions 92
Dossier : Une modélisation de l'espace brésilien 96

Chapitre 5 **La région cœur, Sudeste et Sud** 102
1 Le cœur agricole 102
1.1 Le Sud, originalité, tradition et renouveau 103
1.2 Le Sudeste, les marges et le creuset 107
2 Le cœur industriel 110
2.1 Le foyer *carioca* 111
2.2 Les foyers *mineiro* et *gaucho* 112
3 Le cœur urbain 113
3.1 Brasília 114
3.2 Rio de Janeiro 118
3.3 São Paulo 124
Dossier : Les capitales brésiliennes 130

Chapitre 6 **La région problème, le Nordeste** 132
1 Une région épave 135
1.1 Après le sucre 136
1.2 La dépendance 138
2 La « politique hydraulique » et son échec 138
2.1 Les *sêcas* 139
2.2 La « politique des *açudes* » 139
2.3 La remise en question 140
3 Trente ans de politiques du développement 141
3.1 Les années 1960 141
3.2 Les années 1970, 1980 et 1990 142
Dossier : La vallée du São Francisco 145

Chapitre 7 **Les espaces pionniers, Amazonie et Centre-Ouest** 148
1 D'immenses espaces sous-peuplés, mais contrôlés 150
1.1 Entre légende et connaissance 150
1.2 Une occupation efficace, mais peu dense 152
2 Les nouvelles régions pionnières 153
2.1 Construction de routes et colonisation publique 153

2.2 Colonisation spontanée et investissements privés 155
2.3 Une nouvelle géographie de l'Amazonie? 157
3 Réévaluations, survivances, nouvelles perspectives 161
Dossier : Le Rondônia 165

TROISIÈME PARTIE
Une puissance de demain?

Chapitre 8 **Les moyens du développement** 173
1 Les ressources minérales 173
2 L'énergie 177
3 Les transports 184
Dossier : Le programme *Brasil em ação/Avança Brasil* 193

Chapitre 9 **Les mutations du monde rural** 195
1 Place dans l'économie, place dans l'espace 195
2 Diversités et tensions 199
2.1 Les structures agraires 207
2.2 Les tensions 209
3 Les forces agissantes 211

Chapitre 10 **Un nouveau pays industriel** 218
1 La montée en puissance 219
1.1 La fin de la mentalité coloniale 219
1.2 Le tournant : 1929-1950 220
1.3 Le *take off* 221
2 Les grands secteurs 222
2.1 Le renouveau des industries traditionnelles 223
2.2 Les industries lourdes 224
2.3 Les industries modernes 226
3 Vers un redéploiement? 230
3.1 Concentration et déconcentration 230
3.2 Les logiques des nouveaux foyers industriels 232
3.3 Nouveaux foyers industriels et pôles de développement 234

Chapitre 11 **La nébuleuse tertiaire** 236
1 Le formel et l'informel 236
2 Télécommunications et médias 240
3 Le secteur financier 245
Dossier : L'aire d'attraction des villes 254

Chapitre 12 **Le Brésil et le monde** 256
1 Un impérialisme brésilien? 256
2 Une économie extravertie 259
2.1 Le commerce extérieur 259
2.2 La domination industrielle 262
2.3 Le poids de la dette 265

Conclusion Dieu est-il Brésilien? 271

Glossaire 276

Index des noms de lieux 277

Liste des figures 279

Liste des tableaux 282

Liste des photographies 284

Armand Colin
21, rue du Montparnasse • 75006 Paris

N° de projet : 10090171 - (II) - (3,5) - OSBS 100° - SNE

Dépôt légal : octobre 2001

Achevé d'imprimer sur les presses de la
SNEL S.A.
Rue Saint-Vincent 12 – B-4020 Liège
tél. 32(0)4 344 65 60 - fax 32(0)4 341 48 41
octobre 2001 – 22817